· 中国石油和化学工业优秀教材
· 普通高等教育“十三五”规划教材

简明工科基础化学

第二版

李秋荣　谢丹阳　董海峰　主编
高发明　主审

化学工业出版社
·北京·

《简明工科基础化学》(第二版) 是为工科类各专业 (化学化工除外) 开设少学时基础化学课程编写的教材，密切联系现代工程技术中遇到的问题，如材料的选择和寿命、环境的污染与防护、能源的开发与利用、信息传递、生命科学发展等与化学有关的问题，深入浅出、生动有趣地介绍工科化学基础理论知识。每章末附有科学家的贡献和科学发现的启示，可读性强，激发学生学习兴趣的同时给以科学创新的启发。主要内容包括物质的聚集状态、化学反应原理、水溶液中的离子平衡、氧化还原反应与电化学基础、物质结构基础、工程化学实验。每章均附有思考与练习题，书后附录汇集了相关的资料和需要的数据，另外还有 95 道工科化学综合测试题及答案。

《简明工科基础化学》(第二版) 可作为高等院校工科类各专业开设基础化学、大学化学、工程化学等课程的教材，也可供工程技术人员以及有兴趣了解化学的读者参考。

图书在版编目 (CIP) 数据

简明工科基础化学/李秋荣，谢丹阳，董海峰主编.—2版.—北京：化学工业出版社，2020.7 (2023.2 重印)

中国石油和化学工业优秀教材 普通高等教育“十三五”规划教材

ISBN 978-7-122-36773-0

Ⅰ.①简… Ⅱ.①李…②谢…③董… Ⅲ.①化学-高等学校-教材 Ⅳ.①O6

中国版本图书馆 CIP 数据核字 (2020) 第 077632 号

责任编辑：刘俊之　　装帧设计：韩　飞

责任校对：张雨彤

出版发行：化学工业出版社 (北京市东城区青年湖南街 13 号　邮政编码 100011)

印　　装：三河市双峰印刷装订有限公司

787mm×1092mm　1/16　印张 11½　字数 280 千字　彩插 1　2023 年 2 月北京第 2 版第 4 次印刷

购书咨询：010-64518888　　售后服务：010-64518899

网　　址：http://www.cip.com.cn

凡购买本书，如有缺损质量问题，本社销售中心负责调换。

定　　价：29.00 元

前　言

化学的发展，给人们的生活带来了日新月异的变化，社会进步的各种需求都与化学相关联，从衣食住行到健康保健、从生存环境到新材料，化学与人类生活息息相关，化学就在我们身边。

《简明工科基础化学》（第二版）以化学原理为经，以化学在生活和工程实际中的应用为纬，注重知识的系统性和完整性。

在第一版的基础上，再版内容把原有第 6 章“化学与人类的进步”改为线上学习，由燕山大学李秋荣教授负责的“化学与人类”在中国大学 MOOC 平台和学银在线上，课程网址：https://www.icourse163.org/spoc/course/YSU-1206871801 和 http://www.xueyi-nonline.com/searchapi/sarchresult? searchword＝化学与人类，有需要的读者可以进行学习、观看。

第 7 章实验内容改为第 6 章，肖海燕对实验内容进行了修改，将实验 2“固体氯化铵生成焓的测定”改为深受学生喜欢的实验“手工皂的制备”。谢丹阳和董海峰对工程化学综合测试题进行了修改，增加了主观题内容。全书由谢丹阳和李秋荣统稿，高发明教授主审。衷心希望教师和学生们在使用过程中，多提宝贵意见，以便我们及时更正。

修订版的教材强调专业教育与通识教育融合，知识深度与广度融合，更适合教师在教学过程中采用线上线下混合式教学模式进行教学。

由于编者水平有限，书中的疏漏在所难免，恳请读者批评指正。

编者

2020 年 2 月

第一版前言

随着21世纪科学技术的飞速发展，化学已深入到生命、材料和信息等各个领域，与人类生活休戚相关，成为信息时代科技发展的重要基础学科之一。在高等学校，化学与数学、物理等同属于自然科学基础课。工程化学是高等工程教育中实施素质教育的必备基础课程，是高等工科学校大多数专业不可缺少的一门公共基础课，是化学与工程技术间的桥梁，是造就“基础扎实、知识面宽、能力强、素质高”的迎接新世纪挑战的高级科技人才所必需的课程。

本书从物质的化学组成、化学结构和化学反应出发，密切联系现代工程技术中遇到的如材料的选择和寿命、环境的污染与保护、能源的开发与利用、信息传递、生命科学发展等有关化学问题，深入浅出地介绍有现实应用价值和潜在应用价值的基础理论和基本知识，使学生在今后实际工作中能有意识地运用化学观点去思考、认识和解决问题。

针对非化学化工专业的化学课学时数少的特点及教师和学生对教材提出的反馈意见，我们在《工科基础化学》的基础上进行了修改，希望在有限的学时内，使学生学到更多的知识，拓宽视野、增强运用多学科知识解决问题的能力。

本书增加了实验内容（第7章为工程化学实验）。工程化学实践性教学环节分为基础实验、开放实验和课外科技活动，旨在通过实践性教学环节，让学生在化学实验过程中，验证教学过程中学到的理论知识，加深对理论知识的理解，借助仪器试剂观察在通常条件下难于发现和理解的自然现象和规律，培养学生的化学安全观念、基本仪器的操作能力，为化学在工程中的应用打下坚实的基础。工程化学实验的开设激发了学生的创新意识，工程化学课程结束以后，仍有部分学生与工程化学课程组教师联系，积极地参与到教师的科研活动中来，还有的学生请工程化学课程组的教师帮助分析解决他们在工程实践中遇到的疑难问题。

每章末附有科学家的贡献和科学发现的启示，学生在阅读过程中通过了解本章中一些定律或定理的发现过程，不仅可以加深对内容的理解，而且对其创新能力的培养非常有益。这部分内容告诉学生，一个人要在所研究领域有所发现和发明，除了天资和对科学研究的热爱外，还要有百折不挠和坚韧不拔的毅力。

附录中1901～2010年诺贝尔化学奖的获奖科学家的介绍也会激发学生阅读的兴趣，本书更便于学生自学、自练和自检等。学生只有主动去读书，才会自觉接受教师所传授的知识和思维方法。

全书共分7章，内容包括物质的聚集状态，化学反应原理，水溶液中的离子平衡，氧化还原反应与电化学基础，物质结构基础，化学与人类的进步，工程化学实验。其中第1章、第3章和第7章由谢丹阳编写，第2章、第5章和第6章由李秋荣编写，第4章由乔玉卿编写。全书由李秋荣教授统稿，高发明教授主审。由于编者的水平有限，书中的缺点在所难免，恳请读者批评指正。

编者

2011年2月于秦皇岛

目　录

第 1 章　物质的聚集状态

内容提要

本章主要介绍化学的基本概念；物质的聚集状态；大气污染、水污染、固体废弃物及其处理方法。

学习要求

① 掌握一些化学的基本概念，如分子、原子、相及物质的量等；理解状态函数的特点。

② 熟悉理想气体和实际气体的差别，掌握大气相对湿度的计算方法；了解大气中的主要污染物的危害及防治办法。

③ 掌握浓度对稀溶液蒸气压下降、沸点上升、凝固点下降和渗透压的影响；了解生活污水和工业废水的治理方法。

④ 掌握晶体的四个基本类型和过渡型晶体；理解晶体和非晶体的差别；了解固体废弃物的污染和处置方法。

物质的聚集状态（the collective state of matter）是指在一定的温度和压力下，物质所处的相对稳定的状态。

在自然界中，物质总是以一定的聚集状态存在的，通常认为物质聚集状态为气态(gas)、液态（liquid）、固态（solid）和等离子态（plasma）。不同的聚集状态在一定的条件下可以相互转化。若把物质的聚集状态与物质内在的分子、原子的特征联系在一起思考，有助于人们更加深入地理解物质的性质，也有助于解决生活和工程中的一些实际问题。

1.1　化学的基本概念

1.1.1　分子、原子及团簇

1.1.1.1　分子

分子是保持物质化学性质的最小粒子，也就是说，在保持物质化学性质的前提下，物质分割的极限被称为分子，任何物理变化都不能使分子的组成发生改变。

要正确理解分子的概念，分子是构成物质的最小微粒，是以保持物质的化学性质为前提的，离开了这个重要的前提，分子就不再是构成物质的最小微粒了，因为分子还能继续再分成更小的微粒 —— 原子，而原子已不再具有原物质的化学性质了，如将一个 NH_3 分子分解后，生成 N 原子和 H 原子，它们的性质与原来 NH_3 分子性质完全不同了。

1.1.1.2　原子

分子还可以再分割生成原子，化学反应的发生有力地证明了这一点。在化学反应中，原子只是发生了新的组合，而原子本身并没有变成其他的原子。因此，可以说原子是物质进行化学反应的基本微粒。

分子和原子是构成物质的微粒，它们在不断地运动着。但这两种微粒有着本质的区别：

分子能独立存在，它保持物质的化学性质，在化学反应中，一种分子能变成另一种或几种分子；原子一般是不能独立存在的，在化学反应中，一种原子不能变成另一种原子。分子和原子是构成物质的不同层次的微粒。

现代化学观点认为，孤立的原子是原子微粒，由它所衍生的（即由原子电离或激发所产生的）微粒，也被认为是原子微粒，如能独立存在的原子（如 Ar、He)、离子（如 K^+、S^{2-}）及原子自由基（如 Cl· 、H· ）等。

1.1.1.3 团簇

团簇（cluster）是由几个至上千个原子或其结合单元相互作用结合在一起而形成的相对稳定的化学单元。它的尺寸介于原子、分子和宏观物体之间。它一般由化学成分和结构比较简单的单元重复结合而成，包括金属簇，如 Li_n、Cu_n；非金属簇，如 C_n、Ar_n；分子簇，如 $(H_2O)_n$、$(NaCl)_n$ 等

20 世纪 70 年代后由于化学模拟生物固氮、金属原子簇化合物的催化功能、生物金属原子簇、超导及新型材料等方面研究的需要，促进了团簇化学的快速发展。1985 年英国科学家克罗托（H. Kroto，1939—2016）、美国科学家斯莫利（R. E. Smally，1943—2005）和柯尔（R. Curl，1933—）共同发现稳定的碳原子簇——C_{60}。这一发现使人们了解到一个全新的碳世界。为此三位科学家荣获 1996 年诺贝尔化学奖。C_{60} 分子是一种闭合的碳笼结构，具有很高的对称性，特别像美国著名设计师（Richard Buckminster Fuller，1895—1983）所设计的 1967 年加拿大蒙特利尔世界博览会网格球体主建筑，而把 C_{60} 命名为 Buckminster fullerene。此后人们便将这一类化合物命名为 fullerene。富勒烯是由碳原子形成的一系列笼分子的总称，它是碳单质除了石墨和金刚石以外的第三种稳定存在形式。C_{60} 是富勒烯系列全碳分子的代表（见图 1-1)。

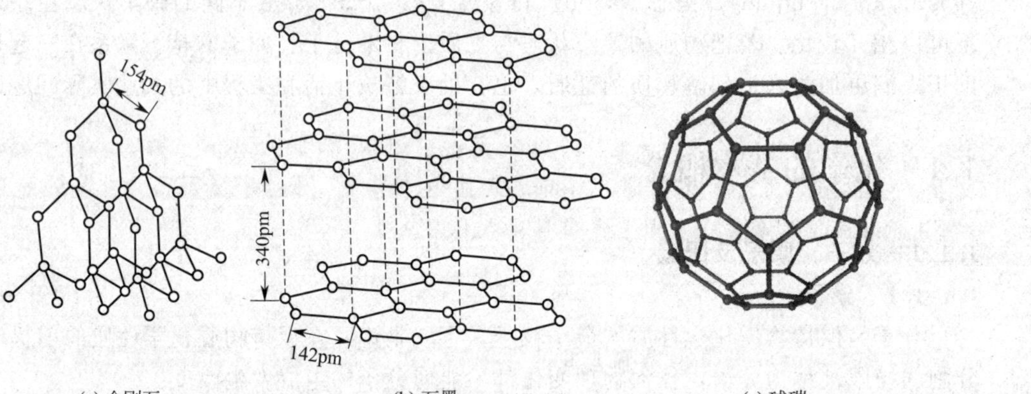

(a) 金刚石 (b) 石墨 (c) 球碳

图 1-1 碳单质的三种同素异形体的结构示意图

富勒烯问世后，广泛影响到物理、材料科学、生命及医药科学等众多领域，并显示出潜在的巨大应用前景。如 C_{60} 纳米级材料，可用作记忆元件，超级耐高温润滑剂，可制造高能蓄电池、燃料、太空火箭推进剂等。纯 C_{60} 是绝缘体，但钾嵌入的 C_{60} 具有超导体性质。C_{60} 与某些磷脂的复合物能与某些癌细胞结合，从而为摧毁和杀灭癌细胞提供了条件。

从零维结构的富勒烯、一维碳单质（碳纳米管)、二维碳单质（石墨烯、石墨炔)，至 2017 年西安交通大学与新加坡南洋理工大学联合研究团队成功合成 T - 碳（三维碳单质)，开启了碳材料科学研究的新纪元。

1.1.2　元素

化学元素的概念经历了两次重大的转折，从古代元素的概念到近代化学元素的概念，再到现代化学包含同位素的元素概念，这样的发展对化学具有革命性的重大意义。

19 世纪原子分子论建立后，人们逐步认识到一切物质都是由原子通过不同方式结合而构成的，元素是在原子水平上表示物质组成的化学分类名称。

原子核组成的奥秘被揭开后，人们通过科学实验发现：同种元素的原子核里所含质子数目是一样的，但中子的数目可以不同。即同一元素可以有质子数相同而中子数不同的几种原子（即同位素），但决定元素性质的主要因素是质子数（即核电荷数），也就是说质子数相同的一类原子的化学性质基本上相同。

现代化学观点认为，元素就是原子核中的质子数（即核电荷数）相同的一类原子的总称。这样，人们进一步了解了元素的本质，元素就是以核电荷为标准对原子进行的分类。

为了纪念元素周期表发表 150 周年，联合国教科文组织宣布 2019 年为“国际化学元素周期表年”（International Year of the Periodic Table of Chemical Elements，IYPT）。1869 年，门捷列夫创造了当时所知的 63 种元素的元素周期表，并留下了一些空位，随后的 20 年内这些空位相继被新发现的元素填补，元素周期表让人类认识了世界。迄今，已发现 118 种化学元素，其中金属元素 96 种，非金属元素 22 种。宇宙万物正是由这些元素的原子构成。

1.1.3　系统、环境和相

1.1.3.1　系统与环境

在客观世界中，任何事物都不会孤立存在，都会与其周围的其他事物有机地联系在一起。为了科学研究的需要，必须把待研究物质与周围其他的物质隔离开来。一般将被研究的对象叫做**系统**（**system**，也称为体系），系统以外的周围物质叫做**环境**（**environment**）。系统可以通过一个边界（范围）与其环境区分开来；这个边界可以是具体的，也可以是假想的。例如，锌与稀硫酸在容器中反应，此反应产生的氢气逸出液面而扩散到空气中。若该容器是完全密闭的，则可以将密闭在容器中的空气以及产生的氢气包括在系统内，则该系统有具体的边界与环境区分开。若该容器不是密闭的，则系统与环境的边界只能是假想的。如果把人类和生物作为系统来研究，则与人类和生物相关的大气、水等周围其他的物质即为环境。一般环境科学中所指的环境是泛指以人类为中心的整个生物圈周围的所有的物质。如果把人体作为系统来研究，那么人体周围的一切皆为环境。

系统的确定是根据研究的需要人为划分的。例如，为了研究方便，通常把化学反应中所有的反应物和生成物作为系统。根据系统与环境间有无物质交换和能量的传递，将系统大致划分为以下三类。

① 敞开系统　系统与环境之间既有物质交换又有能量交换。

② 封闭系统　系统与环境之间只有能量交换而无物质交换。

③ 孤立系统　系统与环境之间既无物质交换又无能量交换。

系统的选择是根据人们研究的需要而确定的。比如在室内某一温度下，有一个盛水的瓶子，以此瓶作为一个系统进行研究，则该系统与环境间既有物质交换又有能量传递，那么该系统为敞开系统；若将瓶子加盖子密封，则该系统与环境间只有能量传递而无物质交换，那么该系统为封闭系统；若将瓶子用石棉布包裹，以确保绝对隔热（事实上这是无法做到的），此时该系统与环境间既无物质交换也无能量传递，则该系统为孤立系统。在自然界中，真正意义上的孤立系统是不存在的，它是一种理想的假设。

由于通常把反应中所有的反应物和生成物选作系统，因此化学反应属于封闭系统。

1.1.3.2 相

在系统中化学组成均匀，且物理和化学性质相同的部分被称为**相**（phase），不同的相之间存在着明确的相界面。

多种气态物质，只要它们之间不发生化学变化，由于气体的无限扩散性，使得这些气体最终会形成一个均匀的单相系统。对于液态物质，根据它们彼此能否互溶，来判断能否形成单相系统。例如水和乙醇组成的系统，由于水与乙醇之间可以以任何比例互溶，所以该系统为单相系统；而水和油，由于它们彼此不互溶，即使将它们混合在一起，也将形成两个不同的液相，其间存在着明显的界面，水和油成为液-液两相系统。若将 K_2CrO_4 溶液加入到 $Pb(NO_3)_2$，有黄色的 $PbCrO_4$ 沉淀从溶液中析出，此时组成的体系为固-液两相系统。对于固态物质，只要它们之间不形成固溶体合金（所谓的固溶体合金，是指两种或多种金属不仅在熔融时能够互相溶解，而且在凝固时也能保持互溶状态的固态溶液，它是一种均匀的组织），有几种固体物质，就是几相系统。但应注意的是，即使是同一种物质，如果结构不同，物理和化学性质不同，仍不能作为同一相，例如纯铁在不同温度下是两种不同的结构，即 α-Fe 和 γ-Fe，虽然它们的聚集状态相同，但它们属于不同的相。对于相的概念，要分清以下两种情况：

① 同一种物质可因聚集状态不同而形成多相系统。例如水和水面上的冰就是两个相。系统只有一个相，叫单相系统，单相不一定是一种物质。例如气体混合物虽然是由几种物质混合成的，各成分都是以分子状态均匀分布的，没有界面存在，仍属于单相系统。

② 要注意“相”和“聚集状态”的区别。聚集状态相同的物质在一起，并不一定是单相系统。例如，一个油水分层的系统，虽然都是液态，但却含有两个相（油相和水相）。又如，碳酸钙和氧化钙混合在一起的固态混合物，即使肉眼看来很均匀，但在显微镜下还是可以观察到相的界面，这样的系统就有两个相。含有两个相或多于两个相的系统叫多相系统。

1.1.4 状态与状态函数

要了解系统变化和所发生的能量转换关系，就需要确定系统的状态——始态和终态。系统的状态是由它的性质确定的。例如，要描述某系统中气体的状态，通常可用给定压力 p、体积 V、温度 T 和物质的量 n 来描述。这些性质都有确定值时，气体的“状态”就确定了。

系统的**状态**（**state**）是系统所有化学性质和物理性质的综合表现。系统的这些化学性质和物理性质即热力学性质属于宏观物理量。例如温度、压力、体积、密度及蒸气压等。当系统处于一定状态时，系统的所有性质就确定了，反之，当系统的性质一定时，系统的状态也就随之确定了。用来描写系统状态的这些热力学参数或物理量叫做**状态函数**（**state function**）。它们决定于状态本身，而与变化过程的具体途径无关。状态函数有两个主要性质：①系统的状态一定，状态函数就具有确定值；②当系统的状态发生变化时，状态函数的改变量只取决于系统的始态和终态，而与变化的途径无关。

例如 100mL H_2O 在标准状态下，始状态温度 $t_1=10℃$，当它经历了一系列变化之后，末状态温度改变至 $t_2=25℃$。由于温度、压力均是系统的性质，是状态函数，所以当计算温度的变化时，可以只考虑末状态与始状态温度的差值 $\Delta t=t_2-t_1=15℃$，而不必考虑其具体途径。

状态函数分为两类。若状态函数数值的大小与系统物质的数量成正比，这类状态函数称为容量性质，例如体积、质量及热力学能等，容量性质具有加和性。当状态函数值的大小与系统物质的数量无关时，这类状态函数称为强度性质，它取决于系统自身的特性，不具有加和性，例如温度、压力及黏度等。

系统中各状态函数间是相互制约的，若确定了其中的部分状态函数，其余的往往也可随之而定。例如，对于理想气体来说，如果知道了它的压力、体积、温度及物质的量这四个状态函数中的任意三个，就能用理想气体状态方程式（$pV=nRT$）确定第四个状态函数。

1.1.5　物质的量

物质的量是国际单位制（见附录 1）中的七个基本量之一，是微观粒子与宏观可称量物质间的桥梁，是用来描述系统基本单元数目多少的物理量，符号为 n，单位为摩尔（mol）。摩尔与“打”相似，“打”这个单位常用来指 12 件特定的物品。若某物系中所含基本单元数是阿伏加德罗常数（$N_A=6.022\times10^{23}\,mol^{-1}$）的多少倍，则该物系中“物质的量”就是多少摩尔。

正确理解基本单元的含义极为重要，它是正确运用物质的量及相关量的关键，基本单元包括由原子、分子及电子等微粒构成的物质中存在的复杂结构单元，如 H_2SO_4、SO_4^{2-}、$[Ag(NH_3)_2]^+$ 等，也包括根据研究需要想象其存在的单元，如食盐是以反映晶体化学组成的 NaCl 作为基本单元来计量它的物质的量。基本单元不限于整数原子的组合，也可以是分数的原子组合，如 $Fe_{0.91}S$、$\frac{1}{2}Ca^{2+}$、$\frac{1}{5}KMnO_4$ 等。

在使用“物质的量”时，基本单元一定要用化学式表示，否则表达就会含混不清或引起混乱。如“1mol O_2”和“1mol O”表示的基本单元分别为 O_2 和 O。如果用“1mol 氧”则表达的意义不清楚。

思考与练习题

1-1　“1mol 氢”这种说法正确吗？

1-2　在 0℃时，一只烧杯中盛有水，水面上浮着三块冰，问水和冰组成的系统中有几相？如果撒上一把食盐，并设法使其全部溶解，若此时系统的温度仍维持 0℃不变而冰点下降，系统为几相？如果再加入一些 $AgNO_3$ 溶液，又有什么现象发生，此时系统为几相？如果又加入一些 CCl_4，系统又为几相？

1.2　气体和等离子体

气态是人们了解得较为全面的物质的一种聚集状态，气态物质的最基本特征是它的无限膨胀性和明显的可压缩性。组成气体的分子处在永恒、无规则的运动中，若将一定量气体引入容器中，不管容器的大小及气体量的多少，气体分子立即向容器内各方向扩散，并均匀地充满整个容器，且不同的气体能以任意比例互相混合。

1.2.1　理想气体和实际气体

如果把气体分子看成几何学上的一个点，只有位置而不占有体积，并且分子间没有相互作用力，我们称这样的气体为理想气体。事实上，一切气体分子本身都占有一定的体积，而且分子间存在相互作用力，理想气体只不过是人为的一种假想，研究它是为了将问题简单化，而实际问题是在此基础上进行必要的修正而得以解决。

1.2.1.1 理想气体状态方程式

气体既没有固定体积，又没有确定形状，所谓气体的体积是指气体所在容器的容积。对于一定量的理想气体，可通过测量其压力（p）、体积（V）及温度（T），来确定该理想气体物质的量（n）或质量（m），通常将理想气体状态方程式写成：

$$pV=nRT \tag{1-1}$$

或

$$pV=\frac{m}{M}RT \tag{1-2}$$

式中，R 为摩尔气体常数；M 为气体摩尔质量。在国际单位制中，p 以 Pa 为单位，V 以 m^3 为单位，T 以 K 为单位，则 R 为 8.314J/(mol·K)。

例 1-1 在容积为 $10.0dm^3$ 的真空钢瓶内充入氧气，在 25℃时，测得瓶内气体压力为 1.01×10^7 Pa，试计算钢瓶内充入氧气的质量。

解 由式(1-2) 得

$$m=\frac{pVM}{RT}=\frac{1.01\times10^7\times10.0\times10^{-3}\times32.0}{8.314\times(273.2+25)}=1.30\times10^3(\text{g})$$

答：钢瓶内充入氧气 1.30×10^3 g。

1.2.1.2 理想气体分压定律

实际工作中，我们所遇到的气体通常是两种或两种以上的气体混合物，若在某温度下，不同的气体混合在一起，只要不发生化学变化，它们之间就互不干扰，即混合气体中某组分气体对容器壁所产生的压力不受其他组分存在的影响，如同单独存在于该容器中对容器壁所产生的压力（即该组分分压），该组分气体遵循理想气体状态方程式：

$$p_iV=n_iRT \tag{1-3}$$

英国物理学家、化学家道尔顿（Dalton）通过对大气中水蒸气压力变化的研究，于 1807 年提出了有关混合气体分压的经验定律——Dalton 分压定律。

容器内混合气体总压（$p_{总}$）等于各组分气体分压（p_i）之和。其数学表达式为：

$$p_{总}=p_1+p_2+\cdots+p_i=\sum_{i=1}^{n}p_i \tag{1-4}$$

$$p_{总}=\sum_{i=1}^{n}p_i=\sum_{i=1}^{n}\frac{n_iRT}{V}=\frac{RT}{V}\sum_{i=1}^{n}n_i=n_{总}\frac{RT}{V} \tag{1-5}$$

式中，$n_{总}$ 表示混合气体总的物质的量。

将式(1-3) 除以式(1-5) 得：

$$\frac{p_i}{p_{总}}=\frac{n_i}{n_{总}} \tag{1-6}$$

式(1-6) 即为分压定律，它表明了组分分压与混合气体总压之间的关系。

例 1-2　若 1.0L 容器中混有 64.0g 氧气与 40.0g 氦气，求在 400K 时氧气的分压及混合气体总压。

解　设在容器中氧气、氦气的物质的量分别为 n_{O_2}、n_{He}，

则
$$n_{O_2}=\frac{m_{O_2}}{M_{O_2}}=\frac{64.0}{32.0}=2.0\ (\text{mol})$$

根据理想气体状态方程可得：

$$p_{O_2}=\frac{n_{O_2}RT}{V}=\frac{2.0\times 8.314\times 400}{1.0\times 10^{-3}}=6.7\times 10^{6}(\text{Pa})$$

同理可求得：$n_{He}=10.0\text{mol}$，$p_{He}=3.3\times 10^{7}\text{Pa}$。

根据 Dalton 分压定律：

$$p_{总}=p_{O_2}+p_{He}=6.7\times 10^{6}+3.3\times 10^{7}=4.0\times 10^{7}\ (\text{Pa})$$

答：在容器中氧气的分压及混合气体总压分别是 6.7×10^{6}Pa、4.0×10^{7}Pa。

1.2.1.3　实际气体

随着测量技术的进步，特别是高压技术的发展，人们发现建立在理想气体模型基础上的状态方程式和定律，只有在低压下才适用。当压力升高时，各种气体无例外地都发生了对理想气体规律的显著偏离。

首先，实际气体分子间存在着的作用力不容忽视，其次，实际气体自身的体积必须考虑。在高压、低温下，随着气体分子间距离的缩短和分子平均动能的降低，分子间的作用力及分子自身的体积这两种因素已不能被忽略。

实验证明，通常在低压、温度较高的条件下，实际气体比较接近于理想气体，可近似地认为能够满足理想气体状态方程式对于气体性质的要求，此时采用理想气体状态方程式计算出的结果比较接近于实际情况。

1.2.2　大气相对湿度

水蒸气是由液态水蒸发或冰升华而成的气体。气体也可以向液体、固体转变，其转变过程都称为凝聚。某温度下，液体（或固体）的蒸发（或升华）速度等于凝聚速度时，该气体的压力称为该物质（液体或固体）在该温度下的饱和蒸气压。不同温度时水的饱和蒸气压列于表 1-1 中。

表 1-1　不同温度时水的饱和蒸气压

温度/℃	饱和蒸气压/kPa	温度/℃	饱和蒸气压/kPa	温度/℃	饱和蒸气压/kPa
1	0.657	13	1.498	25	3.167
2	0.705	14	1.599	26	3.361
3	0.757	15	1.705	27	3.564
4	0.814	16	1.817	28	3.779
5	0.872	17	1.937	29	4.004
6	0.934	18	2.064	30	4.242
7	1.001	19	2.197	31	4.505
8	1.073	20	2.339	32	4.754
9	1.148	21	2.487	33	5.030
10	1.228	22	2.644	34	5.319
11	1.312	23	2.809	35	5.624
12	1.402	24	2.984	36	5.941

地球上的海洋江湖充满了水，因此水蒸气是空气中不可忽视的组成成分。水蒸气的含量多少，即通常所说的大气干湿程度，单位体积空气中所含水蒸气的质量称为绝对湿度，一般用每立方米空气中所含水蒸气的质量（g）来表示。空气中实际所含的水蒸气密度 d 和同温度下饱和水蒸气密度的百分比值被定义为**相对湿度**（**relative humidity**）。根据理想气体状态方程式有：

$$\frac{m}{V}=\frac{PM}{RT}=d \tag{1-7}$$

式中，R 为摩尔气体常数；M 为 H_2O 的摩尔质量，二者均为常数。因此，温度一定时，蒸气密度 d 与蒸气压 p 成正比，也就是说相对湿度等于实际水蒸气压与同温度下饱和水蒸气压的百分比值，即

$$相对湿度=\frac{p_{H_2O,实}}{p_{H_2O,饱}}\times100\% \tag{1-8}$$

例 1-3 已知 25℃时，某地的实际水蒸气压力为 2.154kPa，此时的相对湿度是多少？若温度上升到 35℃，相对湿度估计是多少？若温度下降到 20℃，相对湿度又将如何变化呢？

解 查表 1-1 知，25℃时水的饱和蒸气压为 3.167kPa。按式(1-8) 计算，得相对湿度为

$$相对湿度=\frac{2.154}{3.167}\times100\%=68\%$$

温度的上升或下降，所在的地域不变，所以体积没有变化，总压也视为不变，假如没有风，也无凝聚，物质的量也无变化。35℃和 20℃的实际水的蒸气压分别为：

$$p_{(35℃)}=\frac{2.154\times308.2}{298.2}=2.226\text{kPa}；\quad p_{(20℃)}=\frac{2.154\times293.2}{298.2}=2.118\text{kPa}。$$

查表 1-1 知，35℃和 20℃时水的饱和蒸气压分别为：5.624kPa 和 2.339k Pa。

所以

$$35℃的相对湿度=\frac{2.226}{5.624}\times100\%=39.58\%$$

$$20℃的相对湿度=\frac{2.118}{2.339}\times100\%=90.55\%$$

由计算可知，当实际水蒸气压力一定时，温度越低，相对湿度越大。

1.2.3 等离子体

等离子体（**plasma**）是一种以自由电子和带电离子为主要成分的物质形态，广泛存在于宇宙中，被称为等离子态，或者“超气态”，如图 1-2 所示。等离子体具有很高的电导率，与电磁场存在极强的耦合作用。等离子体是由英国的著名化学家、物理学家克鲁克斯（1832—1919）在 1879 年发现的，1929 年美国科学家欧文·朗缪尔（Langmuir）和汤克斯（Tonks）首次将“等离子体”一词引入物理学，用来描述气体放电管里的物质形态。

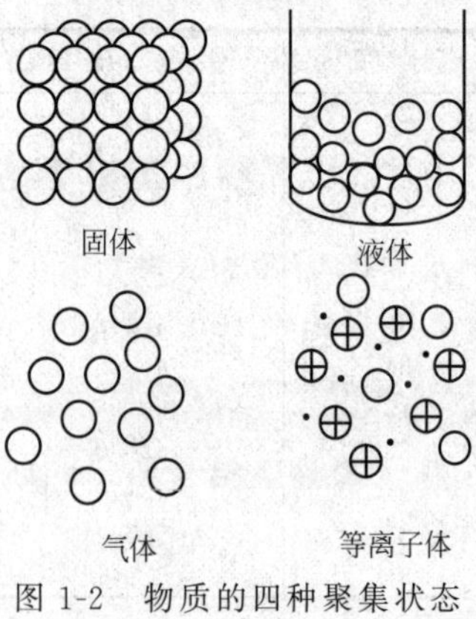

图 1-2 物质的四种聚集状态

等离子体通常被视为物质除固态、液态及气态之外存在的第四种形态。随着物质系统的温度不断升高，物质分子排列的有序程度就会逐渐降低。如果对气体物质加热到足够高

的温度，使得原子的动能远远超过原子的电离能，气体中的部分粒子就会发生电离，形成由大量带电粒子（离子、电子）和中性粒子（分子、原子）所组成的系统。此时的系统与普通气体，无论从组成上还是性质上都有着本质的区别。等离子体实际上是一种导电流体，整体呈现电中性，是由于其中的正、负电荷总数相等的原因。

看似“神秘”的等离子体，其实是宇宙中一种常见的物质，在恒星（例如太阳）、闪电中都存在等离子体，它占整个宇宙的 99%。现在人们已经掌握利用电场和磁场来产生和控制等离子体。例如焊工们用高温等离子体焊接金属。

等离子体可分为两种，即高温和低温等离子体。高温等离子体只有在温度足够高时发生，太阳和恒星不断地发出高温等离子体，组成了宇宙的 99%。低温等离子体是在常温下发生的等离子体（虽然电子的温度很高）。过去低温等离子体主要被用于氧化、变性等表面处理或有机物和无机物进行沉淀涂层处理上，而现在低温等离子体运用更加广泛。例如，等离子电视、婴儿尿布表面防水涂层、增加啤酒瓶阻隔性，更重要的是在电脑芯片中的蚀刻运用，让网络时代成为现实。

等离子体主要用于以下几个方面：

(1) 等离子体冶炼　用于冶炼用普通方法难于冶炼的材料，例如高熔点的锆（Zr）、钛（Ti）、钽（Ta）、铌（Nb）、钒（V）、钨（W）等金属；还用于简化工艺过程，用等离子体熔化快速固化法可开发硬的高熔点粉末，如碳化钨-钴、Mo-Co、Mo-Ti-Zr-C 等粉末。等离子体冶炼的优点是产品成分及微结构的一致性好，可免除容器材料的污染。

(2) 等离子体喷涂　许多设备的部件应能耐磨耐腐蚀、抗高温，为此需要在其表面喷涂一层具有特殊性能的材料。用等离子体沉积快速固化法可将特种材料粉末喷入热等离子体中熔化，并喷涂到基体（部件）上，使之迅速冷却、固化，形成接近网状结构的表层，这可大大提高喷涂质量。

(3) 等离子体焊接　可用于焊接钢、合金钢，铝、铜、钛等及其合金。特点是焊缝平整，可以再加工，没有氧化物杂质，焊接速度快。用于切割钢、铝及其合金，切割厚度大。

(4) 等离子体刻蚀　在半导体制造技术中，等离子体刻蚀是干法刻蚀中最常见的一种方法，等离子体产生的带能粒子（轰击的正离子）在强电场下，朝硅片表面加速，通过溅射刻蚀作用去除未被保护的硅片表面材料，从而完成一部分的硅刻蚀。王德生［等离子体处理玻璃纤维对其环氧复合材料性能的影响．化学与粘合，1990，(4)：216-218］研究了低温等离子体处理对玻璃/环氧树脂复合材料性能的影响。他证明，玻璃纤维放入等离子体发生器内进行处理（用 N_2 和 Ar 作载气，功率为 240W），随着处理时间的延长（2～25min），玻璃纤维失重由 0.28%增至 0.82%，这是由于等离子体中高能粒子对纤维表面碰撞所引起的“刻蚀”作用（使表面粗糙度增大）所致。由于粗糙度增大，新生表面积扩大，某些极性基团（羟基）能更多地暴露，故纤维对偶联剂的吸附量大为增加。这必然改善纤维与环氧树脂的润湿性，从而提高了界面粘接性能和复合材料的力学性能。

1.2.4　大气污染及其防治

1.2.4.1　大气污染

在自然状态下，大气是由干燥、清洁的空气、水蒸气及悬浮微粒三部分组成。干燥、清洁的空气组成基本上是不变的，其主要成分 O_2、N_2 及稀有气体，三者合计占干空气总容积的 99.9%以上，其他还有少量的 CO_2、H_2 及 O_3 等，总和不超过 0.04%。

一个人 1 天内需要约 1kg 食物、2kg 水和 13kg 的空气（此空气体积约 1 万升）。一个人可以 7 天不进食，5 天不饮水，但断绝空气仅 5min，就会死亡。这说明正常空气对人类的生存是极为重要的。但由于人类活动和自然过程引起某种物质进入大气，破坏了正常空气原有的组成，当其浓度停留时间超过允许限度时，大气质量出现恶化，并因此而危害到人体、动植物或危害到环境，国际标准化组织（ISO）将此现象定义为**大气污染（atmospheric pollution）**。

大气污染源分为自然源和人为源两大类。自然源是指由火山喷发、森林火灾及土壤风化等自然原因产生的沙尘、SO_2 及 CO_2 等；人为源是指任何向大气排放一次性污染物的工厂、设备、车辆或行为等，即生活（燃料）污染源、工业生产污染源及交通运输污染源。

1.2.4.2 大气污染物

大气污染物主要是指硫化物（如 SO_2）、氮氧化合物（NO_x，如 N_2O、NO、NO_2 及 N_2O_5 等）、一氧化碳、烃类化合物（如烷烃、烯烃及芳烃）、光化学烟雾及微粒污染物（如火山灰）等。

在这里我们主要向大家介绍光化学烟雾。

光化学烟雾的成分有一次污染物氮氧化合物及烃类化合物，但更重要的是大气中的烃类和 NO_x 在太阳强辐射下发生化学反应产生的二次污染物 O_3、过氧化硝酸乙酰及醛酮类化合物等。当这些物质混合后浓度达到（0.03～0.04）$\times 10^6 m^3/m^3$ 时，即构成了光化学烟雾。

光化学烟雾形成的初期可以见到上空出现一片浅蓝色的雾，并逐渐加厚，使晴朗的天空渐渐变为昏暗，空气中烟雾弥漫，能见度降低，同时可以嗅到类似臭氧的气味。这种状况会持续很长时间，直至气象条件允许时才渐渐扩散消失。它刺激人的眼睛和上呼吸道黏膜，使人产生流泪、咳嗽及胸闷等症状，严重时机体缺氧损害中枢神经，甚至死亡。其慢性毒作用可使人体肺部对细菌的抵抗能力降低，还可诱发染色体畸变，加速人体衰老。光化学烟雾经常发生在光照强烈的夏季和初秋季节，它所引发的公害事件时有发生。例如在 1952 年洛杉矶的光化学烟雾事件中，两天内使 65 岁以上的老人死亡 400 余人；在 1970 年 7 月 13 日日本东京的光化学烟雾事件中，受害人数近 6000 余人。

在我国为增强人们对环境的关注，较及时准确地反映空气质量状况，采用空气质量日报预报的形式，通过媒体向社会发布环境信息，以提高全民的环境意识，促进人们生活质量的提高。

1.2.4.3 大气污染对大气的影响

大气污染不仅恶化大气质量，而且影响局部天气及全球气候，如 SO_2 和 NO_x 在许多地区形成酸雨，CO_2 引起全球气候变暖，氯氟烃对臭氧层造成破坏等。

（1）酸雨（acid rain） 正常的雨雪呈弱酸性，这样的降水有利于溶解地壳中的矿物质，供给动植物吸收。受大气污染的降水，若 $pH<5.6$，则称之为酸雨。

酸雨对环境造成的危害是多方面的。首先，酸雨不仅影响植物生长、繁殖，使森林受害严重，而且酸雨洗淋的土壤由于减少了 Ca、Mg 及 K 等营养元素而变得贫瘠，从而波及到赖以生存的人类及野生动物，酸雨还会危害鱼类繁殖和生存，毒害水生物，破坏生态系统。其次，酸雨腐蚀建筑材料及金属制品等，对文物古迹造成不可挽回的损失，如雅典古城堡是举世闻名的历史建筑，它正遭受着酸性污染物的啮蚀，光滑挺拔的大理石柱、精美的大理石浮雕表面凝结了一层厚厚的石膏层，使之光彩尽失。我国重庆、宜宾、长沙、赣州等南方城市也频降酸雨，1995 年重庆市因大气污染造成直接经济损失高达 20 多亿元，几乎相当于该市全年财政收入。

酸雨主要由于化工燃料燃烧和金属冶炼等排放的污染物 SO_2 和 NO_x，经过复杂的大气化学、物理过程产生 H_2SO_4、HNO_2 及 HNO_3 等多种无机酸溶解在雨水中而形成的。大气粉尘等固体颗粒物（含 Fe、Cu 及 V 等）是上述过程的催化剂，大气中的光化学反应生成 O_3、H_2O_2 等是上述过程的氧化剂。酸雨成因中 SO_2 的影响约占 70%，NO_x 约占 30%，大气中的其他污染物对酸雨的形成也有影响，我国酸雨主要是由于 SO_2 造成的。

(2) 温室效应（the greenhouse effect） 太阳光大部分以短波穿过大气层辐射到地球，被地表面吸收和反射。地表被加热，以长波红外光向外辐射，大气中的 CO_2 等和水蒸气将此波段的辐射大部分吸收，从而阻碍了地球热量向大气层以外扩散，此作用与薄膜等覆盖而使室内产生增温和保温作用相同，故称为温室效应。产生温室效应的气体被称为温室气体，CO_2 是主要的温室气体，已知其他的温室气体多达 39 种，如 CH_4、$CHCl_3$、N_2O 及 O_3 等。

随着工业的发展，人类对能源的需要剧增，燃料完全燃烧使得 CO_2 排放量也随之剧增；植被、森林的破坏使植物光合作用消耗 CO_2 也在大量地减少。据估计，20 世纪 60 年代末至 90 年代末大气中 CO_2 浓度年增长约为 0.4%，地球平均气温随之升高，80 年代末出现了历史上地球气温最高的四年。科学家们预言：到 2100 年，全球地表温度可能会上升 1.6～6.4℃，多数人认为，全球气候变暖主要是由于大气中 CO_2 浓度升高导致的。

温室效应引起冰雪融化，海平面升高，沿海 60km 范围内居住着的占世界约 1/3 的人口、城镇农田、水产养殖都要受到威胁。气候变暖，使森林、湿地及极地冻土遭到破坏，赖以生存的许多物种将加速灭绝，危害生态系统，破坏人类的食物供应和居住环境，还会造成疾病流行，自然灾害频发等严重问题。

1996 年联合国政府间气候变化专门委员会（IPCC）关于全球气候变化的评估报告中再次肯定了温室气体增加将导致全球气候的变化，2009 年 12 月第五次评估报告显示 2009 年地球大气中的浓度达到历史最高值 $387\times10^{-6}m^3/m^3$（2008 年为 $385.2\times10^{-6}m^3/m^3$，2007 年为 $383.2\times10^{-6}m^3/m^3$），呈增长趋势。国际组织提出全球减排目标，即减少大气温室气体的排放，主要针对 CO_2 气体，只有气体浓度控制在 $450\times10^{-6}m^3/m^3$ 以内，才能长期稳定全球气候，避免巨大的气候生态灾难。

我们知道气候系统对于大气温室气体浓度的改变反应具有滞后性，减少温室气体排放刻不容缓。应该说应对气候变化是全人类面临的共同挑战，中国在减排问题上务实担当，2009 年 11 月在哥本哈根气候变化大会上，我国政府宣布了减排计划，到 2020 年比 2005 年温室气体减排 40%～45%。目标是明确的，任务是艰巨的，为此我国每年要支付 700 多亿美元的增量成本，相当于每个家庭要承担 100 多美元的成本。十年来。我国坚定兑现减排承诺，以大国垂范为全球气候治理作出表率，2018 年中国单位国内生产总值（GDP）二氧化碳排放（简称碳强度）下降 4.0%，比 2005 年累计下降 45.8%，相当于减排 52.6 亿吨 CO_2，已超过承诺 2020 年碳强度下降上限目标。同时中国政府提出人类命运共同体思想，共商共建共享的全球治理观，主张世界各国认真履行《联合国气候变化框架公约》和《巴黎协定》的义务，并如期提交自主贡献目标 2030 年中国单位 GDP 二氧化碳排放比 2005 年下降 60%～65%。

你我做些什么？践行资源节约型低碳生活方式，减排从我做起：采用节能电器并及时关闭电灯电脑，夏天空调调高一度，出行乘坐公交车，减少一次性塑料袋的使用，自觉进行垃圾分类。以自己的实际行动带动我们周围的社会成员共同努力，使我们的天更蓝、树更绿、家园更美丽。

(3) 臭氧层破坏 (depletion of the ozone layer) 地球已有约 60 亿年的历史，在这漫长的过程中，大气层不断地演化，形成了现在的组织结构。按照大气的化学组成、物理性质和距地表面垂直距离的不同，将大气层从下至上分为 5 个层次：对流层、平流层、中间层、热层及逸散层。在大气平流层中，有着对地球至关重要的臭氧层，大多分布在距地表 10～50km 的大气中。臭氧吸收了来自太阳的 99%的紫外辐射，有效地阻挡着过量的紫外线到达地表层危害地球生命。

臭氧层遭到破坏的主要原因是某些氯氟烃的作用，氯氟烃化合物是人工制品，常用作冰箱、空调制冷剂等。另外，NO_x 对臭氧层的破坏也起有一定的作用，如超音速飞机的废气直接排放到平流层后，在紫外线的照射下，发生光化学反应，加速臭氧的消耗。可能发生的反应：

$$O_2 \xrightarrow{h\nu} 2O\cdot$$

$$CFCl_3 \xrightarrow{h\nu} CFCl_2 + Cl\cdot$$

$$Cl\cdot + O_3 \longrightarrow ClO\cdot + O_2$$

$$ClO\cdot + O\cdot \longrightarrow Cl\cdot + O_2$$

$$NO + O_3 \longrightarrow NO_2 + O_2$$

$$NO_2 + O\cdot \longrightarrow NO + O_2$$

总反应：

$$O_3 + O\cdot \longrightarrow 2O_2$$

此类光化学反应机理十分复杂，但如此重复循环，净结果是大气中的臭氧被大量转化。

科学家提出，大气中臭氧层正在变薄。美国宇航局观测的资料也证明，自 1969 年以来，地球上空臭氧层已减少了 3%，在南极首次发现臭氧空洞。在 1989 年，南极中心地区上空臭氧含量比正常减少量高达 65%，到了 1995 年，联合国气候机构证实，臭氧空洞还在迅速扩大。

多国科学家对北极进行考察，同样发现了臭氧层破坏严重。据报道，我国也发现了“臭氧低谷”。这一切意味着强烈的紫外线到达地球的辐射量正在增加，给地球生物带来了诸多的危害，紫外辐射增强将加剧温室效应，引起全球性气温变暖。

1985 年，20 多个国家签署了《关于保护臭氧层维也纳公约》，我国也于 1989 年成为缔约国，并于 1991 年加入《关于消耗臭氧层物质的蒙特利尔议定书》，积极参与保护臭氧层的国际合作。并于 1992 年出台了《中国逐步淘汰消耗臭氧层物质国家方案》，制定了《消耗臭氧层物质管理条例》，先后实施 31 个行业淘汰，关闭相关生产线 100 多条。早在 2010 年，中国就完全停止了全氯氟烃（CFCs）、哈龙、四氯化碳（CTC）及溴代物等消耗臭氧层物质（ODS）的生产和使用，生态环境部也颁布了《消耗臭氧层物质替代品推荐名录》，研发绿色替代技术，倡导绿色、低碳、循环及可持续的生产生活方式，为保护赖以生存的家园做着自己不懈的努力。

思考与练习题

1-3 等离子体是怎样形成的？它有什么用途？

1-4 “温室气体”有哪些？引起臭氧层空洞的物质有哪些？

1-5 适用于理想气体状态方程式的真实气体所处的条件是什么？

1.3 液体

液体没有固定的形状，但有一定的体积（此体积为容器的容积），具有流动性，其可压缩性比气体差。液体自身有许多性质如蒸气压、沸点及凝固点等。液体的特性主要表现在以下几个方面：

① 具有确定的体积和可变的外形。

② 压缩性和膨胀性小。因液体分子间距较小，液体分子可自由运动的空间比气态时小得多，故当在一定温度下增加压力时，液体基本上不可压缩。同样，在一定压力下，若改变温度，液体体积的变化也不大。

③ 掺混性。与气体类似，当把两种或两种以上分子结构和分子间作用力相似的液体相混合时，组分分子会相互扩散，最终形成能以任何比例互溶的均匀分布的状态。但是若分子结构和分子间力不相似的液体混合时，则基本上不能互溶。

④ 表面张力。空中的小液滴（如雨滴）往往是呈圆球形的；同样，将一滴汞滴在光滑的玻璃上，汞滴也呈圆珠状。这种现象的产生是由于液体具有表面张力的缘故。所谓表面张力是指液-气与固-气界面中单位长度的收缩张力，液体的表面张力是由于液体表面的分子与液体内部的大量分子处于不同的状态所造成的，如图 1-3 所示。

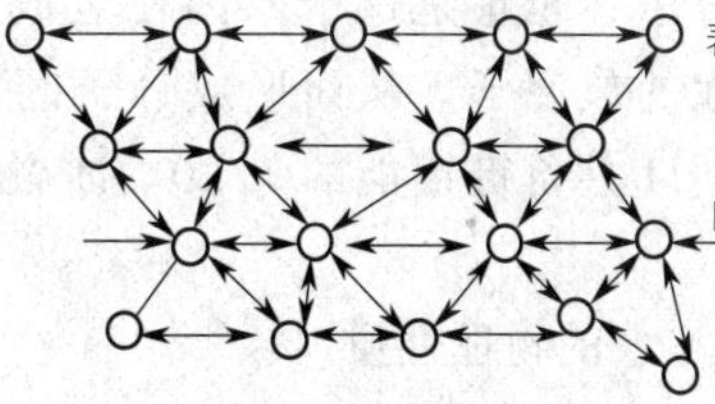

图 1-3 液体分子受力情况

一般而言，极性越强的液体，分子间作用力越强，表面张力越大。升高温度，可加快分子的运动，使分子间距增大，减弱分子间的作用力，也减弱了内部分子对液体表面分子的吸引力。液体表面张力的特性，对生产、科研和日常生活均有一定的指导意义，如洗涤衣服上的油污不用纯水而用洗涤剂，这是由于油污为非极性物质，而水是极性物质，表面张力大，油污无法溶入其中。而洗涤剂是表面活性剂，它使水的表面张力大大减小，从而可将衣服上的油污去除。

⑤ 毛细作用。将一根毛细管浸入液体时，会出毛细管内的液面高于或低于管外液面的现象，这种现象称为液体的毛细现象。

1.3.1 水的结构和性质

水是自然环境中最宝贵的资源之一，是一切生命赖以生存的基础，是人类生活、生产不可缺少的基本物质，没有水也就没有了生命。

水是最常见的物质，水的特性使之成为支配自然和人类环境中各种现象的主要因素。

水呈现三种物理状态，即液态（水）、气态（水蒸气）和固态（冰），由于沸点和冰点间温度范围宽，且相变热很大，所以在通常条件下水呈现液态。

1.3.1.1 水的结构

水的特性与水的分子结构有关，水分子中氧原子受到四个电子对的包围，其中两个电子对与两个氢原子共享，形成两个共价键，另外两对是氧原子本身所具有的孤对电子。四个电子对由于带负电而互相排斥，因孤对电子占据的空间较小，与共用电子对相比具有更大斥力，从而使 H—O—H 的键角为 104.5°（见图 1-4），形成“V”字形分

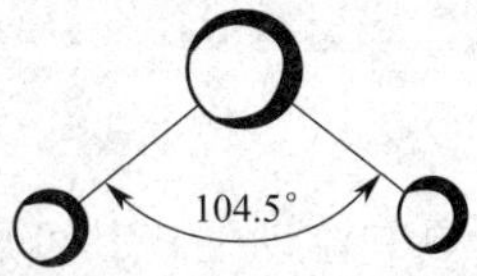

图 1-4　水分子的结构

子结构。

水的沸点比氧族同类氢化物的沸点高，这是因为水分子间氢键的作用。所谓氢键是指具有较小的原子半径及较大的电负性（在分子中，原子核吸引电子的能力）的原子 X（如 F、O、N 等）与氢原子（H）形成共价键 X—H 时，由于 X 吸引共用电子对的能力很强，即键的极性很强，使得共用电子对强烈偏向于 X 而偏离氢，使氢原子几乎成为裸露的质子，此时氢原子还可以与另一个像 X 那样的原子 Y 之间产生静电引力，可表示为 X—H…Y，称为氢键。其中 X 与 Y 可以是相同的元素，也可是两种不同的元素。

氢键的键能是指氢键断开所需的能量。氢键具有方向性和饱和性，即 X—H…Y 在同一直线上，这样 X 与 Y 间的斥力最小，体系最稳定。每个 X—H 只能与一个 Y 之间形成氢键，不可能再与第二个 Y 之间形成另一个氢键。氢键可以在分子间形成，也可以在分子内形成，即分子内氢键，如邻硝基苯酚中就有一个分子内氢键。（见第 5 章“物质结构基础”）。

在水分子中由于氧原子具有较小的原子半径及较大的电负性，在分子中吸引电子的能力很强，使得水分子中共用电子对趋向于氧而偏离氢，使水分子成为具有很大偶极矩的极性分子；也正是这个原因使氢成为裸露的质子，再吸引另一个分子中半径较小、电负性较大的氧原子，从而形成分子间氢键（表示为 O—H…O），其键能为 18.81kJ/mol，约为 O—H 共价键键能的 1/20，冰融化成水或水挥发成水蒸气，都需要外界提供能量破坏氢键。

1.3.1.2　水的物理性质

纯水是无色、无臭的液体。深层的天然水呈蓝绿色，这是由于它溶解了氧气和某些盐类。

(1) 热容　热容是指 1kg 物质升高 1K 所吸收的热量。水有较大的热容，在所有的液态和固态物质中，水的热容最大，25℃时为 4.184×10^3 J/(kg·K)。它对调节气温起着巨大的作用。沿海一带，白天受到太阳的辐射，因水的热容大，海水温度升高时吸收了大量的热，所以气温不会很高。到了夜间，温度降低，海水又会放出大量热，使气温不致降得很低，从而起到调节气温的作用。在化学反应及工业生产中，水因此常被用作加热或冷却介质。

(2) 冷胀热缩　水的密度在 4℃时最大，而不是在凝固点时的温度，水的这种特性完全是由水分子的特殊结构引起的。

水和冰的体积与温度的关系如图 1-5 所示。这一现象可以用水的缔合作用加以解释。由简单分子合成较为复杂的分子基团而不引起物质化学性质改变的过程，称为分子的缔合，如 $n\mathrm{H_2O}\underset{\text{离解}}{\overset{\text{缔合}}{\rightleftharpoons}}(\mathrm{H_2O})_n$。接近沸点的水主要是以简单分子的状态存在的，冷却时，由于温度降低，一方面分子热运动减小，使水分子间的距离缩小；另一方面，水的缔合度增大，缔合分子增多，分子间排列较紧密，这两个因素都使水的密度增大，当温度降低到 4.0℃时（严格讲是 3.98℃），水有最大的密度，最小的体积。温度继续降低时，出现较多的缔合分子及具有冰结构的较大的缔合分子，它们的结构较疏松，所以 4℃以下，水的密度随温度的降低反而减小，体积则增大。到冰点时，全部分子缔合成一个巨大的、具有较大空隙的缔合分子

（见图 1-6）。

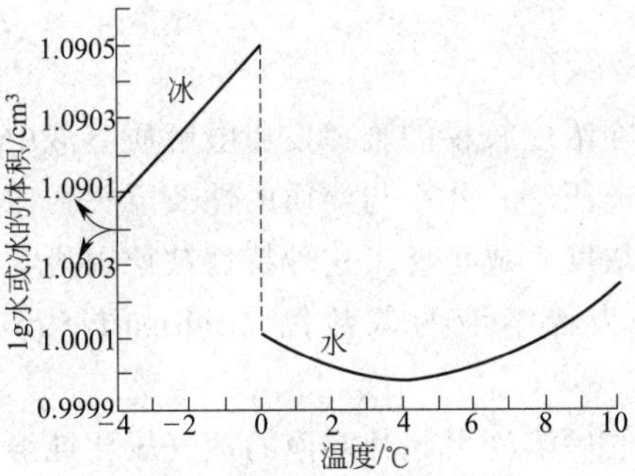

图 1-5　水、冰的体积与温度的关系

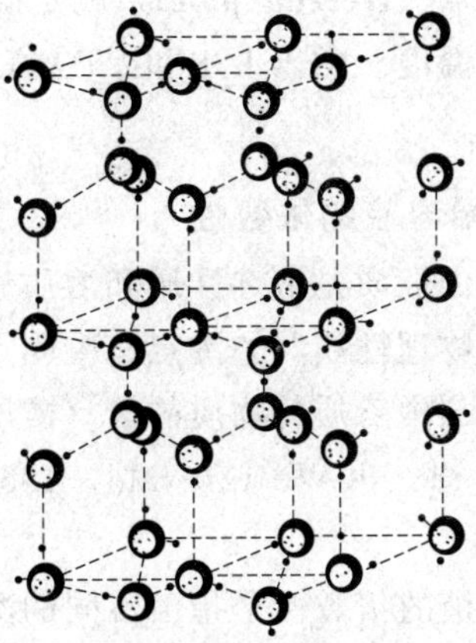

图 1-6　冰的结构

(3) 蒸气压　水和其他的液体一样，其分子在不断地运动着，其中少数分子因为动能较大，足以冲破表面张力的影响而进入空间，成为蒸气分子，这一现象称为蒸发。在敞口容器中，液体会蒸发变成蒸气，直至全部液体都蒸发掉；而在密闭的容器中，液体的蒸发却是有限的，在一定的温度下，蒸发出的蒸气分子与液面碰撞，还可能进入液体中。

在液体中，只有具有足够能量的分子才能克服其他分子的吸引从液面上逸出，在一定温度下，这些分子所占的比例是一定的，所以单位时间内，从单位面积上逸出的分子数是一定的，在单位时间内进入液体的分子数取决于蒸气的压力。设想在密闭的容器中，液体开始蒸发的瞬间，只有逸出液面的分子，而没有进入液体的分子；随着蒸发的进行，蒸气的压力逐渐增加，进入液体的分子逐渐增多。在温度保持不变时，单位时间内从液面逸出的分子数保持恒定，最后必然达到单位时间内，从液面逸出的分子数等于在同一液面进入液体的分子数。换言之，液体的蒸发速率等于蒸气的凝聚速率时，蒸气量就不再增加了，说明在一定的温度下，蒸气具有恒定的压力，此时蒸气为饱和蒸气，此蒸气的压力称为饱和蒸气压，简称蒸气压（以符号 p 表示）。

蒸气压表示液体分子向外逸出的趋势，蒸气压大小取决于液体本身的性质，而与液体的量无关。液体蒸气压总是随温度的升高而增大。水在不同温度下的蒸气压见表 1-1。

(4) 沸点和凝固点　恒温度、恒压力下，液态物质吸热成为气态物质，我们称之为汽化。在敞口容器中加热液体，汽化先在液体表面发生，随着温度的升高，液体蒸气压将不断地增大，当温度增加至液体蒸气压等于外界压力时，汽化不仅在液面上进行，而且要在液体内部发生。内部液体的汽化产生大量的气泡上升至液面，气泡破裂，逸出液体，我们称此现象为沸腾，液体在沸腾时的温度即为液体的**沸点**（**boiling point**，以符号 t_b 表示）。

应指出，在沸腾过程中，液体所吸收的热量仅仅是用来把液体转化为蒸气，这个过程温度保持恒定，直至液体全部汽化。

液体在一定的外压下，有固定的沸点，如水在 101.3kPa 的压力下，沸点为 100℃。当外部压力增加时，可使沸点升高。相反，降低外界压力时，可使液体在较低的温度下沸腾。

如昆明的地势高、气压低，水的沸点只有 96℃；青藏高原气压则更低，水的沸点低达 76℃。

凝固点（**freezing point**）就是固相与液相共存的温度，也就是固相蒸气压与液相蒸气压相等时的温度。常压下水和冰在 0℃时蒸气压相等（0.61kPa），两相达平衡，所以水的凝固点是 0℃。

1.3.2 稀溶液的依数性

溶液的性质是溶剂性质和溶质性质的组合，但在浓度较稀的难挥发非电解质溶液中，溶液的某些物理性质（如沸点、凝固点、蒸气压和渗透压等）几乎与溶质的性质无关，而是与一定量溶剂中溶质的物质的量（或所含溶质的粒子浓度）成正比。这种特性被德国科学家奥斯特瓦尔德（F. W. Ostwald，1853—1932）称之为稀溶液的**依数性**（**colligative properties**）。

稀溶液的依数性是指由不同的溶质和溶剂组成的稀溶液引起其溶液的蒸气压比纯溶剂的蒸气压下降、沸点比纯溶剂的沸点高和凝固点比纯溶剂的凝固点低以及溶液具有渗透压等性质。

1.3.2.1 溶液的蒸气压下降

当一种难挥发的溶质溶解于溶剂后，溶液表面的溶剂分子数目由于溶质分子的存在而减少，因此蒸发出的溶剂分子数目比纯溶剂的要少，即难挥发物质的溶液的蒸气压比纯溶剂的蒸气压低。在同一温度下，纯溶剂蒸气压与溶液蒸气压的差叫做**溶液的蒸气压下降**。

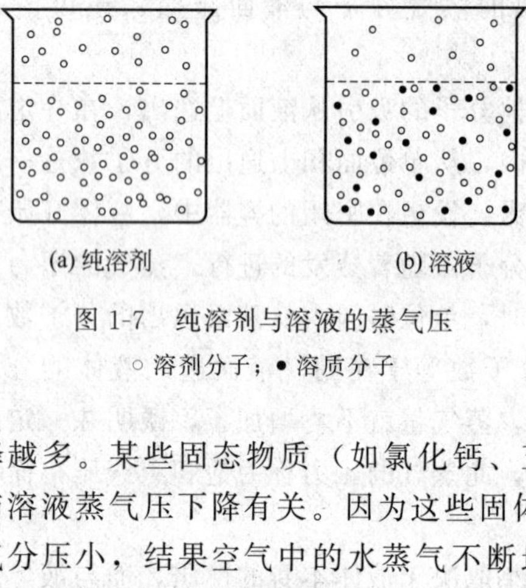

图 1-7 纯溶剂与溶液的蒸气压

○ 溶剂分子；● 溶质分子

溶液的蒸气压比纯溶剂的蒸气压低的原因是由于溶剂中溶解了难挥发的溶质后，溶剂的表面或多或少地被溶质的粒子所占据，单位时间内从溶液中蒸发出的溶剂分子数比从纯溶剂中蒸发出的分子数少，如图 1-7 所示。因此，在达到平衡时，难挥发物质的溶液的蒸气压低于纯溶剂的蒸气压。显然，溶液的浓度越大，溶液的蒸气压下降越多。某些固态物质（如氯化钙、五氧化二磷等）在空气中易吸收水分而潮解，这就与溶液蒸气压下降有关。因为这些固体表面吸水后成为溶液，它的蒸气压比空气中水蒸气分压小，结果空气中的水蒸气不断地凝结进入溶液，使这些物质继续潮解，这些易潮解的物质常用作干燥剂。

1887 年法国物理学家拉乌尔（F. M. Raoult，1830—1901）根据许多难挥发非电解质溶液所得出的实验结果，发现在一定温度下，稀溶液的蒸气压的下降值等于稀溶液中溶质的摩尔分数与纯溶剂蒸气压的乘积，而与溶质的性质无关：

$$\Delta p=\frac{n}{n_0+n}p^{\circ} \quad \text{或} \quad \Delta p=xp^{\circ} \tag{1-9}$$

式中，Δp 表示溶液蒸气压下降；p°表示纯溶剂的蒸气压；n_0 和 n 分别表示溶剂和溶质的物质的量；x 表示溶质的摩尔分数。

1.3.2.2 沸点上升和凝固点下降

如果在水中溶解了难挥发的溶质，其蒸气压就要下降，如图 1-8 所示。若外界压力为标准压力 101.325kPa，溶液在 100℃时蒸气压就低于 101.325kPa，要使溶液沸腾，即溶液的蒸气压与外界压力相等，就必须把溶液的温度升高到 100℃以上。这一规律只限于溶有难挥发性溶质的溶液。若溶质是易挥发的，则溶质的挥发必将影响溶液的蒸气压，从而引起沸点上升程度有所改变，甚至会出现沸点下降的情况。

水和冰在凝固点（0℃）时蒸气压相等，如图1-8所示。由于水溶液是溶剂水中加入了溶质，它的蒸气压曲线下降，冰的蒸气压曲线没有变化，造成溶液的蒸气压低于冰的蒸气压，冰与溶液不能共存，即溶液在0℃不能结冰，只有在更低的温度下才能使溶液的蒸气压与冰的蒸气压相等。

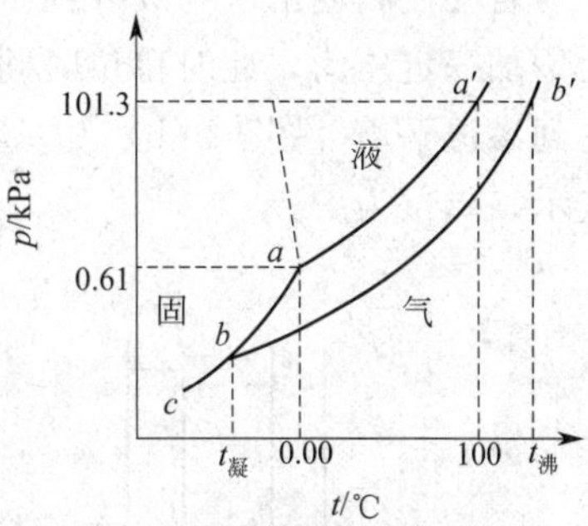

图1-8 水、冰和溶液的蒸气压与温度的关系

aa'—纯溶剂的蒸气压；

bb'—溶液的蒸气压

溶液的蒸气压下降程度取决于溶液的浓度，而溶液的蒸气压下降又是沸点上升和凝固点下降的根本原因。因此，溶液的沸点上升与凝固点下降必然与溶液的浓度有关。拉乌尔用实验的方法确立了下列关系：溶液的沸点上升与凝固点下降与溶液的质量摩尔浓度成正比。这个关系也叫作拉乌尔定律。正如蒸气压下降的规律一样，只适用于难挥发的非电解质的稀溶液。（对于凝固点下降，可不必考虑溶质是否难挥发，因为对溶液的凝固点来说，不论溶质为难挥发的或易挥发的，甚至溶有一定量的气体物质，只要有溶质的粒子存在都将使溶剂的蒸气压下降。）拉乌尔定律可表示为：

$$\Delta t_{沸} = K_{沸}\ m \tag{1-10}$$

$$\Delta t_{凝} = K_{凝}\ m \tag{1-11}$$

式中，m 为稀溶液的质量摩尔浓度，即1kg溶剂中所溶解溶质的物质的量，mol/kg；$K_{沸}$ 与 $K_{凝}$ 分别叫作溶剂的沸点上升常数和凝固点下降常数，它们仅取决于溶剂的特征而与溶质的本性无关。现将几种溶剂的沸点、凝固点、$K_{沸}$ 和 $K_{凝}$ 的数值列于表1-2中。

表1-2 常见溶剂的沸点上升常数和凝固点下降常数

溶 剂	沸点/℃	$K_{沸}$	凝固点/℃	$K_{凝}$
醋酸	118.1	2.93	17	3.9
苯	80.2	2.53	5.4	5.12
氯仿	61.2	3.63	—	—
萘	—	—	80	6.8
水	100.0	0.51	0	1.86

在寒冷的冬天置于室外的水可以结冰，而置于室外腌制咸菜的缸里却没有出现结冰的现象；烧沸的肉汤要比同量的开水冷却的速度要慢。这是由于溶液的凝固点较原溶剂的凝固点降低，而沸点却升高的原因。

1.3.2.3 渗透压

稀溶液除了蒸气压下降、沸点上升与凝固点下降三种通性之外，还有一种特性，也取决于稀溶液的浓度，这就是**渗透压**（**osmotic pressure**）。

渗透必须通过一种膜来进行，这种膜上的孔选择性地允许某些物质（如溶剂分子）通过，而不能允许另一些物质（如某些溶质分子）通过，因此叫做**半透膜**。渗透现象的示意图如图1-9所示，用半透膜将溶液和纯溶剂隔开，这时溶剂分子在单位时间内进入溶液内的数目，比在同一时间内溶液内的溶剂分子进入纯溶剂内的数目要多。表观上，溶剂通过半透膜渗透到溶液中，使得溶液的体积逐渐增大，溶液的液面逐渐上升［图1-9(a)］。

若要使膜内溶液与膜外纯溶剂的液面相平，即使溶液的液面不上升，必须在溶液的液面上增加一定压力，此时单位时间内，溶剂分子从两个相反的方向穿过半透膜的数目相等，即达到渗透平衡［图 1-9(b)］。这样，溶液液面上所增加的压力就是这个溶液的渗透压，用 π 表示，单位为 Pa。

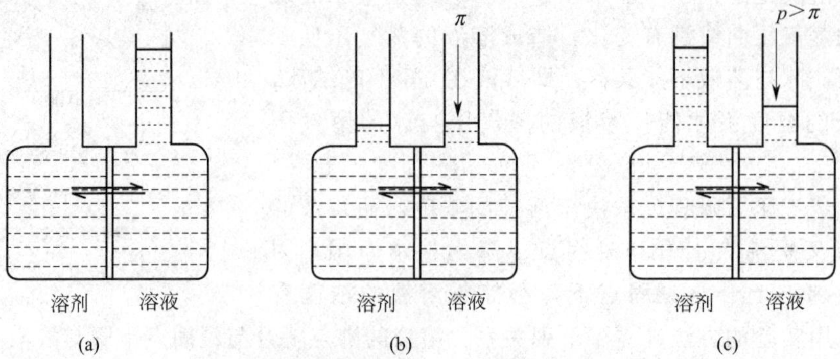

图 1-9 溶液的渗透示意图

当温度一定时，稀溶液的渗透压与溶液的浓度成正比；当浓度不变时，稀溶液的渗透压与热力学温度成正比，即

$$\pi_{渗}=cRT \tag{1-12}$$

式中，$\pi_{渗}$ 为溶液的渗透压；c 为溶液物质的量的浓度；T 为热力学温度；R 为摩尔气体常数。

若以 n 表示溶质的物质的量，V 表示溶液的体积，因为 $c=\dfrac{n}{V}$

所以 $$\pi_{渗}=\frac{n}{V}RT \quad 或 \quad \pi_{渗}V=nRT$$

这一方程式的形式与理想气体状态方程式相类似，但气体的压力和溶液的渗透压在本质上并无相同之处。气体由于它的分子运动碰撞容器壁而产生压力，溶液的渗透压并不是溶质分子直接运动的结果，而是与溶液的蒸气压下降密切相关。

如果外加在溶液上的压力超过了渗透压，会使溶液中的溶剂向纯溶剂方向流动，使纯溶剂的体积增加［图 1-9(c)］，这个过程叫做**反渗透**，反渗透的原理广泛应用于海水淡化、工业废水处理及溶液的浓缩等方面。

渗透压在生物学中也具有重要的意义，有机体内的细胞膜大多具有半透膜的性质，因此渗透压是引起水在动植物中运动的主要力量。当我们吃了过咸的食物或在强烈排汗后，由于组织中的渗透压升高，就会有口渴的感觉，饮水可减少组织中可溶物的浓度，而使渗透压降低。一般情况下，海水鱼和淡水鱼不能交换生活环境，因为海水鱼体内细胞中细胞液的盐浓度高于淡水中盐的浓度，若将海水鱼放置在淡水中，则由于渗透作用，水进入鱼细胞内，以致鱼细胞内液体过多，细胞膜胀破，因此海水鱼不能生活在淡水中。反之，若将淡水鱼放置在海水中，鱼体内的水分将向海水渗透，鱼细胞萎缩，所以淡水鱼也不能生活在海水中。

医生给病人进行大量补液时，为什么常用 0.9%氯化钠注射液和 5%葡萄糖注射液?

这也是一个与溶液渗透压有关的问题，以血液中红细胞为例加以说明。红细胞的细胞膜是一种半透膜，它允许水分子自由通过，但不允许 Na^+、Cl^- 等离子通过。因此当细胞膜内、外溶液浓度不等时，便产生渗透压。正常血浆中含有多种电解质、有机酸及蛋白质等，其浓度列于1-3表中。正常血浆中总离子浓度为150.5＋138.5＝289(mmol/L)。一般认为血浆离子总浓度的正常范围为280～320mmol/L。

表 1-3　正常血浆中的离子浓度

阳离子	浓度/(mmol/L)	阴离子	浓度/(mmol/L)
Na^+	142	Cl^-	103
K^+	5	HCO_3^-	27
Ca^{2+}	2.5	HPO_4^{2-}	1
Mg^{2+}	1	SO_4^{2-}	0.5
		有机酸	5
		蛋白质	2
总浓度	150.5	总浓度	138.5

如果将红细胞置于低渗溶液（离子浓度小于280～320mmol/L的盐溶液）中，由于红细胞内液的渗透压大于细胞膜外液的渗透压，细胞膜外的水不断地向红细胞内渗透，将引起细胞膨胀，甚至破裂。反之，将红细胞置于高渗溶液中，细胞内液的水向细胞膜外渗透，使细胞皱缩。若将红细胞置于等渗溶液（离子浓度正好等于红细胞内液离子浓度）中，则红细胞保持原来的形状，既不膨胀也不皱缩，达到渗透平衡。如图1-10所示。

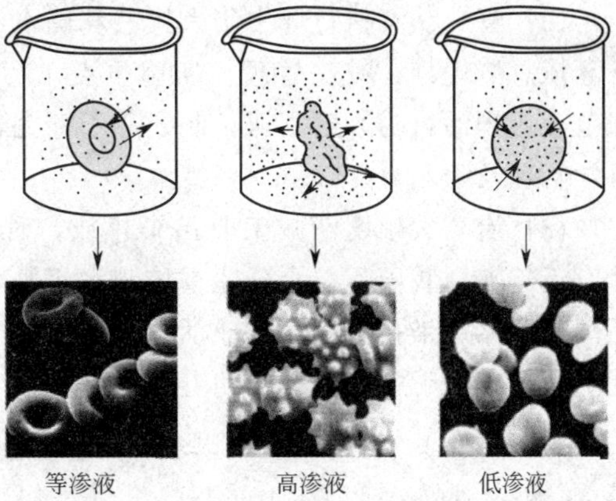

图 1-10　细胞的渗透现象

0.9%（g/mL）NaCl溶液的浓度为：

$$\frac{0.9\%}{58.5}\times 1000=0.15\text{mol/L}=150\text{mmol/L}$$

0.9%NaCl溶液离子总浓度约为300mmol/L，5%葡萄糖溶液离子总浓度约为280mmol/L。可见，0.9%NaCl注射液和5%葡萄糖注射液与血浆是生理等渗溶液，用它们作补液就不会对病人身体造成损害。

1.3.3　水污染及其防治

1.3.3.1　水污染

水是自然界的基本要素，地球表面水的总量约15×10^9亿立方米，但它的分布极不均衡，人类生命活动所需淡水仅占总量的3%，而且其3/4又存在于冰川之中。

自然界的水在其蒸气状态下通常是近乎纯净的，但水在自然循环中，就会有杂质混入或溶入。另一方面，水在社会循环中，人类的活动使得大量的工业、农业和生活废弃物排入水中，使水受到污染。**水污染**（**water pollution**）是指因自然源或人为源引起某种物质的介入，而导致水体化学、物理、生物或放射性等方面特性的改变，从而影响水的有效利用，危害人体健康或破坏生态环境，造成水质恶化的现象。通常所说的水体污染均为人为污染。由于水源污染，造成可利用水量急剧下降，地区性缺水现象愈来愈严重，全世界已有上百个国家缺水。我国也不例外，主要河流、湖泊污染都比较严重，全国131条流经城市的河流中，有26条严重污染，11条重度污染，28条中度污染，流经城市的河段80%被污染。主要大的淡水湖的污染程度次序为：滇池、巢湖（西半湖）、南四湖、洪泽湖、太湖、洞庭湖、镜泊湖、博斯腾湖、兴凯湖和洱湖。我国淡水资源原本较缺乏，再加上每年未经处理的废水直接排放，使得有限的水资源污染严重，造成诸多城市缺水，大面积土地荒芜。所以合理利用水资源、节约用水是我国的基本国策。

1.3.3.2 控制水污染的基本原则

由于工业迅速发展，人口急剧膨胀，使废水量不断增加。工业任意排放废水（工业废水中的主要污染物是有机物和重金属类），这是造成水体严重污染极为重要的一个方面。

水污染防治的根本措施是加强对水资源的规划管理，保护水资源不受污染，同时开展对废水的处理及综合利用。要控制并进一步消除污染，必须遵循经济建设、城乡建设与环境建设同步规划、同等实施、同步发展的原则；应当从控制废水排放入手，将“防”“管”“治”三者结合，以预防为主，防治结合，综合治理。

(1) 防 防患于未然，这就要求工业布局要合理；改革企业落后工艺；采用重复利用废水系统；严格执行环境影响评价制度，严守生态保护红线，运用法律、行政、经济、技术及教育等手段对各行业进行污染监督，对不符合环保要求的建设严格加以抵制，尽量防止新的污染产生。

(2) 管 认真执行《中华人民共和国水污染防治法》(2017 年修订版) 等环保法规，实行环境总体规划、统一管理。实施重点水污染物排放总量控制制度，推行“排污许可证”、规范企业排污行为，建立河长制，并不断完善水环境监测网络等措施对城镇及工业排污进行科学管理及限制。

(3) 治 大幅度消减工业污染排放，管理好城市生活污染排放，治理好农村河沟、河岔。近年来，我国不仅十分注重控制水污染，而且在污水治理上投入大量人力及资金，设立了国家水体污染控制与治理重大科技专项，从 2006 年开始到 2020 年完成，共投入 300 亿元。我国废水无害化处理正朝着“污染＋技术＝资源”的方向发展。

思考与练习题

1-6 为什么在炎热的夏季，常用喷水来降温？

1-7 为什么海水鱼和淡水鱼不能交换生活环境？

1-8 医生给病人进行大量补液时，为什么常用 0.9%氯化钠注射液和 5%葡萄糖注射液？

1.4 固体

我们把聚集状态是固态的物质称为固体，固体具有一定的体积和形状。如果将气体降低温度，它会凝结成液体，如果将液体继续降温，液体就会凝结成固体。根据固态物质的结构和性质，固体可分为晶体与非晶体。在自然界中大多数固体物质都是晶体。

1.4.1 晶体和非晶体

晶体 (crystal) 具有规则的几何外形，确定的熔点和各向异性等特点。晶体的外形是晶体内部结构的反映，是构成晶体的质点（离子、分子或原子）在空间有一定规律的点上排列的结果，如图 1-11(a) 所示。这些有规律的点称为空间点阵，空间点阵中的每一个点都叫作结点。物质的质点排列在结点上则构成晶体。实际晶体虽有千万种，但就其点阵形式而言，只有 14 种。

晶格：结点按一定的规则排列所组成的几何图形，如图 1-11(b) 所示，是实际晶体所属点阵结构的代表。

晶胞：晶体结构的代表则是晶胞，如图 1-11(c) 所示。整个晶体可以看成是由平行六面体的晶胞并置而成，因此每个晶胞中各种质点与晶体比较一致。另外晶胞在结构上的对称性也要与晶体一致。只有这样的最小的平行六面体才叫晶胞。

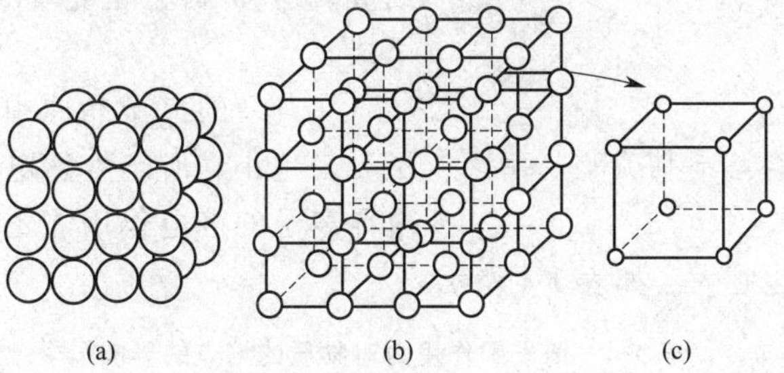

图 1-11　晶格及晶胞

晶粒：晶体内部所有晶胞位向基本一致的外形不规则的小颗粒。

单晶体：晶胞位向基本一致的晶体，它具有各向异性。

多晶体：晶胞位向互不一致的晶体。常见晶体的整个结构不是由同一晶格所贯穿，而是由很多取向不同的单晶颗粒拼凑而成的。这种晶体叫多晶体。对多晶体来说，由于组成它们晶粒取向不同，可使它们的各向异性抵消，从而多晶体一般并不表现显著的各向异性。

晶体的各向异性：由于晶格各个方向排列质点的距离不同，而带来晶体各个方向上的性质也不一定相同，即各向异性。如云母的解理性（晶体容易沿某一平面剥离的现象）就不相同，又如石墨在与层垂直的方向上的导电率是与层平行的方向上的导电率 $1/10^4$。

非晶体（non-crystal，如玻璃、沥青及松香等）也叫**无定形物质**。它们没有固定的熔点，只有软化的温度范围。当温度升高时，它慢慢变软，直到最后成为流动的熔融体。只有内部微粒具有严格的规则结构的物质才是各向异性的，所以无定形物质都具有各向同性的特点。目前引起广泛重视的非晶体固体有四类：传统的玻璃、非晶态合金（也称金属玻璃）、非晶态半导体及非晶态高分子化合物。石英光导纤维是细如毛发并可自由弯曲的玻璃纤维，其为优良的导光材料，广泛用于光通信中。

某些固体虽然没有晶体那样三维空间的规则结构，但是具有一维或二维空间的规则结构，这样的固体也是各向异性的。如橡胶、蚕丝、头发等，当拉伸时其分子能排成彼此平行的行列，表现出各向异性的特性。

1.4.2　晶体的基本类型

晶体的种类繁多，各种晶体都有它自己的晶格。若按晶格内部微粒间的作用力来划分，可分为离子晶体、原子晶体、金属晶体及分子晶体等四种基本类型的晶体。晶体中微粒间的作用力的不同，将直接影响晶体的性质。

(1) 离子晶体 (ionic crystal)　在离子晶体的晶格结点（在晶格上排有微粒的点）上交替地排列着正离子和负离子，在正、负离子间有静电引力（离子键）作用着。在晶体中与 1 个微粒最邻近的微粒数叫做配位数。离子键由于没有方向性和饱和性，一般配位数较高。以典型的氯化钠晶体（图 1-12）为例，配位数为 6。根据离子晶体的化学式和正、负离子间相

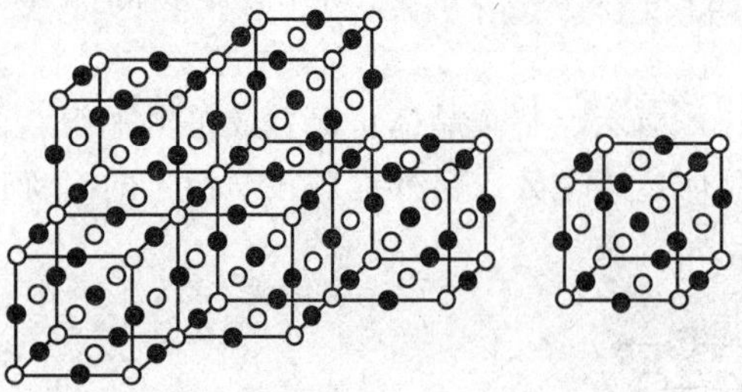
(a) 晶体中离子的排列 (b) 晶格

图 1-12 氯化钠的晶体结构

○ Cl^-；● Na^+

对大小的不同，离子晶体可以有各种不同的排列方式，配位数也可以不同。在离子晶体中并没有独立存在的分子，如氯化钠晶体，其化学式 NaCl 只表明晶体中 Na^+ 离子数和 Cl^- 离子数的比例是 1∶1，并不表示 1 个氯化钠分子的组成。但习惯上也把 NaCl 叫做氯化钠的分子式。

在典型的离子晶体中，离子电荷越多、离子半径越小，所产生静电场强度越大，与异号电荷离子的静电作用能也越大。因此离子晶体的熔点也越高、硬度也越大。如表 1-4 所示。

表 1-4 离子间作用力对物质的熔点的影响

物质	K	F		Na	F		Ca	O
离子的电荷	+1	−1	≈	+1	−1	<	+2	−2
离子半径/nm	0.133	0.133		0.097	0.133		0.099	0.132
离子半径之和/nm	0.266		>	0.230		≈	0.231	
离子间的作用	——————→ 增大							
熔点/℃	860			933			2164	

属于离子晶体的物质通常有活泼金属的盐类和氧化物。例如可作为红外光谱仪棱镜的氯化钠、溴化钾晶体，耐火材料的氧化镁晶体，建筑材料的碳酸钙晶体等。

(2) 原子晶体（atomic crystal） 在原子晶体的晶格结点上排列着原子，原子之间有共价键联系着。由于共价键有方向性和饱和性，及受共价数的限制，配位数不高。

以典型的金刚石原子晶体（如图 1-13 所示）为例，每个碳原子能形成 4 个 sp^3 杂化轨道，可以和另外 4 个碳原子形成共价键，组成正四面体。属于原子晶体的物质，单质中除金刚石外，还有可作半导体元件的单晶硅（晶体有单晶和多晶的区别：单晶是由 1 个晶核在各个方向上均衡地生长起来的，多晶是由取向不同的单晶颗粒拼凑而成）和锗，在化合物中如碳化硅、砷化镓及二氧化硅等也属于原子晶体。

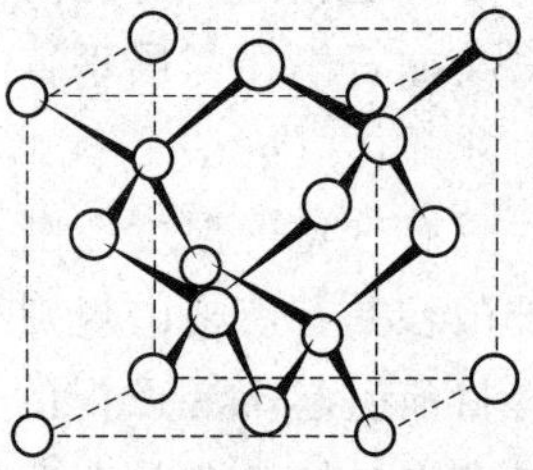
图 1-13 金刚石的晶体结构图

原子晶体一般具有很高的熔点和很大的硬度，在工业上常被选为磨料或耐火材料。金刚石的熔点可高达 3550℃，在所有单质中熔点最高，硬度也极大。原子晶体的延展性很小，有脆性。由于晶体中没有离子，固态、熔融态都不易导电，所以一般是电的绝缘体。但是某些原子晶体（如 Si、Ge、Ga、As 等）还是可以作为优良的半导体材料，原子晶体在一般溶剂中都不溶。

(3) 分子晶体（molecular crystal） 在分子晶体的晶格结点上排列着分子（极性分子或非极性分子），在分子之间有分子间力的作用，某些分子晶体中还存在氢键。由于分子间力没有方向性和饱和性，仅有分子间力作用的分子晶体配位数可以高达 12。许多非金属单质和非金属元素所组成的化合物（包括绝大多数的有机物）都能形成分子晶体。图 1-14 表示二氧化碳分子晶体的结构。

由于分子间力较弱，分子晶体的硬度较小，熔点一般低于 400℃，并有较大的挥发性，例如碘片、萘晶体等。分子晶体是由电中性的分子组成的。固态和熔融态都不导电，是电的绝缘体。但某些分子晶体含有极性较强的共价键，能溶于水产生水化离子，因而能导电，如冰醋酸。

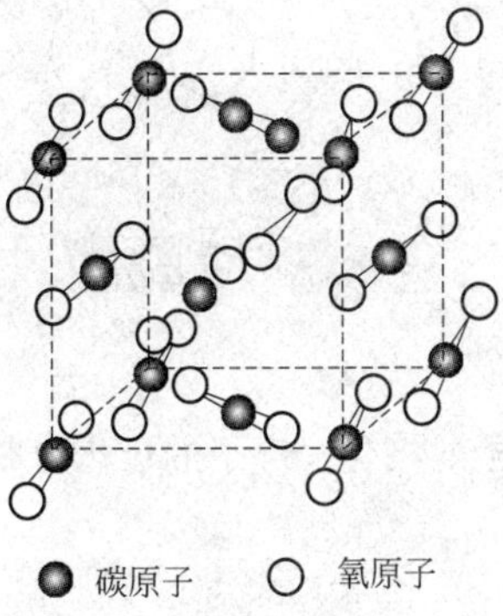

图 1-14　二氧化碳的晶体结构

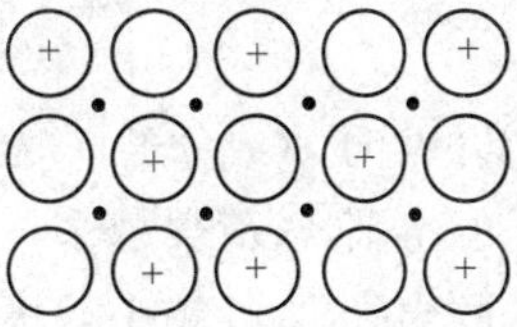

图 1-15　金属的晶体结构

（4）金属晶体（metal crystal）　在金属晶体的晶格结点上排列着原子或正离子，如图 1-15 所示，在这些离子、原子之间，存在着从金属原子脱落下来的电子（图中的黑点表示电子），这些电子并不固定在某些金属离子的附近，而可以在整个晶体中自由运动，叫做自由电子。整个金属晶体中的原子（或离子）与自由电子所形成的化学键叫做金属键。这种键可以看成是由多个原子共用一些自由电子所组成。金属键的强弱与构成金属晶体原子的原子半径、有效核电荷及外层电子组态等因素有关。

金属晶体单质多数具有较高的熔点和较大的硬度，通常所说的耐高温金属就是指熔点高于铬的熔点（1857℃）的金属，集中在副族，其中熔点最高的是钨（3410℃）和铼（3180℃）。它们是测高温用的热电偶材料。也有部分金属晶体单质的熔点较低，如汞的熔点是−38.87℃，常温下为液体；锡是 231.97℃；铅是 327.5℃；铋是 271.3℃；都是低熔金属。它们的合金称为易熔合金，熔点更低，应用于自动灭火设备、锅炉安全装置、信号仪表、电路中的保险丝等。金属晶体具有良好的导电、导热性，尤其是第ⅠB 族的 Cu、Ag、Au。它们还有良好的延展性等机械加工性能，有金属光泽、对光不透明等特性。

1.4.3　过渡型晶体

在成千上万种晶体物质中，有很多不能用这些基本类型概括。在它们的晶格结点粒子间的键型发生了变异，属于**过渡型晶体（transition crystal）**。例如用于钢铁工件表面渗铝的 $AlCl_3$，加热到 181℃时就升华，它的熔点在加热（5.3×10^5 Pa）下为 194℃，遇水强烈分解，这些性质都不是典型的离子晶体的性质。第四周期的 s 区元素 K 和 Ca 与 Cl_2 形成的氯化物可以认为是典型的离子晶体；p 区元素 Ga、As、Ge、Se 等形成的氯化物是共价型化合物。d 区、ds 区元素形成的氯化物则都是由离子键型向共价键型过渡的化合物，它们的晶体不同程度地呈现出离子晶体向着分子晶体的过渡性。

晶体结构的过渡可用离子极化观点来解释。离子极化观点是从离子键出发，把化合物中的组成元素看作正、负离子，然后考虑正、负离子间的相互作用。元素的离子近似地可以看作球形，核和电子云的正、负电荷的中心重合于球心，如图 1-16(a) 所示。在带有异号电荷的离子（可看作外电场）的作用下，离子中的原子核和电子云会发生相对位移，离子会变形，这种过程叫做离子的极化，如图 1-16(b) 所示。事实上离子都带电荷，所以离子本身就可产生电场。使带有异号电荷的相邻离子极化，如图 1-16(c) 所示。

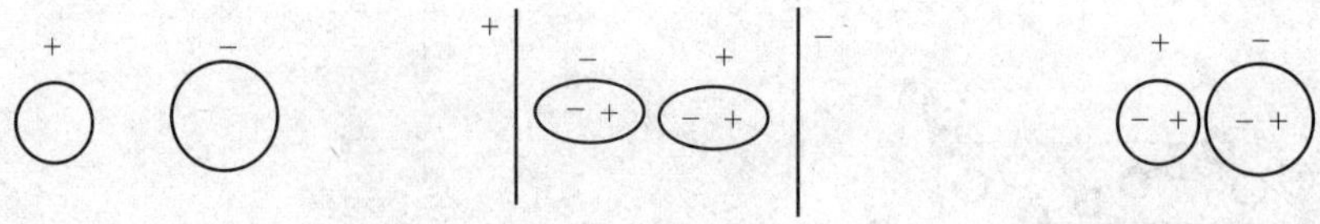

(a) 不在电场中的离子　(b)离子在电场中的极化　(c) 两个离子的相互极化

图 1-16　离子极化作用示意图

离子使其他离子（或分子）极化（变形）的能力叫做离子的极化。离子的极化力取决于：

① 离子的电荷 电荷数越多，极化力越强；

② 离子的半径 半径越小，极化力越强；

③ 离子的外层电子结构 外层 8 电子结构的离子（如 Na^+，Mg^{2+}）极化力弱，外层 9～17 电子结构的离子（如 Cr^{3+}、Mn^{2+}、Fe^{2+}、Fe^{3+}）以及外层 18 电子结构的离子（如 Cu^+、Zn^{2+}）和外层 18＋2 电子结构的离子（如 Sn^{2+}、As^{3+}）极化力较强。

离子的变形性（被极化的程度）的大小也和离子的结构有关，主要决定于：

① 离子的电荷　随着正电荷数的减少或负电荷数的增加，变形性增大；例如

$$Si^{4+} < Al^{3+} < Mg^{2+} < F^- < O^{2-}$$

② 离子的半径　随着半径的增大，变形性增大；例如

$$F^- < Cl^- < Br^- < I^-$$

$$Li^+ < Na^+ < K^+ < Rb^+ < Cs^+$$

③ 离子的外层电子结构　外层 8 电子结构的离子变形性较小，其他外层电子结构的离子变形性较大。

根据上述规律，当正、负离子间发生相互极化作用时，一般来说，主要是正离子的极化力引起负离子的变形。极化的结果使负离子的电子云向正离子偏移（当然正离子的电子云也向负离子偏移，但程度很小），电子云向正离子偏移的结果使离子键向共价键过渡，最后转变为共价型晶体结构，如图 1-17 所示。

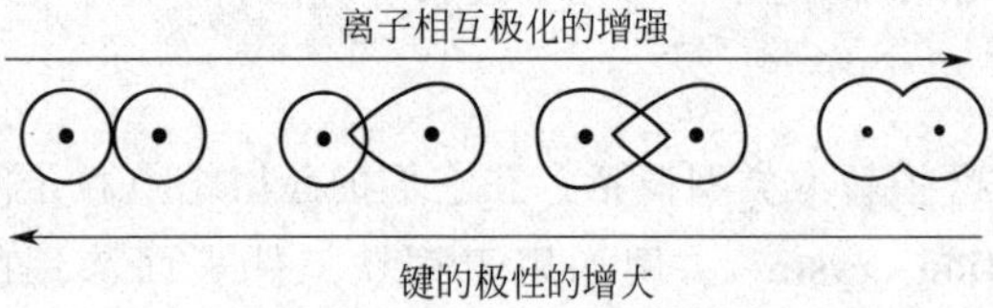

图 1-17　离子键向共价键转变的示意图

对于同一元素的氯化物来说，某些低价态的氯化物（较偏向离子晶体）的熔点、沸点比高价态的氯化物（较偏向于分子晶体）的要高，例如 $FeCl_2$ 的熔点为 672℃ 而 $FeCl_3$ 的熔点为 306℃。

氧化物、其他卤化物与氯化物类似，也有这样的过渡。但与氯化物共价型晶体均为分子晶体不同，氧化物的共价型晶体还可以是原子晶体，比如 SiO_2，其熔点为 1610℃，硬度 6～7，而 $SiCl_4$ 则是典型的分子晶体，其熔点为－70℃。

1.4.4　混合键型晶体

实际晶体还有晶格粒子间同时存在几种作用力的**混合键型晶体**（**mixed bond crystal**）。例如，层状结构的石墨（如图 1-18 所示）属于混合键型晶体。在石墨晶体中同层粒子间是

以共价键结合的，而平面结构的层与层之间则以分子间力结合，所以石墨是混合型的晶体。由于层间的结合力较弱，容易滑动，所以常被用作润滑油和润滑脂的添加剂。

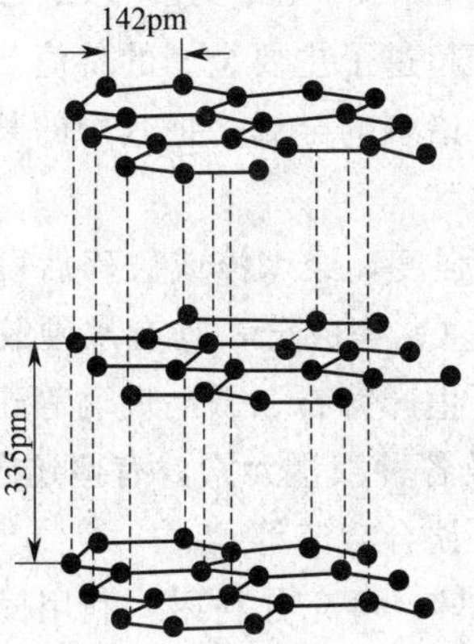

图 1-18　石墨的层状结构

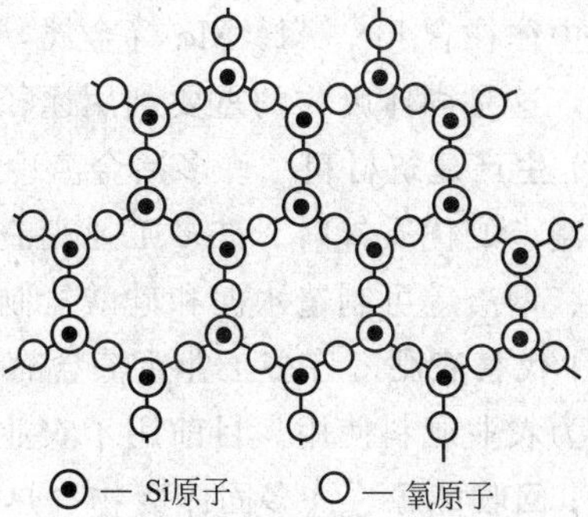

图 1-19　硅酸盐结构示意图

自然界中存在的硅酸盐晶体也属于混合键型晶体，它的基本结构是 1 个硅原子和 4 个氧原子以共价键组成负离子硅氧四面体，其链状结构如图 1-19 所示。Si 和 O 之间以共价键结合，每个氧原子最多可被两个硅氧四面体所共有，并由它们组成硅酸盐负离子的单链，四面体也可结合成双链。链与链之间有金属正离子以静电引力与硅酸盐负离子相结合。

1.4.5　固体废物的污染及治理

1.4.5.1　污染及危害

在人类的生产和生活活动中，往往有些半固态物质被丢弃，这些暂时没有利用价值的物质被称为**固体废物**（**solid waste**，亦称为**固体废弃物**）。固体废物按其来源可分为工业固体废物、农业固体废物和城市垃圾。其实，固体废物种类多，成分复杂，数量巨大，长期堆存不仅侵占了大量土地，毁坏大片农田和森林地带，而且造成对水系和大气的严重污染和危害。

1.4.5.2　固体废物的污染途径

与废水、废气相比，固体废物具有自己显著的特点。首先，固体废物是各种污染物的终态，特别是从污染控制设施排除的固体废物，浓集了许多污染成分，人们对这类污染物往往产生一种稳定、污染慢的错觉。其次，在自然条件的影响下，固体废物中的一些有害成分会转入大气、水体及土壤，参与生态系统的物质循环，具有潜在的、长期的危害性。因此固体废物，特别是有害的固体废物，如果被处理不当，就能通过各种途径危害人体健康。

1.4.5.3　治理

固体废物的处理原则，首先从源头抓起，实现固体废物排放的最佳控制，要把排放量降低到最小的程度。对于不可避免地排放物，要进行综合利用，即利用物理、化学和生物等不同的方法，使固体废物形式转换，使之再资源化。目前条件不能再利用的，也要进行无公害处置，最后合理还原于自然环境中。

固体废物的减量化、无害化和再资源化是我国 20 世纪 80 年代中期提出的控制固体废物污染的三大技术政策。今后的发展趋势是从无害化走向再资源化，再资源化应以无害化为前提，无害化和减量化应以再资源化为条件，这三者是辩证的。

固体废物的再资源化是指采用管理或工艺措施，从固体废物中回收有用组分和能源，旨在减少资源的消耗，加速资源循环，保护环境。固体废物再资源化的途径很多，主要如下几个方面：

(1) 提取各种有价金属 有色金属渣中往往含其他金属，如 Au、Ag、Co、Sb、Se 等，且这些金属有的含量较高，回收的稀有贵金属的价值甚至超过了主要金属的价值。粉煤灰和煤矸石中往往含 Fe、Al、Mo 等金属，某些化工渣中也含诸多的金属，把其中的某些有价金属提取，这是固体废物的重要利用途径。

(2) 生产建筑材料 许多冶金渣冷却后，具有足够的强度，经水淬或破碎后可直接作为水泥混凝土的优质骨料。许多工业废渣含大量的 Si、Al、Ca 等成分，具有水硬胶凝性，如粉煤灰、钢渣等可制造水泥和硅酸盐制品；利用矿渣还可生产铸石、微晶玻璃等建筑材料。

(3) 代替农肥 许多工业废渣含有较高的 Si、Ca 以及各种微量元素，有些还含有 P，因此可作为农业肥料使用。目前用于农业肥料的有高炉渣、铁合金渣等。

(4) 回收能源 许多固体废物含热值高，具有潜在能量，可充分利用。利用固体废物产生蒸气、沼气、回收油、发电或直接作为燃料。

对于那些工业生产中排放出的有毒、易燃、有腐蚀性的、传染疾病、有化学反应性的以及其他有害的工业废渣，普遍采用焚化法、填埋法、化学处理法、生物处理法及海洋投弃等方法处置。

思考与练习题

1-9 估计下列物质分别属于哪一类晶体。

(1) BBr_3，熔点−46℃；(2) KI，熔点 880℃；(3) Si，熔点 1423℃。

1-10 利用石墨作电极或作润滑剂各与它的晶体中哪一部分结构有关？金刚石为什么没有这种性能？

科学家的贡献和科学发现的启示

道尔顿的原子论和阿伏伽德罗的分子学说的创立奠定了近代化学的基础。

道尔顿 (Dalton)——1766 年生于英国。在道尔顿创立科学的原子论之前，法国化学家普罗斯于 1799 年发现了定比定律，英国化学家戴维于 1800 年发现了倍比定律。道尔顿在研究中发现这两个定律与自己的气体研究结果相符合，便据之提出了科学的原子论。道尔顿认为，物质是由具有一定质量的原子构成的，元素是由同一种类的原子构成的，化合物是由该化合物成分的元素的原子结合而成的，原子是化学作用的最小单位，它在化学变化中不会改变。科学的原子论被创立后，当时的一些化学基本定律得到了统一解释，于是大批化学家开始了原子量的测定工作，有力地推动了化学的发展。

阿伏伽德罗 (Avogadro)——生于 1776 年，意大利物理学家、化学家。阿伏伽德罗分子学说提出之日，正值道尔顿与盖·吕萨克学术争论之时。1803 年道尔顿提出了原子论。1808 年盖·吕萨克通过对各种气体物质反应时体积关系的实验研究，提出了在同温同压下，相同体积的不同气体，不论是单质还是化合物都含有相同数目原子的假说。这一假说虽然是对道尔顿原子论的有力支持，但它与道尔顿的简单原子不可分割的观点又完全对立。因为按照这一假说，既然 1 体积氮与 1 体积氧化合后生成 2 体积的氧化氮，那么每 1 个氧化氮原子中就应该只含有 0.5 个氧原子和 0.5 个氮原子。道尔顿为此推断盖·吕萨克的观点是错误的。阿伏伽德罗的分子学说恰好解决了道尔顿与盖·吕萨克的学术争执，因为根据分子学说，只要假设每种单质气态分子都含有成双的原子，就能把盖·吕萨克的气体反应实验和道尔顿的原子学说统一起来。阿伏伽德罗的分子学说把道尔顿的原子论向前推进了一大步。

但令人遗憾的是在当时阿伏伽德罗的正确思想并未被人们承认和重视。首先，阿伏伽德罗自己缺乏对分子学说的充分实验根据。其次，道尔顿坚持认为同类原子必然互相排斥不能结合成分子以及当时化学界权威瑞典化学家贝采利乌斯提出的分子构成电化学说（贝采利乌斯主张原子化合成分子是由于正负电荷相吸的结果，不同原子的电性不同，因而会有相吸引的力，而同一元素的原子由于电性相同，则只能互相排斥不可能相互吸引）正占据统治地位。这一理论与阿伏伽德罗提出的同一元素的原子形成分子的学说相对立，造成了人们对阿伏伽德罗分子学说的不信任。随后阿伏伽德罗自己对分子学说也失去了继续探索和坚持的勇气，没有能够提出新的实验证据证实完善这一理论，使得分子学说整整被冷落了半个世纪，直至他 1856 年逝世分子学说也没有被人们接受。

拉乌尔（Francois-Marie Raoult，1830—1901）——法国物理学家。1882 年，拉乌尔发表了凝固点降低的研究报告，他指出：在 100g 水中溶解分子量为 M 的有机化合物的质量为 W(g)，测得溶液的凝固点降低值 ΔT，$\Delta T=K\dfrac{W}{M}$。对于绝大多数的有机化合物来说，$K=18.5$。但对于强酸与强碱化合生成的盐，其水溶液的 K 值约等于 37，大约是有机物水溶液的 K 值的两倍。他指出：盐溶液的凝固点降低值比同浓度的有机物溶液高，似乎可以解释为酸、碱、盐溶液中的溶质分子数比同浓度的有机物溶液多。拉乌尔还注意到，盐类水溶液表现出来的渗透压比范霍夫的理论计算值高，所以他认为溶液中的盐类可能像气体的离解一样，也有某种程度的离解。显然，拉乌尔的观点已经比较接近阿仑尼乌斯即将创立的酸碱电离理论。1888 年，在亨利发表定律 80 多年后，拉乌尔发表了他在溶液蒸气压方面的发现，我们称之为拉乌尔定律。在他们的近代思想中，亨利定律与拉乌尔定律是如此相关联，以至于两个定律通常在物理化学课程中同时传授给学生。可是，从历史的观点看，两者的成果在时间上竟相隔了 80 余年之久，也是科学上的趣闻。

习　题

1. 什么叫聚集状态？什么叫相？聚集状态相同的物质在一起是否一定组成同一相，为什么？

2. Q、W、T、V、p 是否状态函数？为什么？

3. 20℃时某处空气中水的实际蒸气压为 1.001kPa，求此时的相对湿度是多少？若温度降低到 10℃，此时的相对湿度又是多少？

4. 稀溶液的依数性是指溶液的蒸气压下降、沸点上升、凝固点下降和渗透压的数值只与溶质的（　　）成正比。

5. 比较并简述原因：

（1）0.1mol/kg、0.2mol/kg、0.5mol/kg 蔗糖溶液的凝固点高低；

（2）0.1mol $C_6H_{12}O_6$、0.1mol NaCl、0.1mol Na_2SO_4 溶于 1kg 水中构成溶液的凝固点高低；

(3) 0.1mol/kg、0.2mol/kg、0.5mol/kg 的 Na_2SO_4 溶液的渗透压高低。

6. 比较并简单说明理由：

(1) $BaCl_2$、CCl_4、$AlCl_3$、$FeCl_2$ 的熔点高低；

(2) SiO_2、CO_2、BaO 的硬度大小；

(3) CaF_2、CaO、$CaCl_2$、MgO 的熔点高低；

(4) SiC、SiF_4、$SiBr_4$ 的熔点高低；

(5) HF、HCl、HBr、HI 的沸点高低。

7. 系统可以通过一个边界（范围）与它的环境区分开来，这个边界一定是具体的吗？

8. 由于食盐对草地有损伤，因此有人建议用硝酸铵或硫酸铵代替食盐来融化人行道旁的冰雪。将 NaCl、NH_4NO_3、$(NH_4)_2SO_4$ 各 1mol 溶于 1kg 水中，问哪一种溶液冰点下降最多？

第 2 章　化学反应原理

内容提要

当几种物质放在一起时，在一定条件下能否发生反应？若能反应，伴随反应的能量变化如何？反应进行的方向、限度和速率又如何？本章将就这些内容作初步介绍。

学习要求

① 了解状态函数的意义。了解化学反应中的焓变在一定条件下的意义；初步掌握化学反应的标准摩尔焓变（$\Delta_r H_m^\ominus$）的近似计算；掌握 $\Delta_f H_m^\ominus(B)$ 的含义。

② 了解化学反应中的熵变及吉布斯函数变在一般条件下的意义。初步掌握化学反应的标准摩尔吉布斯函数变（$\Delta_r G_m^\ominus$）的近似计算，能应用 $\Delta_r G_m$ 或 $\Delta_r G_m^\ominus$ 判断反应进行的方向。

③ 理解标准平衡常数（$K^\ominus$）的意义及其与 $\Delta_r G_m^\ominus$ 的关系，并初步掌握有关计算。

④ 了解浓度、温度与反应速率的定量关系。了解基元反应和反应级数的概念；能用活化能和活化分子的概念，说明浓度、温度及催化剂对化学反应速率的影响。

化学反应原理包括热力学和动力学内容，热力学是研究自然界中与热现象有关的各种状态变化和能量转化规律的学科。它主要由热力学第一定律和第二定律组成。热力学第一定律阐明了物质发生变化时所伴随的能量转化在数值上是守恒的，热力学第二定律则根据热、功能量互相转化的性质特征，指出物质变化是有方向性的。应用热力学第一定律，可以计算化学反应的热量；应用热力学第二定律，能够建立化学反应判据式，解决化学反应的方向和限度问题。

反应动力学主要研究反应速率和探索反应机理，它由宏观动力学和微观动力学两部分组成。宏观动力学主要研究各种条件，如浓度、温度、压力、介质、催化剂等对反应速率的影响，并建立化学反应动力学方程式，从而选择反应条件，使反应按研究者所需要的速率进行。微观动力学主要研究反应机理，预测化学反应速率方程，建立化学反应速率理论。

2.1　化学反应的能量变化

2.1.1　热力学第一定律

2.1.1.1　热力学能、功、热

(1) 热力学能　系统的能量由三部分组成，即系统整体运动的动能，系统在外力场中的位能以及系统内部的能量。

在化学热力学中一般只注意系统内部能量，称为**热力学能**（**thermodynamic energy**），也称**内能**，用符号 U 表示。热力学能是指系统内分子运动的平动能、转动能、振动能、电子及核的运动能量，以及分子与分子相互作用的位能等能量的总和。由于至今人类还不能完全认识微观粒子的全部运动形式，所以热力学能的绝对值还无法知道。热力学能的变化值可以通过系统与环境交换能量——热或功，或者热与功的总和来度量。

(2) 功、热　在热力学中把**热量**（**heat**）看作当系统与环境之间存在温差时，高温物体

向低温物体传递的能量。用符号 Q 表示。系统吸热 $Q>0$，反之，系统放热 $Q<0$。

在热力学中除热以外，系统与环境所交换的其他能量均称为功。功包括体积功、电功和表面功等，用符号 W 表示。并规定环境对系统做功 $W>0$；系统对环境做功 $W<0$。本章主要讨论体积功，它是伴随着系统体积变化而产生的能量传递。化学反应往往也伴随着做功。在一般条件下进行的化学反应，只做**体积功**（气体发生膨胀或压缩）。体积功以外的功，叫做非体积功（如电功），非体积功又叫作有用功（available work），用 W' 表示。

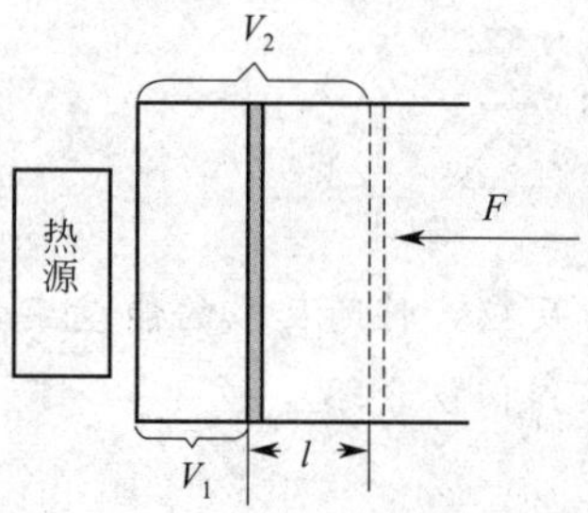

图 2-1　体积功示意图

设有一热源，加热气缸里的气体（见图 2-1），推动面积 A 的活塞移动距离 l，气体的体积由 V_1 膨胀到 V_2，反抗恒定的外力 F 做功。恒定外力来自外界大气压力 p，则

$$p=\frac{F}{A}=\frac{Fl}{Al}=\frac{-W}{V_2-V_1}$$

所以，体积功为

$$W=-p(V_2-V_1)=-p\Delta V \tag{2-1}$$

式(2-1) 是计算体积功的基本公式。式中，压力的单位为 Pa，体积的单位为 m^3，体积功的单位为 $J=Pa\cdot m^3$。

2.1.1.2　热力学第一定律的数学表达式

热力学第一定律（**the first law of thermodynamics**）即**能量守恒定律**，它的文字叙述为：自然界一切物质都有能量，能量有不同形式，能从一种形式转换为另一种形式，在转化过程中能量的总量不变。

在化学变化或相变化时，要涉及系统的状态变化，即引起系统热力学能的变化，同时伴随系统向环境放热和吸热，也可以伴随系统体积变化对环境做功或环境对系统做功。如果在封闭系统中，根据能量守恒定律，应有下列关系：

$$\Delta U=Q+W \tag{2-2}$$

例 2-1　一个化学反应系统在反应或过程中放出热量 50.0kJ，又对外做功 35.5kJ，试问该系统的热力学能增加或降低了多少？

解　因为系统放出能量，对外做功，所以 $Q=-50.0\text{kJ}$，$W=-35.5\text{kJ}$，由式(2-2) 有：

$$\Delta U=Q+W=(-50.0)+(-35.5)=-85.5(\text{kJ})$$

即该系统的热力学能降低了 85.5kJ。

2.1.2　化学反应中的能量变化

要想求得化学反应的能量变化，必须知道化学反应经历什么样的过程，过程是系统从一个平衡态变化到另一个平衡态的途径。根据系统和环境的不同特点和系统状态变化的不同情况，可把过程区分为若干不同的类型。封闭系统中最常见的过程有：①恒压过程——系统与环境压力相同且恒定不变的过程。这类过程非常普遍，敞口容器中进行的化学反应都可视为恒压过程；②恒容过程——系统体积恒定不变的过程；③恒温过程——系统与环境温度相同且恒定不变的过程；④绝热过程——系统与环境间隔绝了热传递的过程；⑤循环过程——过程进行后，系统重新回到初始状态；⑥可逆过程——它是一种在无限接近于平衡并且没有摩擦力条件下进行的理想过程。本节主要讨论恒压和恒容过程。

2.1.2.1 恒压热效应

对于恒压、只做体积功的化学反应：

$$\Delta U = Q_p + W_{体}$$

式中，Q_p 为恒压热效应。

故
$$Q_p = \Delta U - W_{体}$$

因为 $p = p_1 = p_2$，且是系统对环境做功，$W_{体} = -p_{外}\Delta V = -p_{外}(V_2 - V_1) = -(p_2V_2 - p_1V_1)$

所以
$$\begin{aligned} Q_p &= \Delta U + p\Delta V \\ &= U_2 - U_1 + p_2V_2 - p_1V_1 \\ &= (U_2 + p_2V_2) - (U_1 + p_1V_1) \\ &= \Delta(U + PV) \end{aligned}$$

令
$$H = U + pV \tag{2-3}$$

H 为热力学上一个重要函数，叫做**焓**（**enthalpy**）。焓和体积、热力学能等一样是系统的性质，为状态函数，在一定状态下每一物质都有特定的焓，焓也是广度性质，具有加和性。从式(2-2) 可知：

$$Q_p = \Delta H \tag{2-4}$$

在系统只做体积功的条件下，化学反应的恒压热效应等于系统焓的变化。对于恒温恒压的化学反应，由热力学第一定律可知：

$$\Delta U = \Delta H - p\Delta V \tag{2-5}$$

对于同一系统且温度不太低、压力不太高的实际气体的两个状态，$pV_1 = n_1RT$，$pV_2 = n_2RT$，因此 $p\Delta V = \Delta nRT$，得出下式：

$$\Delta U = \Delta H - \Delta nRT \tag{2-6}$$

2.1.2.2 恒容热效应

若化学反应系统的体积不变（如在弹式量热计中进行的反应），那么体积功 $W_{体} = 0$，由热力学第一定律可得：

$$Q_V = \Delta U \tag{2-7}$$

将式(2-4) 和式(2-7) 代入式(2-6) 得：

$$Q_p = Q_V + \Delta nRT \tag{2-8}$$

式(2-8) 表明了恒压热效应和恒容热效应之间的关系，只有对理想气体才适用此式。

例 2-2　在 100℃和 101.325kPa 下，由 1mol H_2O (l) 汽化变成 1molH_2O (g)。在此汽化过程中 ΔH 和 ΔU 是否相等？若 ΔH 等于 40.63 kJ/mol，则 ΔU 为多少？

解　该汽化过程：

$$H_2O(l) \rightleftharpoons H_2O(g)$$

是在恒温恒压和只做体积功的条件下进行的。根据式(2-6)

$$\Delta U = \Delta H - \Delta nRT$$

$$\begin{aligned} \Delta U &= 40.63 - (1-0) \times \frac{8.314}{1000} \times (273.15 + 100) \\ &= 40.63 - 3.10 \\ &= 37.53(\text{kJ/mol}) \end{aligned}$$

在通常情况下，反应或过程的体积功的绝对值小于 5kJ/mol，例 2-2 中的体积功 $w=\Delta U-\Delta H=-3.10$kJ/mol，也就是说 ΔU 与 ΔH 之间的差别在数值上是很小的。若 ΔH 数值较大，则可将体积功忽略，即 $\Delta U \approx \Delta H$。

思考与练习题

2-1 某封闭系统由状态 A 变到状态 B，经历了两条不同的途径，分别吸热和做功为 Q_1、W_1 和 Q_2、W_2。试指出如下三组式子，哪一组是正确的。(　　)

A. $Q_1=Q_2$，$W_1=W_2$　　B. $Q_1+W_1=Q_2+W_2$　　C. $Q_1>Q_2$，$W_1>W_2$

2-2 指出下列公式的适用条件：

(1) $\Delta U=Q_V$；(2) $\Delta H=Q_p$；(3) $\Delta H=\Delta U+p\Delta V$。

2.1.3 反应热效应的测量

许多化学反应的热效应可以通过一定方法直接测量。测量热效应的装置叫做量热计。这里介绍一种精确测量恒容热效应的装置——弹式量热计，如图 2-2 所示。在弹式量热计中，有一个用高强度钢制成的“钢弹”。钢弹放在装有一定量水的绝热的恒温浴中，在钢弹中装有反应物和加热用的炉丝，通电加热便可引发反应。如果所测的是放热反应，则放出的热量完全被水或钢弹吸收，因而温度从 T_1 升高到 T_2。假定反应放出的热量为 Q，水吸收的热量为 $Q_{水}$，钢弹吸收的热量为 $Q_{弹}$，则

$$Q=-(Q_{水}+Q_{弹})$$

$$Q_{水}=cm\Delta T$$

$$Q_{弹}=C\Delta T$$

$$\Delta T=T_2-T_1$$

式中，c 为水的比热容（质量热容），4.184J/(g·K)；m 为水的质量，g；C 为钢弹的热容（预先已测好），J/K；ΔT 为温度差。

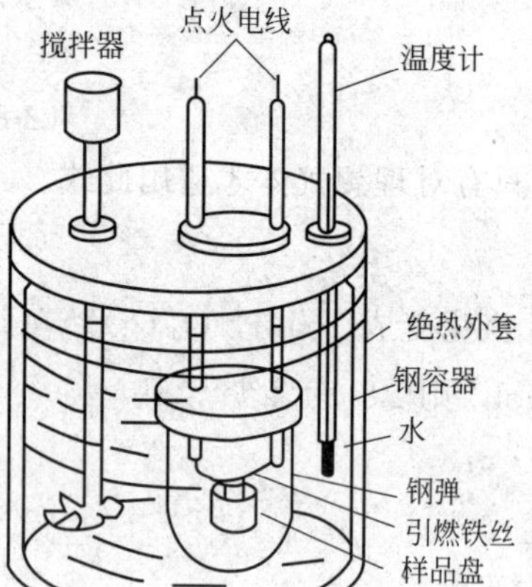

图 2-2　弹式量热计

只要准确测出水的质量和反应前后的温度，就可以计算出反应在恒容条件下所放出（或吸收）的热量，这就是恒容的反应热效应。由于恒容热效应在数值上等于系统热力学能的变化，因此尽管反应物和产物热力学能的绝对值无法测定，但是反应前后热力学能的变化值可以用这个方法测定出来。

由上述方法测得的热效应是 Q_V 而不是 Q_p，但化学反应通常是在常压下进行的，则恒压热效应可由式(2-8) 近似求得。然而有些反应的热效应，包括新设计反应时所需要的反应热效应，难以直接用实验测得，则这些反应的热效应又如何求得呢？

2.1.4 反应热效应的计算

2.1.4.1 反应进度

对于指定的反应，例如铝粉和三氧化二铁的反应，其化学计量方程式为：

$$2Al(s)+Fe_2O_3(s)=\!=\!=Al_2O_3(s)+2Fe(s)$$

对于 1mol 的 Fe_2O_3 而言，其恒压反应热效应为 −851.5kJ；但对于 1mol 的 Al 而言，其恒压反应热效应仅为前者的 1/2。两者之所以不同，是因为当 1mol 的 Fe_2O_3 或 1mol 的 Al 反应时，反应进行的程度是不同的。为了对参与反应的各物质从数量上统一表达化学反应进行的程度，需要引进一个新的物理量——**反应进度**（**extent of reaction**），用符号 ξ 表示。

对于一个任意的化学反应：

$$eE+fF \longrightarrow gG+hH \tag{2-9}$$

式中，e、f、g、h 为化学计量系数。此反应也可用如下通式来表示：

$$0=\sum \nu_B B \tag{2-10}$$

式中，B 代表反应物或产物；ν_B 为相应的化学计量数，对反应物取负值，对产物取正值。按此通式，铝粉和三氧化二铁的反应也可写成：

$$0=Al_2O_3(s)+2Fe(s)+(-2)Al(s)+(-1)Fe_2O_3(s)$$

对于化学反应 $0=\sum \nu_B B$，若任一物质 B 的物质的量，初始状态时为 n_{B_0}，反应至某一程度时为 n_B，则反应进度的定义为：

$$\xi=\frac{n_B-n_{B_0}}{\nu_B}=\frac{\Delta n_B}{\nu_B} \tag{2-11}$$

则

$$\Delta n_B=\nu_B \xi$$

可见，随着反应的进行，任一化学反应各反应物及产物的改变量均与反应进度及各自的计量系数有关。

由此可概括出以下几点：

① 对于指定的化学计量方程式，ν_B 为定值，ξ 随 B 物质的量的变化而变化，所以可用 ξ 度量反应进行的程度。

② 由于 ν_B 的量纲为 1，Δn_B 的单位为 mol，所以 ξ 的单位也为 mol。

③ 对于式(2-9) 表示的化学反应，可以写出：

$$\xi=\frac{\Delta n_E}{\nu_E}=\frac{\Delta n_F}{\nu_F}=\frac{\Delta n_G}{\nu_G}=\frac{\Delta n_H}{\nu_H} \tag{2-12}$$

④ 对于指定的化学计量方程式，当 Δn_B 的数值等于 ν_B 时，则 $\xi=1mol$。它表示各物质按化学计量方程式进行了完全反应。

例如，对于合成氨反应：$N_2(g)+3H_2(g)=\!=\!=2NH_3(g)$

Δn_B 与 ξ 的对应关系如下：

$\Delta n(N_2)$/mol	$\Delta n(H_2)$/mol	$\Delta n(NH_3)$/mol	ξ/mol
−1/2	−3/2	1	1/2
−1	−3	2	1
−2	−6	4	2

可见对同一化学反应方程式来说，反应进度的值与选用反应方程式中何种物质的量的变化来进行计算无关。但是，同一化学反应，如果化学反应方程式的写法不同（亦即 ν_B 不同），相同反应进度时对应各物质的量的变化会有区别。

2.1.4.2 盖斯定律

1840 年瑞士籍的俄国化学家盖斯（HessG. H，1802—1850）在总结大量实验事实的基础上提出："一个化学反应不管是一步完成的，还是多步完成的，其热效应总是相同的。"这叫作盖斯定律。可见，对于恒容或恒压化学反应来说，只要反应物和产物的状态确定了，反应的热效应 Q_V 或 Q_p 也就确定了 。虽然 Q_V、Q_p 本身不是状态函数，但是在数值上等于 ΔU 和 ΔH，具有了状态函数的特点，实际上盖斯定律是"内能和焓是状态函数"这一结论的进一步体现。据此，可计算一些很难直接用或尚未用实验方法测定的反应热效应。

例 2-3 实验中不能直接测定出由石墨和氢气生成甲烷反应的 ΔH，但可测出 CH_4 燃烧反应的 ΔH，求：

$C(石墨)+2H_2(g)=\!=\!=CH_4(g)$ 的恒压反应热效应？

已知：(1) $CH_4(g)+2O_2(g)=\!=\!=CO_2(g)+2H_2O(l)$　　$\Delta H_1=-890.3\text{kJ/mol}$

(2) $C(石墨)+O_2(g)=\!=\!=CO_2(g)$　　$\Delta H_2=-393.5\text{kJ/mol}$

(3) $H_2(g)+\frac{1}{2}O_2(g)=\!=\!=H_2O(l)$　　$\Delta H_3=-285.8\text{kJ/mol}$

解 可以通过已知反应经过简单的代数运算得到所求反应的热效应。设未知反应的热效应为 ΔH_4，因为反应式(1)、(2)、(3) 和未知之间有以下关系：

$$(2)+(3)\times2-(1)=(4)$$

$$\begin{aligned}\Delta H_4&=\Delta H_2+2\Delta H_3-\Delta H_1\\&=-393.5+2\times(-285.8)-(-890.3)\\&=-74.8(\text{kJ/mol})\end{aligned}$$

思考与练习题

2-3 已知下列热化学方程式：

(1) $Fe_2O_3(s)+3CO(g)=\!=\!=2Fe(s)+3CO_2(g)$　　$\Delta H_1=-27.6\text{kJ/mol}$

(2) $3Fe_2O_3(s)+CO(g)=\!=\!=2Fe_3O_4(s)+CO_2(g)$　　$\Delta H_2=-58.6\text{kJ/mol}$

(3) $Fe_3O_4(s)+CO(g)=\!=\!=3FeO(s)+CO_2(g)$　　$\Delta H_3=38.1\text{kJ/mol}$

不用查表，计算下列反应的 ΔH。

$$FeO(s)+CO(g)=\!=\!=Fe(s)+CO_2(g)$$

2-4 已知化学反应方程式：$O_2+2H_2=\!=\!=2H_2O$，若反应进度 $\xi=0.5\text{mol}$ 时，则消耗多少 H_2，生成了多少 H_2O?

2.1.4.3 标准摩尔生成焓和标准摩尔焓变

用盖斯定律求算反应热，需要知道许多反应的热效应，要将反应分解成几个反应，有时这是很复杂的过程。如果知道了反应物和产物的状态函数 H 的值，反应的 $\Delta_r H$ 即可由产物的焓值减去反应物的焓值而得到。从焓的定义式看到 $H=U+pV$，由于有 U 存在，H 值不能实际求得。人们采取了一种相对的方法去定义物质的焓值，从而求出反应的 $\Delta_r H$。

(1) 物质的标准摩尔生成焓　化学热力学规定，某温度下，由处于标准状态的各种元素的指定单质生成标准状态下单位物质量某纯物质的热效应，叫做这种温度下该纯物质的标准摩尔生成焓，用符号 $\Delta_f H_m^{\ominus}$表示，其单位为 kJ/mol 。当然处于标准状态下的各元素的指定单质的标准摩尔生成焓为零，一般情况下，指定单质指的是最稳定单质。需要注意，往往一种元素有两种或两种以上的单质，例如石墨和金刚石是碳的两种同素异形体，石墨是碳的最稳定单质，它的标准摩尔生成焓应该为零。除了上述一般的情况，也有极少的例外，如磷有三种同素异形体（白磷，红磷和黑磷），其中黑磷虽然最稳定，但不常见，因此反而规定稳定性较差，但能常见的白磷的标准摩尔生成焓为零。一些物质在 298K 下的标准摩尔生成焓列于附录 2。

标准摩尔生成焓的符号 $\Delta_f H_m^{\ominus}$中，f 是 formation 的字头，有生成之意，$\ominus$表示物质处于标准状态。对于物质的标准状态，化学热力学上有严格的规定，对气体，其分压 $p^{\ominus}=100\text{kPa}$；对固体或液体是指在 100kP 压力下的纯固体或纯液体；对溶液，是指溶液浓度为 $c^{\ominus}=1\text{mol/L}$。

关于水合离子的相对焓值，规定以水合氢离子的标准摩尔生成焓为零；通常规定温度为 298.15K，称之为水合 H^+ 在 298.15K 时标准摩尔生成焓，以 $\Delta_f H_m^{\ominus}(H^+，aq，298.15K)$ 表示。

$$\Delta_f H^{\ominus}(H^+, aq, 298.15K)=0$$

式中，aq 是拉丁字 aqua（水）的缩写；$H^+(aq)$ 表示水合氢离子。

(2) 反应的标准摩尔焓变　在标准条件下反应或过程的摩尔焓变叫做反应的标准摩尔焓变，以 $\Delta_r H_m^{\ominus}$表示，本书正文中仍按习惯简写为 $\Delta H^{\ominus}$。

根据盖斯定律和标准摩尔生成焓的定义，可以得出关于 298.15K 时反应标准焓变 $\Delta H^{\ominus}$(298.15K) 的一般计算规则。

$$\Delta H^{\ominus}(298.15K)=\sum \Delta_f H^{\ominus}(298.15K)_{产物}-\sum \Delta_f H^{\ominus}(298.15K)_{反应物}$$

有了标准摩尔生成焓就可以很方便地计算出许多反应的热效应。对于一个恒温恒压下进行的化学反应来说，都可以将其途径设计成：反应物→指定单质→产物，即

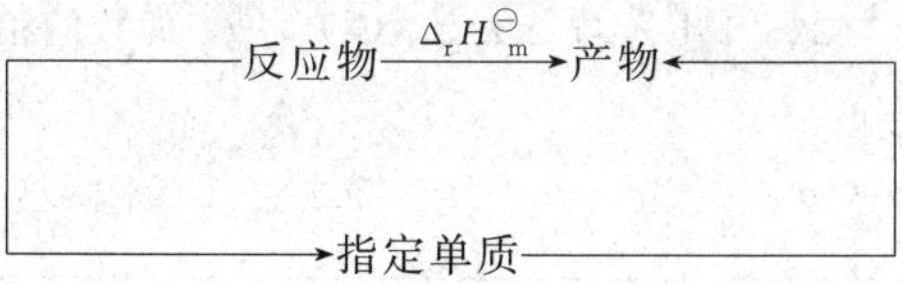

根据盖斯定律：

$$\Delta H^{\ominus}(298.15K)=\sum \nu_{产}\ \Delta_f H_m^{\ominus}(298.15K)_{产物}-\sum \nu_{反}\ \Delta_f H_m^{\ominus}(298.15K)_{反应物}$$

即

$$\Delta_r H_m^{\ominus}=\sum_B \nu_B \Delta_f H_{m,B}^{\ominus} \tag{2-13}$$

式中　B——反应中的任一物质；

ν_B——反应物和产物的化学计量系数，对于反应物 ν_B 为负，对于产物 ν_B 为正；

$\Delta_f H_{m,B}^{\ominus}$——反应中任意物质的标准摩尔生成焓；

$\Delta_r H_m^{\ominus}$——反应的标准摩尔焓变；

$\nu_{产}$，$\nu_{反}$——分别为产物、反应物的化学反应方程式配平系数。

应用式(2-13) 应注意以下几点：

① $\Delta H^{\ominus}$的计算是系统终态的$\sum\Delta_f H^{\ominus}$代数值减去始态的$\sum\Delta_f H^{\ominus}$代数值，切勿颠倒。

② 公式中应包括反应中所涉及的各种物质，并需考虑其聚集状态。

③ 由于有的反应是吸热反应，而有的则是放热反应，所以各种物质的$\Delta_f H_m^{\ominus}$(298.15K)的数值有正值，也有负值。

④ 公式中应包括反应方程式中的化学计量系数，不要遗漏。

⑤ 如果系统温度不是298.15K，而是其他温度，则反应的$\Delta H^{\ominus}$是会有些改变的，但一般变化不大。在近似计算中，往往就近似地将$\Delta H^{\ominus}$(298.15K) 作为其他温度 T 时的$\Delta H^{\ominus}$(T)，即

$$\Delta_r H_m^{\ominus}(T) \approx \Delta_r H_m^{\ominus}(298.15\text{K})$$

例 2-4 试计算铝粉和三氧化二铁的反应的$\Delta_r H_m^{\ominus}$ (298.15K)。

解 写出有关的化学方程式，并从附录2中查出在各物质标准摩尔生成焓。

$$2Al(s) + Fe_2O_3(s) = Al_2O_3(s) + 2Fe(s)$$

$\Delta_f H_m^{\ominus}$(298.15K)/(kJ/mol) 0 −824.2 −1675.7 0

$$\begin{aligned}\Delta H^{\ominus}(298.15\text{K}) &= \{\Delta_f H_m^{\ominus}[Al_2O_3,(s), 298.15\text{K}] + 2\Delta_f H_m^{\ominus}[Fe,(s), 298.15\text{K}]\} - \\ &\quad \{2\Delta_f H_m^{\ominus}[Al,(s), 298.15\text{K}] + \Delta_f H_m^{\ominus}[Fe_2O_3,(s), 298.15\text{K}]\} \\ &= \{(-1675.7) + 0 - 0 - (-824.2)\} \\ &= -851.5(\text{kJ/mol})\end{aligned}$$

若将三氧化二铁改为四氧化三铁，则化学方程式为

$$8Al(s) + 3Fe_3O_4(s) = 4Al_2O_3(s) + 9Fe(s)$$

可求得$\Delta H^{\ominus}$(298.15K)＝−3347.6 kJ/mol。

思考与练习题

2-5 下面哪个反应的$\Delta H_m^{\ominus}$ (298.15K) 与$\Delta_f H_m^{\ominus}$ (CO_2，g) 的数值相等。

(1) $C_{石墨} + O_2(g) \longrightarrow CO_2(g)$

(2) $C_{金刚石} + O_2(g) \longrightarrow CO_2(g)$

2.2 化学反应的方向与限度

化学反应的方向，是指在一定的条件下，反应物能否按指定的反应生成产物。限度，就是如果反应能按一定方向进行，将达到什么程度。例如在25℃、101.3kPa下$CaCO_3$不能分解为CaO和CO_2，但在相同条件下，它的逆过程可以发生。在一定条件下，化学反应有一个确定的方向，反应的方向就是趋于限度，限度就是平衡。

2.2.1　自发过程

自然界中发生的过程都有一定的方向：从体系的非平衡状态趋向一定条件下的平衡态。例如，热自发地从高温物体传给低温物体，直至两物体温度相等；水自发地从高水位处流向低水位处，直至两处水位相等。又如，碳在空气中燃烧生成二氧化碳，反应过程放出热量。其逆过程却不会自动发生，即二氧化碳不会自动分解成氧气和碳。

这种在给定条件下不需外加能量而能自动进行的反应或过程叫做**自发反应或过程**（**spontaneous reaction or process**）。自发过程的逆过程一定是非自发过程。非自发过程是不能自动发生的，外界必须对系统做功，非自发过程才可以发生。如开动制冷机，使热自低温物体传给高温物体；利用水泵把水从低处送往高处。又如，水分解成氢和氧的反应在常温和常压下是非自发的，对它做电功，分解反应就能进行。

我们用温度差可以判断传热过程的方向和限度，用水位差可以判断水流过程的方向和限度。那么用什么状态函数的差值可以判断化学反应的方向和限度？人们想到了焓变。

19 世纪中叶，曾提出汤姆逊（Thomsen）——贝塞罗（Berthelot）原理："任何没有外界能量参与的化学反应总是趋向于能放热更多的方向。"显然，这就是用焓变作为判断反应自动发生方向的依据：放热越多，焓变越负，系统能量越低，反应越能自动进行。

但是有些反应或过程却是向吸热方向进行的。例如，冰变成水是一吸热过程：

$$H_2O(s) \longrightarrow H_2O(l) \quad \Delta H > 0$$

在 100kPa 和高于 273.15K（即 0℃）如 283K 时，冰可以自发地融化变成水。又如，工业上将石灰石（主要成分为 $CaCO_3$）煅烧分解为生石灰（主要成分为 CaO）和 CO_2，此反应是吸热反应：

$$CaCO_3(s) \longrightarrow CaO(s) + CO_2(g) \quad \Delta H > 0$$

在 100kPa 和 1128K（即 855℃）时，$CaCO_3$ 能自发且剧烈地进行热分解生成 CaO 和 CO_2。显然，这些情况不能仅用反应或过程的焓变来解释。这表明在给定条件下要判断一个反应或过程能否自发进行，除了焓变这一重要因素外，还有其他因素。

2.2.2　熵变与反应的方向

2.2.2.1　熵与熵增加原理

前面提到自然界一类自发过程的普遍情况，即系统倾向于取得最低的势能。实际上，还有另一类自发过程的普遍情况。例如一个用积木搭成、置在托扳上的排列整齐、结构美观的建筑物，只要抽掉托板，它就会立刻倒塌，而杂乱无章了。又如，将一瓶香水放在室内，如果瓶是开口的，则不久香水的气味会扩散到整个室内。这些过程是自发进行的，但不能自发地逆向进行。这表明在一定条件下，过程能自发地向着混乱程度增加的方向进行，或者说系统中有秩序的运动易变成无秩序的运动。这就是系统倾向于取得最大的**混乱度**（**randomness**）。那么怎样衡量系统内物质微观粒子的混乱度呢？

(1) 熵的概念　1864 年，德国物理学家克劳修斯（Rudolph Clausius，1822—1888）提出了熵（S）的概念，但它非常抽象，既看不见也摸不着，很难直接感觉到熵的物理意义。1872 年奥地利物理学家波尔兹曼（Ludwig Edward Boltzmann，1844—1906）首先对熵给予微观的解释，他认为：在大量微粒（如分子、原子、离子等）所构成的系统中，**熵**（**entropy**）就代表了这些微粒之间无规排列的程度，或者说系统的熵是系统内物质微观粒子的混乱度的量度。

系统内物质微观粒子的混乱度是与物质的聚集状态有关的。在绝对零度时，理想晶体内分子的热运动（平动、转动和振动等）可认为完全停止，物质微观粒子处于完全整齐有序的情况。热力学中规定：在绝对零度时，任何纯净的完整晶态物质的熵等于零。因此，若知道某一物质从绝对零度到指定温度下的一些热化学数据，如热容等，就可以求算出此温度时的熵值，称为这一物质的规定熵（与内能和焓不同，物质的内能和焓的绝对值是难以求得的）。单位物质的量的纯物质在标准条件下的规定熵叫做该物质的标准摩尔熵，以 $S_m^{\ominus}$ 表示，也列出了一些单质和化合物在298.15K时的标准熵 $S^{\ominus}$（298.15K）的数据列于附录2中；注意：$S^{\ominus}$（298.15K）的单位为J/(mol·K)。

与标准摩尔生成焓相似，对于水合离子，因溶液中同时存在正、负离子，规定处于标准条件是水合氢离子的标准熵值为零，通常把温度选定为298.15K，从而得到一些水合离子在298.15K时的标准熵。一些水合离子在298.15K时的标准熵的数据列于附录3中。

(2) 影响熵值的因素 熵是用来描述系统状态的，因此它是状态函数，同时熵也与系统所含物质的量有关。影响熵值的因素如下：

① 同一物质：S（高温）$>S$（低温），S（低压）$>S$（高压）；$S(g)>S(l)>S(s)$

② 相同条件下的不同物质：分子结构越复杂，熵值越大

③ S（混合物）$>S$（纯净物）

④ 对于化学反应，由固态物质变成液态物质或由液态物质变成气态物质（或气体物质的量增加的反应），熵值增加

(3) 熵增加原理 研究发现，一个孤立系统自发过程总是朝着熵增加的方向进行，当熵增加到最大时，系统达到平衡，这叫作熵增加原理。根据这一原理，我们得到了对于孤立系统的熵判据：

$\Delta S_{孤}>0$ 自发

$\Delta S_{孤}=0$ 平衡

$\Delta S_{孤}<0$ 非自发

利用熵判据能够对孤立系统中发生的过程的方向和限度进行判别。

2.2.2.2 熵变的计算

(1) 热温商法 系统由状态A可通过可逆或不可逆两种过程变到状态B。热力学证明，系统的熵变（ΔS）等于恒温可逆过程中系统与环境交换的热量除以系统的温度，即 ΔS 等于可逆过程的热温商：

$$\Delta S=\frac{Q_{可逆}}{T} \tag{2-14}$$

当系统从状态A不可逆（自发）地变到状态B时，由于熵是状态函数，熵变只与系统的始、末状态有关而与历程无关，所以 ΔS 仍等于可逆过程的热温商。又由于 Q 是非状态函数，它与历程有关，即 $Q_{可逆}\neq Q_{不可逆}$，所以 ΔS 不等于不可逆过程的热温商。

$$\Delta S\neq\frac{Q_{不可逆}}{T} \tag{2-15}$$

物质的相变一般是在恒温、恒压下进行，若两相平衡共存（即为平衡相变），则此时可作为可逆过程来处理。

例2-5 计算273K、100kPa下，1mol冰融化时熵变。

已知：冰的熔化热为 $\Delta H^{\ominus}=6000\text{J/mol}$

解

$$H_2O(s)\rightleftharpoons H_2O(l)$$

$$Q_{可逆}=Q_p=\Delta H^{\ominus}=6000\text{J/mol}$$

$$\Delta S^{\ominus}=\frac{Q_{可逆}}{T}=\frac{\Delta H^{\ominus}}{T}=\frac{6000}{273}=22.0\mathrm{J/(mol \cdot K)}$$

(2) 绝对熵法　对于一个化学反应，反应的标准摩尔熵变为：

$$\Delta_r S_m^{\ominus}=\sum \nu_{产} S_m^{\ominus}(298.15\mathrm{K})_{产物}-\sum \nu_{反} S_m^{\ominus}(298.15\mathrm{K})_{反应物}$$

即

$$\Delta_r S_m^{\ominus}=\sum_B \nu_B S_{m,B}^{\ominus} \quad (2\text{-}16)$$

式中，$S_{m,B}^{\ominus}$ 是 B 物质的标准熵值；ν_B 是反应的计量系数，对反应物 ν_B 取负值，对产物 ν_B 取正值。由于 $\Delta_r S_m^{\ominus}$ 随温度变化不大，可近似认为 $\Delta_r S_m^{\ominus}$ 不随温度而变，$\Delta_r S_m^{\ominus}(T) \approx \Delta_r S_m^{\ominus}$ (298)。

例 2-6　已知反应：

	$CaCO_3(s) = CaO(s)$	$+ CO_2(g)$	
	$CaCO_3(s)$	$CaO(s)$	$CO_2(g)$
$S_{m,298}^{\ominus}$/J/(mol·K)	92.95	38.1	213.8

求 $\Delta_r S_{m,298}^{\ominus}$。

解

$$\Delta_r S_m^{\ominus}=\sum_B \nu_B S_{m,B}^{\ominus}=S_{m(CaO,s)}^{\ominus}+S_{m(CO_2,g)}^{\ominus}-S_{m(CaCO_3,s)}^{\ominus}$$

$$=38.1+213.8-92.95$$

$$=158.95\ [\mathrm{J/(mol \cdot K)}]$$

思考与练习题

2-6　水在 $-10℃$ 时自动结冰，该过程属于自发过程，而熵变却是小于零？怎样理解熵判据呢？

2-7　判断下列反应或过程中熵变的数值是正值还是负值。

(1) 溶解少量食盐于水中；

(2) $N_2(g)+3H_2(g) = 2NH_3(g)$；

(3) 纯碳与氧气反应生成一氧化碳。

本节谈到熵判据可以判断孤立系统的反应方向，但我们接触到的大部分反应是在封闭系统中进行，如果利用熵判据的话，必须求出环境的熵变，这样计算起来比较烦琐。因此人们努力寻找一个新的判据。前已述及，在 25℃和 101.3kPa 下，$CaCO_3$ 不能分解为 CaO 和 CO_2，因为 $\Delta H>0$，但在 100kPa 和 1128K 时，$CaCO_3$ 能自发且剧烈地进行热分解生成 CaO 和 CO_2，而焓变的符号并没有改变，然而 $\Delta S>0$，对 $CaCO_3$ 分解反应有利。又比如思考与练习题 2-6 中水在 $-10℃$ 时自动结冰，$\Delta S<0$，熵变小于零对反应正向进行不利。由此可以得到启示，化学反应的方向既不能单靠焓变决定，也不能单靠熵变决定，应是二者综合作用的结果。

2.2.3　吉布斯函数变与反应自发性的判断

2.2.3.1　自发性的判据 (ΔG)

对于一个孤立系统来说，因为系统没有与外界交换能量，系统内分子、原子的动能变化来自它们的势能变化。微观粒子运动越混乱，它们的动能就越大。动能还与温度有关，可以近似地把 $T\Delta S$ 理解成系统内分子、原子在温度 T 时由于混乱度改变的动能变化。据此，我们又可认为 $-T\Delta S$ 是系统内分子、原子势能的变化，势能降低的反应是自发反应，即 $-T\Delta S<0$ 的反应是自发反应，因 T 不可能是负值，所以只有 $-\Delta S<0$ 即 $\Delta S>0$ 的反应才是自发反应，这和热力学第二定律的结果完全一致。

然而，工程中碰到的实际系统，都不是孤立系统，也就是说系统内分子、原子的动能变化不可能就是势能的变化，因为它和外界发生了能量交换。工程中的实际系统变化基本上恒压过程中进行，而恒温、恒压过程中，ΔH 可以近似地认为是系统内分子、原子的动能变化和势能变化之总和，如果我们把系统内分子、原子势能变化之和用符号 ΔG 表示，则有：

$$\Delta G=\Delta H-T\Delta S \tag{2-17}$$

上述的讨论分析和热力学的研究结果也是完全一致的。1876 年美国著名的数学、物理学家（J. W. Gibbs，1839—1903）综合考虑了焓和熵两个因素，提出了一个新的状态函数：

$$G=H-TS \tag{2-18}$$

式中，G 称为吉布斯函数。

吉布斯论证了：如果一个恒温恒压的化学反应在理论或实践上能够用来做有用功[1]，则反应是自发的；如果反应必须由外界（环境）供给有用功才能进行，则是非自发的。吉布斯同时证明了恒温恒压可逆条件下以化学反应能够做的最大有用功等于反应过程中吉布斯函数的减少，即：

$$W'_{最大}=-\Delta G \tag{2-19}$$

可见，当 $W'_{最大}>0$，即 $\Delta G<0$ 时，恒温恒压的化学反应是自发的，反之，是非自发的，当 $W'_{最大}=0$，即 $\Delta G=0$ 时，反应处于平衡状态，由此可得恒温恒压下化学反应进行方向的判据：

$$\begin{aligned}&\Delta G<0 \quad 自发\\&\Delta G=0 \quad 平衡\\&\Delta G>0 \quad 非自发\end{aligned} \tag{2-20}$$

这就是热力学第二定律的一种提法。

2.2.3.2 标准摩尔生成吉布斯函数及标准吉布斯函数变

在标准状态下，由元素的指定单质生成单位物质的量的纯物质时反应的吉布斯函数变，叫做该物质的**标准摩尔生成吉布斯函数**。而任何指定单质的标准摩尔生成吉布斯函数为零。关于水合离子的相对吉布斯函数值（见附录 3），规定水合 H^+ 离子的标准摩尔生成吉布斯函数为零。

物质的标准摩尔生成吉布斯函数均以 $\Delta_f G_m^{\ominus}$ 表示，本书正文仍按习惯简写为标准生成吉布斯函数 $\Delta_f G^{\ominus}$。

与标准摩尔焓变的计算公式类似，可得标准摩尔吉布斯函数变为

$$\Delta_r G_m^{\ominus}(298.15\text{K})=\sum\nu_{产}\ \Delta_f G_m^{\ominus}(298.15\text{K})_{产物}-\sum\nu_{反}\ \Delta_f G_m^{\ominus}(298.15\text{K})_{反应物}$$

即

$$\Delta_r G_m^{\ominus}(298.15\text{K})=\sum_{B}\nu_B\Delta_f G_{m,B}^{\ominus} \tag{2-21}$$

2.2.3.3 吉布斯方程及应用

在标准状态时：

$$\Delta G^{\ominus}=\Delta H^{\ominus}-T\Delta S^{\ominus} \tag{2-22}$$

式(2-17) 和式(2-22) 为 Gibbs 方程。式中 ΔG、ΔH 和 ΔS 都为温度 T 时的值。由前述知：$\Delta H_T\approx\Delta H_{298.15}$，$\Delta S_T\approx\Delta S_{298.15}$，所以 Gibbs 方程可近似表示成：

$$\Delta G_T\approx\Delta H_{298}-T\Delta S_{298.15} \tag{2-23}$$

$$\Delta G_T^{\ominus}\approx\Delta H_{298.15}^{\ominus}-T\Delta S_{298.15}^{\ominus} \tag{2-24}$$

---

[1] 有用功是指除膨胀功以外的非膨胀功（如电功）；炸药爆炸时所做的功就是膨胀功，它不应当是无用的。由于沿用已久，把功仍分为有用功和膨胀功。

ΔG 作为反应或过程自发性的统一衡量标准，实际上包含着焓变和熵变这两个因素。由于焓变和熵变既可为正值，又可为负值，就有可能出现下面的四种情况，可列于表 2-1 中。

表 2-1　恒压下一般反应自发性的四种情况

反　　应	ΔH	ΔS	$\Delta G=\Delta H-T\Delta S$	(正)反应的自发性
a. $H_2(G)+Cl_2(g)$ ══ $2HCl(g)$	−	+	−	自发
b. $CO(g)$ ══ $C(s)+1/2O_2(g)$	+	−	+	非自发
c. $CaCO_3(s)$ ══ $CaO(s)+CO_2(g)$	+	+	升温至某温度，由正值变负值	升高温度，有利于反应能自发进行
d. $N_2(g)+3H_2(g)$ ══ $2NH_3(g)$	−	−	降低至某温度，由正值变负值	降低温度，有利于反应能自发进行

对于 ΔH 与 ΔS 符号相同的情况，当改变温度时，反应可以从自发到非自发（或从非自发到自发）的转变。我们把这个转变温度叫转向温度 $T_{转}$。

由 $\Delta G=\Delta H-T\Delta S=0$，在标准状态下可得：

$$T_{转}=\frac{\Delta H^{\ominus}}{\Delta S^{\ominus}}\approx\frac{\Delta_r H^{\ominus}_{m,298.15}}{\Delta_r S^{\ominus}_{m,298.15}} \tag{2-25}$$

以 $CaCO_3$ 的热分解为例，反应：

$$CaCO_3 \Longrightarrow CaO+CO_2$$

在 298.15K、100kPa 下，$\Delta G^{\ominus}=+131.9\text{kJ/mol}$，$\Delta H^{\ominus}=+179.3\text{kJ/mol}$，$\Delta S^{\ominus}=+0.159\text{kJ/(K·mol)}$。在室温下反应正向非自发，当温度升高时可以正向进行。

$$\Delta G^{\ominus}_T\approx\Delta H^{\ominus}_{298.15}-T\Delta S^{\ominus}_{298.15}=179.3-0.159\times T=0$$

$$T=1128\text{K}$$

即 $CaCO_3$ 至少需要加热到约 1128−273.15≈855（℃）时才分解。

综上所述，对于标准状态下的化学反应反方向的判断，可以通过计算标准吉布斯函数变，由 $\Delta G^{\ominus}_T$ 的符号来作出。当 $T=298.15\text{K}$ 时，有两种计算途径

$$\Delta_r G^{\ominus}_m=\sum_B \nu_B\Delta_f G^{\ominus}_{m,B}$$

$$\Delta_r G^{\ominus}_{m,298.15}=\Delta_r H^{\ominus}_{m,298.15}-298.15\Delta_r S^{\ominus}_{m,298.15}$$

当 $T\neq298.15\text{K}$ 时，有近似方法

$$\Delta G^{\ominus}_T=\Delta H^{\ominus}_T-T\Delta S^{\ominus}_T\approx\Delta H^{\ominus}_{298.15}-T\Delta S^{\ominus}_{298.15}$$

注意：$\Delta_r H^{\ominus}_m(T)\approx\Delta_r H^{\ominus}_m(298.15\text{K})$，$\Delta_r S^{\ominus}_m(T)\approx\Delta_r S^{\ominus}_m(298.15)$，$\Delta_r G^{\ominus}_m(T)\neq\Delta_r G^{\ominus}_m(298.15\text{K})$

思考与练习题

2-8　某气体反应在标准状态下，$\Delta G^{\ominus}_{298.15}=45\text{kJ/mol}$，$\Delta H^{\ominus}_{298.15}=90\text{kJ/mol}$，并假定 $\Delta H^{\ominus}$ 和 $\Delta S^{\ominus}$ 不随温度而变，问此反应在什么温度下处于平衡？

2-9　在 298.15K 与 100kPa 下，下列过程都能向正方向进行，估算各个过程的主要推动力是 ΔH 还是 ΔS？

（1）苯加甲苯⟶溶液

（2）$H_2(g)+Cl_2(g)$ ══ $2HCl(g)$

2.2.3.4 非标准状态下的吉布斯函数变

非标准状态下的吉布斯函数变可由 Van't Hoff 等温方程式求得

$$\Delta_r G_{m,T} = \Delta_r G_{m,T}^{\ominus} + RT\ln Q$$
$$= \Delta_r G_{m,T}^{\ominus} + 2.303RT\lg Q \qquad (2\text{-}26)$$

式中，Q 为反应商。它是各生成物相对分压（对气体）或相对浓度（对溶液）的相应次方的乘积与各反应物相对分压（对气体）或相对浓度（对溶液）的相应次方的乘积之比。若反应中有纯固体及纯液体，则其浓度以 1 表示。例如，对于任一反应：

$$a\text{A(aq)} + b\text{B(l)} \longrightarrow c\text{C(g)} + d\text{D(s)}$$

$$Q = \frac{(p_C/p^{\ominus})^c \times 1}{(c_A/c^{\ominus})^a \times 1}$$

例 2-7 已知空气中 CO_2 的含量为 0.03%（体积%），即 CO_2 的分压为 30Pa。(1) 计算 298K 时 $CaCO_3$(s) 在空气中热分解反应的 ΔG，在此条件下该反应能否自发进行？(2) 计算 $CaCO_3$ 在空气中分解的最低温度。

解 $CaCO_3(s) = CaO(s) + CO_2(g)$

	$CaCO_3(s)$	$CaO(s)$	$CO_2(g)$
$\Delta_f H_{m,B}^{\ominus}$/(kJ/mol)	−1207.72	−634.9	−393.5
$S_{m,B}^{\ominus}$/[J/(K·mol)]	92.95	38.1	213.8
$\Delta_f G_{m,B}^{\ominus}$/(kJ/mol)	−1129.6	−603.3	−394.4

(1) $\Delta G_{298}^{\ominus} = 131.9\text{kJ/mol}$

$$\Delta G = \Delta_r G_{m,T}^{\ominus} + 2.303RT\lg Q$$
$$= 131.9 + 2.303 \times \frac{8.314}{1000} \times 298\lg\frac{30}{100000}$$
$$= 111.8\ (\text{kJ/mol})$$

在此条件下该反应不能自发进行。

(2) 先求出 $\Delta H_{298}^{\ominus}$ 和 $\Delta S_{298}^{\ominus}$

$$\Delta H_{298}^{\ominus} = 179.3\text{kJ/mol}$$
$$\Delta S_{298}^{\ominus} = 159\text{J/(K·mol)}$$

$$\Delta G = \Delta G_{m,T}^{\ominus} + 2.303RT\lg\frac{p_{CO_2}}{p^{\ominus}}$$
$$\approx \Delta H_{298}^{\ominus} - T\Delta S_{298}^{\ominus} + 2.303RT\lg\frac{p_{CO_2}}{p^{\ominus}}$$
$$= 179.32 - 0.159T + 2.303 \times \frac{8.314}{1000} \times T\lg 3.0\times10^{-4}$$

$$\Delta G \leqslant 0$$
$$T \geqslant 791.86\text{K}$$

这就是 $CaCO_3$ 在空气中分解的最低温度。

思考与练习题

2-10　金属铜制品在室温下长期暴露在流动的大气中，其表面逐渐覆盖一层黑色氧化物 CuO。当此制品被加热超过一定温度后，黑色氧化物就转变为红色氧化物 Cu_2O。在更高温度时，红色氧化物也会消失。如果想人工仿古加速获得 Cu_2O 红色覆盖层并将反应的 $\Delta_r H_m^\ominus$ 与 $\Delta_r S_m^\ominus$ 近似为常数，并创造反应在标准压力下的条件，试估算下列反应自发进行的温度，以便选择人工仿古温度。

$$2CuO(s) \longrightarrow Cu_2O(s) + \frac{1}{2}O_2(g) \tag{1}$$

$$Cu_2O(s) \longrightarrow 2Cu(s) + \frac{1}{2}O_2(g) \tag{2}$$

2.2.4　化学反应进行的程度——化学平衡

对于自发进行的化学反应（$\Delta_r G_m < 0$），随着反应的进行，产物的浓度（或分压）增加，反应物的浓度（或分压）减少，则反应商 Q 增大，由范特霍夫等温方程式可知：$\Delta_r G_m$ 随着反应进行而增大，当增大到等于零时，反应宏观上不再进行，即达到平衡状态。

2.2.4.1　标准平衡常数与标准吉布斯函数变的关系

当反应达到平衡时 $\Delta_r G_{m,T} = 0$，此时，反应商 $Q = Q_{平衡}$。我们把平衡时的反应商叫标准平衡常数（即反应在平衡时的反应商），用 $K^\ominus$ 表示。由范特霍夫等温方程得：

$$\Delta_r G_{m,T}^\ominus = -2.303RT\lg K^\ominus \tag{2-27}$$

对于特定的化学反应，标准平衡常数只与温度有关而与反应的起始状态无关。式(2-27)即为标准平衡常数与标准吉布斯函数变的关系式。当由 $\Delta_r G_{m,T}^\ominus$ 计算 $K^\ominus$ 值时，需要注意 $K^\ominus$ 值大小与反应方程式的写法有关。

2.2.4.2　平衡常数与温度的关系

将 $\Delta_r G_{m,T}^\ominus = \Delta_r H_{m,T}^\ominus - T\Delta_r S_{m,T}^\ominus$ 代入式(2-27) 则有：

$$\lg K^\ominus \approx -\frac{\Delta_r H_{m,298.15}^\ominus}{2.303RT} + \frac{\Delta_r S_{m,298.15}^\ominus}{2.303R} \tag{2-28}$$

式中，$\frac{\Delta_r S_{m,298.15}^\ominus}{2.303R}$ 一项是常数，与温度 T 变化无关；而 $-\frac{\Delta_r H_{m,298.15}^\ominus}{2.303RT}$ 与温度 T 变化有关。因此平衡常数 $K^\ominus$ 与温度 T 的关系主要由这一项决定。

思考与练习题

2-11　近似计算反应：$C(s) + CO_2(g) \longrightarrow 2CO(g)$ 在 427℃时的 $K^\ominus$。

2.2.4.3　多重平衡法则

如果一个化学反应是若干相关化学反应式的代数和（或差），在相同的温度下，这个反应的平衡常数就等于它们相应的平衡常数的积（或商），这个规则称为多重平衡法则。

例如反应：

(1) $Fe(s)+CO_2(g)$ ══ $FeO(s)+CO(g)$ $K_1^{\ominus}$

(2) $Fe(s)+H_2O(g)$ ══ $FeO(s)+H_2(g)$ $K_2^{\ominus}$

(3) $CO_2(g)+H_2(g)$ ══ $CO(g)+H_2O(g)$ $K_3^{\ominus}$

试证明：

$$K_3^{\ominus}=\frac{K_1^{\ominus}}{K_2^{\ominus}}$$

证法一：
$$\frac{K_1^{\ominus}}{K_2^{\ominus}}=\frac{p_{CO}/p^{\ominus}}{p_{CO_2}/p^{\ominus}}\cdot\frac{p_{H_2O}/p^{\ominus}}{p_{H_2}/p^{\ominus}}=K_3^{\ominus}$$

证法二：
$$\Delta G_1^{\ominus}=-RT\ln K_1^{\ominus}$$
$$\Delta G_2^{\ominus}=-RT\ln K_2^{\ominus}$$
$$\Delta G_3^{\ominus}=-RT\ln K_3^{\ominus}$$

因为 G 是具有加和性的状态函数，所以

$$\Delta G_3^{\ominus}=\Delta G_1^{\ominus}-\Delta G_2^{\ominus}=-RT\ln\frac{K_1^{\ominus}}{K_2^{\ominus}}=-RT\ln K_3^{\ominus}$$

2.2.4.4 影响化学平衡移动的因素

法国化学家勒·夏特列等人经过长期研究，总结出一个重要的化学规律：当系统达到平衡后，倘若改变平衡系统的条件之一（如温度、压力或浓度等），则平衡便要向削弱这种改变的方向移动。

(1) 浓度对化学平衡的影响

将式(2-27) 代入式(2-26) 得：

$$\begin{aligned}\Delta_r G_{m,T}&=-2.303RT\lg K^{\ominus}+2.303RT\lg Q\\&=2.303RT\lg\frac{Q}{K}\end{aligned}\qquad(2\text{-}29)$$

可见：

$Q<K$ 时，$\Delta_r G_{m,T}<0$ 自发

$Q>K$ 时，$\Delta_r G_{m,T}>0$ 非自发

$Q=K$ 时，$\Delta_r G_{m,T}=0$ 平衡

所以反应自发进行的方向除了用 $\Delta_r G_{m,T}$ 来判断外，亦可用某一时刻的反应商与标准平衡常数进行比较来判断。

在一定条件下，反应 $a\text{A}+b\text{B}$ ══ $x\text{X}+y\text{Y}$ 达到平衡时，可得平衡常数 $K^{\ominus}$，若增加反应物浓度或降低产物浓度，此时 $Q<K^{\ominus}$，系统不再处于平衡状态，反应就朝着增加生成物方向进行，直至 Q 值重新达到 $K^{\ominus}$ 值，系统建立新的平衡，此时 A、B 平衡浓度比原来降低，X、Y 的平衡浓度比原来增加；若降低反应物浓度或增加产物浓度，此时 $Q>K^{\ominus}$，反应朝着生成反应物的方向进行。

(2) 压力对化学平衡的影响 压力变化的实质是可能引起参与反应的物质的浓度发生变化，所以在一定条件下，压力对化学平衡会发生影响，可分为三种情况。①没有气体参加的反应。由于压力对固体或液体的总体积影响较小，其浓度变化可以忽略不计，因此改变压力对平衡没有影响。②有气体参与的反应（包括非均相反应）。若反应前后气体分子数不等，增加压力平衡向分子数减少方向移动，降低压力平衡向分子数增加的方向移动。③在气相反应中，含有不参与反应的气体（称为惰性气体）在一定的反应压力条件下，若增加惰性气体

的物质的量，使系统的物质的量增大，各组分的分压减少，平衡向着分子数增大的方向移动，若减少惰性气体的物质的量，则各组分的压力增大，平衡朝着分子数减少的方向移动。

此规律常用于实际生产中，例如在恒定压力下乙苯脱氢制苯乙烯的反应，在实际生产中通入大量的惰性组分水蒸气，使各组分的分压降低，导致平衡朝着生成苯乙烯的方向移动。

(3) 温度对化学平衡的影响　由于标准平衡常数是温度的函数，其值大小与温度有关，所以改变平衡系统的浓度、压力时，不会改变平衡常数，只能改变平衡点，使平衡的组成发生变化。但是温度的变化将直接导致 $K^{\ominus}$ 值的变化，从而产生平衡的移动。

由式(1-28) 可知，若是放热反应，即 $\Delta_r H_m^{\ominus}<0$，升高反应温度，$K^{\ominus}$ 减少，平衡向逆方向移动；若是吸热反应，即 $\Delta_r H_m^{\ominus}>0$，升高反应温度，$K^{\ominus}$ 增大，平衡向正方向移动。

思考与练习题

2-12　请回答下述情况时反应 $aA+bB \rightleftharpoons yY+zZ$ 的进行方向。

(1) $Q<K^{\ominus}$；(2) $Q>K^{\ominus}$；(3) $Q=K^{\ominus}$。

2.3　化学反应的速率

对于一个化学反应，可以从热力学的角度研究化学反应的方向、限度和估算一定条件下反应物的理论转化率，但热力学不涉及反应快慢问题。客观上，化学反应发生所需时间差异很大，如，炸药的爆炸、活泼金属与活泼非金属的化合、溶液中酸与碱的中和以及溶液中的沉淀反应等，几乎都是瞬时完成的。又如，一些有机化合物的酯化和硝化反应、食物的腐败、钢铁的生锈以及岩石的风化等，均是反应速率较慢的反应。可见化学热力学虽然解决了反应的可能性问题，但没有解决反应的现实性问题。

研究化学反应速率有着重要的实际意义。若炸药爆炸的速率不快，水泥的硬结速率很慢，那么它们就不会有现在这样大的用途了。相反，如果橡胶迅速老化变脆，钢铁很快被腐蚀，那么它们就失去了应用价值。通过这一研究工作，人们有可能控制反应速率以加速生产过程或延长产品的使用寿命，使大自然更好地为人类服务。

2.3.1　反应速率与浓度的关系

2.3.1.1　反应速率的表示方法

化学反应速率（chemical reaction rate）指在一定条件下，反应物转变为生成物的速率。化学反应速率经常用单位时间内反应物浓度的减少或生成物浓度的增加来表示，符号为 v，通常使用单位为 $mol/(dm^3 \cdot s)$ 或 $mol/(L \cdot s)$。

反应速率可选用反应体系中任一物质浓度的变化来表示，因为反应时各物质变化量之间的关系与化学方程式中计量系数间的比是一致的。

例如，340K 时，N_2O_5 的热分解反应：

$$2N_2O_5 \rightleftharpoons 4NO_2 + O_2$$

其反应速率可表示为：

$$\bar{v}(N_2O_5) = -\frac{\Delta c(N_2O_5)}{\Delta t} \tag{2-30}$$

$$\bar{v}(NO_2)=\frac{\Delta c(NO_2)}{\Delta t} \tag{2-31}$$

$$\bar{v}(O_2)=\frac{\Delta c(O_2)}{\Delta t} \tag{2-32}$$

式中，Δt 表示时间间隔；$\Delta c(N_2O_5)$、$\Delta c(NO_2)$、$\Delta c(O_2)$ 分别表示 Δt 期间的反应物 N_2O_5 和产物 NO_2、O_2 浓度的变化。用反应物浓度的变化表示的反应速率，因为 $\Delta c(N_2O_5)$ 为负值，所以式前用负号，以使反应速率为正值。对于气相反应来说，化学反应速率上可用分压的变化来表示。为了准确地表示某时间 t 时的反应速率，需用在某一瞬间进行的瞬时速率 v 来表示。时间间隔越短，反应的平均速率就越趋近于瞬时速率。只有瞬时速率，才代表化学反应在某一时刻的真正速率。对 N_2O_5 的分解反应：

$$v(N_2O_5)=\lim\frac{-\Delta c(N_2O_5)}{\Delta t}=\frac{-dc(N_2O_5)}{dt} \tag{2-33}$$

$$v(NO_2)=\lim\frac{\Delta c(NO_2)}{\Delta t}=\frac{dc(NO_2)}{dt} \tag{2-34}$$

$$v(O_2)=\lim\frac{\Delta c(O_2)}{\Delta t}=\frac{dc(O_2)}{dt} \tag{2-35}$$

上面三个式子都表示同一化学反应的速率，但采用不同物质的浓度变化来表示同一化学反应的速率时，其数值不一定相同。它们的关系是：

$$\frac{1}{2}\frac{-dc(N_2O_5)}{dt}=\frac{1}{4}\frac{dc(NO_2)}{dt}=\frac{dc(O_2)}{dt} \tag{2-36}$$

可见，某一化学反应，用各组分浓度变化表示的反应速率之比，等于各自计量系数之比。

2.3.1.2 反应物浓度与反应速率的关系

（1）基元反应 讨论反应物浓度与反应速率的定量关系，要先从基元反应谈起。所谓**基元反应（elementary reaction）**是指反应物分子在有效碰撞中一步直接转化为产物的反应。例如

$$C_2H_5Cl \longrightarrow C_2H_4 + HCl \tag{①}$$

$$NO_2 + CO \longrightarrow NO + CO_2 \tag{②}$$

$$O_2 + 2NO \longrightarrow 2NO_2 \tag{③}$$

这些反应都是基元反应。

在反应①中，C_2H_5Cl 分解为 C_2H_4 和 HCl，增大反应物 C_2H_5Cl 的浓度，反应速率加快。反应速率与反应物浓度成正比，其数学表示式为：

$$v_1 \propto c(C_2H_5Cl)$$

$$\text{或 } v_1 = k_1 c\ (C_2H_5Cl)$$

k 叫速率常数，是指在给定温度下，单位浓度时的反应速率。上式表达反应物浓度与反应速率的关系，叫做反应的速率方程。同样②和③式的反应速率方程为 $v_2=k_2c(NO_2)c(CO)$ 和 $v_3=k_3c^2(NO)c(O_2)$ 。

（2）质量作用定律 根据以上三个典型反应，可以给一般基元反应的速率方程作如下归纳，若有基元反应：

$$aA+bB \longrightarrow gG+dD$$

则该反应的速率方程可写为

$$v=kc_A^a c_B^b \tag{2-37}$$

这种关系可做如下表述：基元反应的化学反应速率与反应物浓度以其计量系数为指数的幂的乘积成正比。这就是**质量作用定律**（**law of mass action**）。

许多化学反应不是基元反应，而是由两个或多个基元步骤完成的复杂反应。假设下述反应：

$$A_2+B \longrightarrow A_2B$$

是分两个基元步骤完成的：

第一步 $A_2 \longrightarrow 2A$ 慢反应

第二步 $2A+B \longrightarrow A_2B$ 快反应

对于总反应来说，决定反应速率的肯定是第一个基元步骤，故速率方程是 $v=kc_{A_2}$ 而不会是 $v=kc_A^2 c_B$。对于这种复杂反应，其反应的速率方程只有通过实验来确定。

2.3.1.3 反应的分子数和反应级数

反应的分子数是指基元反应或复杂反应的基元步骤中发生反应所需要的微粒（分子、原子、离子或自由基）的数目。反应的分子数只能对基元反应或复杂反应的基元步骤而言，非基元反应不能谈反应分子数，不能认为反应方程式中，反应物的计量系数之和就是反应的分子数。

反应级数（**order of reaction**）是反应的速率方程中反应物浓度的指数之和。对于基元反应，其反应级数等于反应方程式中反应物的计量系数之和，而且与反应分子数相等。

应该注意的是，即使由实验测得的反应级数与反应方程式中反应物计量系数之和相等，该反应也不一定就是基元反应。例如下面的反应：

$$H_2(g)+I_2(g) \longrightarrow 2HI(g)$$

虽然反应速率方程为：$v=kc_{H_2}c_{I_2}$。近年来，无论从实验上或理论上都证明，它并不是一步完成的基元反应，它的反应历程可能是如下两个步骤：

① $I_2 \Longleftrightarrow I+I$ （快）

② $H_2+2I \longrightarrow 2HI$ （慢）

反应分子数只能为 1、2、3 几个整数，但反应级数却可以为零，也可以为分数。例如 NH_3 在钨（W）催化剂的存在下的反应：$NH_3(g) = \frac{1}{2}N_2(g)+\frac{3}{2}H_2(g)$，其分解速率 $v=kc_{NH_3}^0$。也就是说该反应与 NH_3 的浓度无关，这个反应不是基元反应。

例 2-8 实验测得某化学反应 $aA+bB+cC \longrightarrow dD+eE$ 在不同浓度时反应速率的数据如下：

实验序号	c_A/(mol/L)	c_B/(mol/L)	c_C/(mol/L)	$v\times10^3$/[mol/(L·s)]
1	1.0	1.0	1.0	2.4
2	2.0	1.0	1.0	9.6
3	1.0	2.0	1.0	2.4
4	1.0	1.0	2.0	4.8

（1）计算反应级数和反应速率常数；

（2）写出反应速率方程式。

解 (1) 设动力学方程式为 $v=kc_A^x c_B^y c_C^z$。

因温度不变，故 k 是常数，取序号 1、2 两组实验数据，B、C 物质浓度固定不变，则

$$\frac{v_2}{v_1}=\left(\frac{c_{A_2}}{c_{A_1}}\right)^x$$

$$\frac{9.6\times10^{-3}}{2.4\times10^{-3}}=\left(\frac{2.0}{1.0}\right)^x, x=2$$

同理，由序号 1、3 实验数据得 $y=0$，由序号 1、4 实验数据得 $z=1$。所以反应总级数是 $x+y+z=3$。将第一组数据代入 $v=kc_A^2c_C$，求 k。

$$k=\frac{2.4\times10^{-3}}{1.0^2\times1.0}=2.4\times10^{-3}\mathrm{L^2/(mol^2\cdot s)}$$

(2) 反应速率方程式为：$v=kc_A^2c_C$

思考与练习题

2-13 低温下反应：$NO_2(g)+CO(g) \longrightarrow NO(g)+CO_2(g)$

已知该反应分两步完成：

(1) $NO_2+NO_2 \longrightarrow NO_3+NO$（慢反应）

(2) $NO_3+CO \longrightarrow NO_2+CO_2$（快反应）

试列出动力学方程式。

2.3.2 温度对化学反应速率的影响

2.3.2.1 反应速率随温度变化概述

温度是影响化学反应的重要因素，各种化学反应的速度和温度的关系比较复杂，一般的化学反应，随温度的升高速度加快。反应速率随温度变化的规律大致有以下四种：

① 反应速率随温度升高呈指数形式加速［见图 2-3(a)］；

② 反应初期反应速率随温度变化不明显，当温度上升至某一临界值，反应速率突然猛增，趋于无限，以致发生爆炸［见图 2-3(b)］；

③ 酶催化和某些多相催化的反应速率随温度升高，反应速率先加快，温度升高至一定值时，温度对催化剂的性能产生不利影响，温度升高，反应速率反而下降［见图 2-3(c)］；

④ 反应速率随温度升高而单调下降，如 NO 的氧化生成 NO_2 的反应［见图 2-3(d)］，但这样的实例不多。

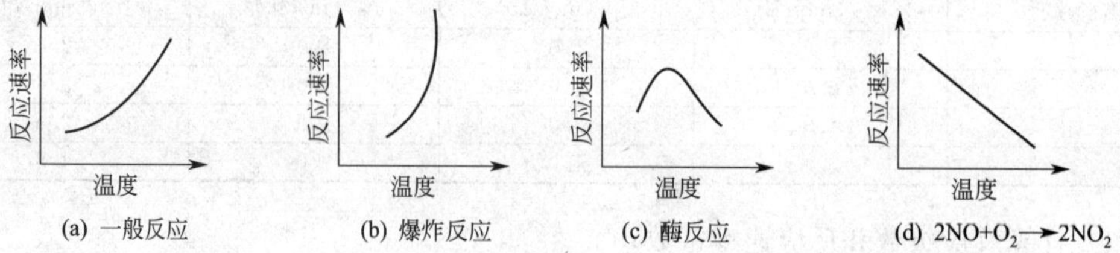

图 2-3 反应速率随温度变化的四种情况

实验表明大多数的反应速率和温度的关系与图 2-3(a) 相符。为什么温度升高反应速率会加快呢？这可以用速率理论予以说明。当温度升高时，一方面由于加快了反应物分子的运动，以致增加了有效碰撞的频率，另一方面更主要的是随温度升高，使更多的普通分子获得了能量变成了活化分子，从而增加了活化分子百分数，大大加快了反应速率。

对于第一种情况范特霍夫（J. H. van't Hoff，荷兰化学家，1852—1911，1901 年获诺贝尔化学奖）和阿仑尼乌斯（S. A. Arrhenius，瑞典化学家，1859—1927，1903 年获诺贝尔化学奖）分别建立了反应速率与温度的定量关系式。1888 年范特霍夫首先总结出反应速率对温度的依赖关系，指出浓度一定时，温度每升高 10K，反应速率增加至原来的 2～4 倍。1889 年阿仑尼乌斯通过大量实验与理论验证，建立了反应速率常数与温度的定量关系式。

2.3.2.2　阿仑尼乌斯公式

化学反应速率和温度的定量关系，早在 1889 年阿仑尼乌斯在总结了大量实验事实的基础上就已指出，很多反应的速率常数和热力学温度呈指数关系：

$$\lg k=-\frac{E_a}{2.303RT}+\lg A \tag{2-38}$$

式中，A 为指前因子或频率因子；E_a 是一个能量项，称活化能；R 是理想气体常数［8.314J/(mol·K)］；T 是热力学温度。

反应速率常数与反应时的温度有关。因为活化能总是正值，所以若温度增加，$-\frac{E_a}{2.303RT}$的代数值也增大。即 $\lg k$ 或 k 随温度升高而增大。反应速率常数 k 还与反应活化能 E_a 的大小有关。活化能降低，$-E_a$ 的代数值增大，则 $\lg k$ 或 k 增大。

式(2-38) 也可以进行变换：

$$\lg\frac{k_2}{k_1}=\frac{-E_a}{2.303R}\left(\frac{1}{T_2}-\frac{1}{T_1}\right)=\frac{-E_a}{2.303R}\left(\frac{T_1-T_2}{T_1T_2}\right) \tag{2-39}$$

2.3.2.3　活化能

阿仑尼乌斯公式说明了反应速度与温度的关系，并引出 E_a 这个经验常数。E_a 的物理意义是什么呢？阿仑尼乌斯的贡献不仅在于揭示了 k-T 的定量关系，更重要的是他最早提出了活化能和活化分子的概念。对阿仑尼乌斯活化能，不同学者给予不同的定义，本书采用较合理和准确的塔尔曼（Tolman）定义。

化学反应的发生，必须先供给能量，反应物分子才能转变为产物。因为化学反应过程是分子内原子重新组合的过程，反应物分子中存在强烈化学键，为了发生化学反应，必须破坏反应物分子的化学键，才能形成产物分子中的化学键。

以 673K 时，NO_2 和 CO 的基元反应为例：

$$NO_2+CO \longrightarrow NO+CO_2$$

要使 NO_2 和 CO 发生反应。首先，反应物分子必须相互碰撞，当 NO_2 分子和 CO 分子接近时，如图 2-4 所示，既要克服两分子价电子云之间的斥力，又要克服反应物分子内旧的 N—O 键和 C—O 键间的引力。为了克服旧键断裂前的引力和新建形成前的斥力，两个相碰撞的分子必须具有足够大的能量，否则就不能破坏旧键以生成新键，也就不能发生化学反应。

阿仑尼乌斯认为，为了能发生化学反应，普通分子必须吸收足够的能量，先变成活化分子（由反应物变为产物必须经过的一个中间活化状态），然后活化分子才能进一步转变为产

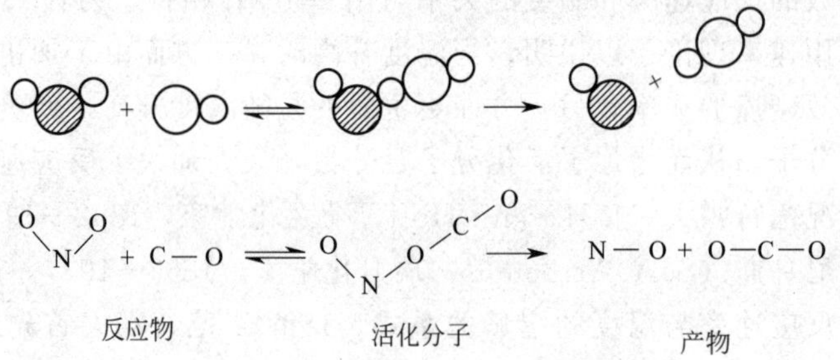

图 2-4　NO_2 和 CO 反应过程示意图

物分子，因此，反应速率与活化分子数成比例。将由普通分子变成活化分子至少需要吸收的能量称为活化能。后来塔尔曼较严格地证明了**活化能**（**activated energy**，$\boldsymbol{E_a}$）是活化分子的平均能量（$\boldsymbol{E}^{\#}$）与反应物分子平均能量（$\boldsymbol{E}$）之差。

$$E_a = E^{\#} - E \tag{2-40}$$

NO_2 和 CO 基元反应法的能量变化如图 2-5 所示。a 点为反应物分子的平均能量，b 点为活化分子的平均能量，c 点使产物分子的平均能量。

从图 2-5 中可以看出，反应物分子首先吸收 134kJ/mol 的能量，才能达到活化状态，变为活化分子。这时，由于吸收了足够的能量，旧键已经削弱，新键正在形成，活化分子很不稳定，可能很快转化为产物分子，而放出 368kJ/mol 的能量。同理，$E'_a = 368\text{kJ/mol}$ 是逆反应的活化能，正逆反应都经过同一活化状态。

正逆反应的活化能之差 $E_a - E'_a$ 即为反应的热效应 ΔH。$E_a < E'_a$ 是放热反应，逆反应则为吸热反应。对于任何基元反应：

$$\Delta H = E_a - E'_a \tag{2-41}$$

通过上面的分析可以得出结论，化学反应一般总需要有一个活化的过程，也就是吸收足够能量以克服能峰的过程，能峰越高，反应的阻力越大，反应就越难进行。活化能的大小代表了能峰的高低，形成新键需要克服的斥力越大，或破坏旧键克服的引力越大，需要消耗的能量也就越大，能峰就高。不同的物质化学键能不同，它们在各种化学反应中改组化学键所需要的能量不同，即不同的化学反应需要克服的能峰不同，因而不同化学反应具有不同的活化能。一定温度下，反应的活化能越大，即能峰越高，得到的活化分子数越少，因此，反应速率越慢；反之，活化能小的反应速率越快。

可见，活化能是决定化学反应速率的内因，一般化学反应的活化能在 60～250kJ/mol 之间。活化能小于 40kJ/mol 的反应速率很快，以致用一般方法不能测定其反应速率，如中和反应等。活化能大于 400kJ/mol 的反应，其反应速率就非常小。

最后指出，图 2-5 所示的能量关系图，仅适用于基元反应，但阿仑尼乌斯公式不仅适用于基元反应，也适用于多数非基元反应。对于非基元反应，由实验测得 k、T 数据，再按阿仑尼乌斯公式算出的 E_a，为各基元反应活化能的代数和。非基元反应的活化能也称表观活化能。

2.3.3　催化剂对反应速率的影响

许多化学反应根据热力学的计算是可能的反应，而实际上却并不发生。例如氢气和氧气在室温下生成 1mol 液态水的标准摩尔吉布斯函数变是－237.18kJ/mol，但实际上氢和氧在

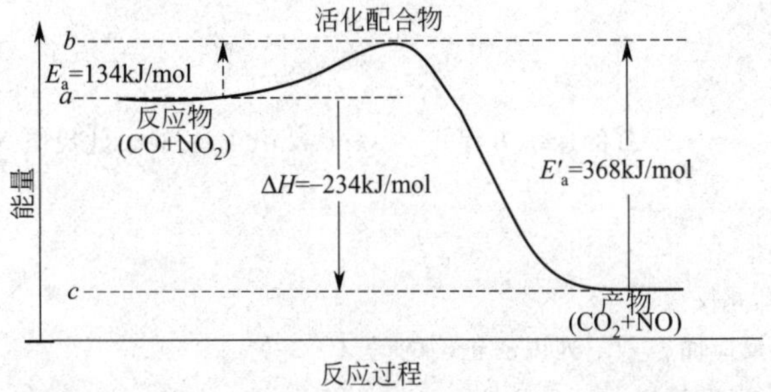

图 2-5　$NO_2+CO \!=\!=\!= NO+CO_2$ 的能量变化示意图

室温下几乎不发生反应。是否热力学的结论错了呢？不是！问题出在此条件下化学反应的速率极慢，以至很长时间也觉察不出水的生成。只要在混合气体中加入微量的细铂粉，反应便立即发生，而且反应后铂粉并没有减少。

凡能改变反应速率而它本身的组成和质量在反应前后保持不变的物质，称为催化剂（catalyst）。催化剂能改变反应速率的作用成为催化作用。

催化剂为什么能改变化学反应速率呢？许多实验测定指出，催化剂之所以能加速反应。是因为它参与变化过程，改变了原来反应的途径，降低了反应的活化能。

例如，$A+B \longrightarrow AB$ 这个化学反应，无催化剂存在时是按图 2-6 中的途径Ⅰ进行的，它的活化能为 E_a。当催化剂 K 存在时，其反应机理发生了变化，反应按途径Ⅱ分两步进行。

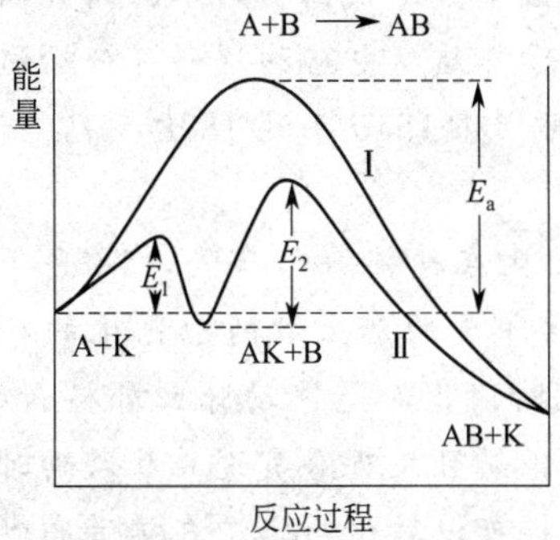

图 2-6　催化剂改变反应途径示意图

$$A+K \longrightarrow AK \qquad \text{活化能为 } E_1$$

$$AK+B \longrightarrow AB+K \qquad \text{活化能为 } E_2$$

由于 E_1、E_2 均小于 E_a，所以反应速率加快了。

催化剂在反应前后化学性质和质量虽然没有改变，但在反应过程中它是参与反应的，它先与反应物生成某种不稳定的中间化合物，此中间化合物继续反应生成产物并放出原催化剂。正因为催化剂参与了反应，所以它的物理性质往往有变化。例如有些球状催化剂经使用后变成粉状；氯酸钾分解过程中的催化剂 MnO_2 晶体，就会丧失自己的晶体结构而变成粉末。

通过上面的分析可以看出：

① 催化剂对反应速率的影响是通过改变反应机理实现的。

② 催化剂不影响产物和反应物的相对能量，未改变反应的始态和终态。

对指定反应，$\Delta_r G^{\ominus}_{m,T}$ 为定值，$\Delta_r G^{\ominus}_{m,T}$ 不因催化剂的存在而变化，K 当然亦不改变。所以催化剂只能改变反应达到平衡的时间，而不能改变平衡常数和平衡状态。

③ 催化剂同等程度地加快正、逆反应的速率。例如，合成氨反应用的铁催化剂，也是氨分解反应的催化剂；有机化学中常用的铂、钯等金属，是加氢反应的催化剂，也是脱氢反应的催化剂。

④ 催化剂只能加速热力学上认为可以实际发生的反应，对于热力学计算不能发生的反应，使用任何催化剂都是徒劳的。催化剂只能改变反应途径而不能改变反应发生的方向。

思考与练习题

2-14 当反应 $A_2+B_2 \Longrightarrow 2AB$ 的速率方程式 $v=kc(A_2)c(B_2)$ 时，此反应（　　）。

A. 一定是基元反应

B. 一定是非基元反应

C. 无法肯定是否是基元反应

2-15 对于一个化学反应而言，下列说法正确的是（　　）。

A. ΔG 越负，其反应速率越快

B. ΔG 越负，其反应速率越慢

C. 活化能越大，其反应速率越快

D. 活化能越小，其反应速率越快

科学家的贡献和科学发现的启示

焦耳——能量守恒与转化定律的确立人之一，1818 年出生在英国，他是一位终生从事科学研究的业余科学家。焦耳很早就对电学和磁学发生了兴趣，极力想从实验上证明能的不灭。他首先研究了电流的热效应，他使一个绕在铁芯上的小线圈，在一电磁体的两极间转动，把线圈放进一个盛水的量热器里，测定水温升高获得的热量。结果证明，水温的升高完全是由于机械能转化为电，电又转化为热的结果，而不是由于热质从电路的这一部分输送到另一部分所致。焦耳测定热功当量的工作用了近 40 年的时间（从 1840 年到 1878 年），先后进行了 400 多次实验，证明了能量守恒与转化定律。

迈尔——能量守恒与转化定律的确立人之一，1814 年出生在德国海尔布隆，1838 年开始行医，但他对医生的工作不感兴趣。1840 年他在一艘驶往印度的船上做随船医生的旅行中，发现生病船员的静脉血不像生活在温热带的人那样颜色暗淡，而是像动脉血那样新鲜。他询问当地医生，得知这种现象在辽阔的热带地区随处可见，而且又听海员说，暴风雨时海水比较热。迈尔据此想到食物中含有化学能，它像机械能一样可以转化为热；在热带高温情况下，机体只需要吸收食物中较少的热量，因而机体中食物的燃烧过程减弱了，这样静脉血中就留下了较多的氧，血便显得新鲜。另外，雨滴降落过程中所获得的活力也会产生出热来，由此使海水变热。1842 年，他在《论无机界的力》论文中，从“无不生有，有不变无”等哲学观点出发，叙述了物理、化学过程中力的守恒思想。1845 年，迈尔出版了他的《与有机运动相联系的新陈代谢》，进一步发展了其力的转化与守恒是支配宇宙普遍规律的思想。

然而，迈尔的思想在当时却一直没有得到普遍承认。1841 年他写的《论力的量和质的测定》一文，被德国的主要物理学杂志主编认为缺少精确的实验根据，拒绝发表；1848 年以后，迈尔被斥为“肤浅的局外人”等，遭到了粗暴的、侮辱性的中伤。迈尔的精神比较脆弱，想一死了之，便于 1849 年 5 月 28 日从二层楼跳了下来，但自杀未遂，却摔跛了一条腿，加上焦耳向迈尔发起了能量守恒与转化定律这一发现的优先权争论，迈尔于 1851 年发疯被送进了疯人院。迈尔因为承受不住压力发疯而险些使自己的科学发现被埋没，而英国的科学家格罗夫和焦耳一直坚持探索，才使这一发现被人们接受下来。

吉布斯——世界上最出色的科学家之一，1839 年生在美国，于 1863 年获耶鲁大学哲学

博士学位，他一直任耶鲁大学的数学物理教授，他在数学上造诣尤为高深，而且治学极其严谨，在他所发表的论文和著作里每一字都有严格的含义，没有多余一字，当时能够读懂并理解其内在含义的人很少。吉布斯并不因自己的论文未立即引起别人的注意而气馁，他从不怀疑自己所从事的研究的重要性和正确性，也从不乞求同行人对他的承认，更不去考虑别人是否了解自己做了些什么，只要解决自己脑海中的问题就觉得心满意足了。1876 年在康乃狄格科学院报上发表了题为《论非均相物质之平衡》的著名论文的第一部分，化学热力学的基础也就奠定了。吉布斯单凭这一贡献就足以使他名列科学史上最伟大的理论学者的行列之中。几代实验科学家曾因在实验室证明了吉布斯在书桌上推导出来的关系式的正确性而建立了他们的声誉。在美国陈列有华盛顿、林肯、富兰克林等名人的纪念馆里，1950 年新增了一座伟人的塑像，这就是美国物理学家、化学家吉布斯，在他去世近 50 年后能在美国名人馆占有一席之地，足以说明他的研究成果影响深远，而且它的重要意义随着时间的推移而逐渐被人们所认识。

雅可比·范特霍夫（Jacobus Hendricus van't Hoff）——荷兰化学家，1852 年生于荷兰。范特霍夫因对化学平衡和温度关系的研究及溶液渗透压的发现而闻名于世；1885 年，范特霍夫又发表了另一项研究成果“气体体系或稀溶液中的化学平衡”；此外，他对史塔斯佛特盐矿所发现的盐类三氯化钾和氯化镁的水化物进行了研究，利用该盐矿形成的沉积物来探索海洋沉积物的起源。由于在化学动力学和化学热力学研究上的贡献，获得 1901 年的诺贝尔化学奖，成为第一位获得诺贝尔化学奖的科学家。

李远哲（Yuan-Tseh Lee，1936—）——美国物理化学家，1936 年生于中国台湾新竹县，1959 年毕业于台湾大学化学系，1961 年获台湾“清华大学”理学硕士学位，1962 年赴美深造，1965 年获加利福尼亚大学伯克利分校化学博士学位。曾任芝加哥大学化学系助理教授（1968—1971）、副教授（1971—1972）、化学教授（1972—1974）。1974 年至今，任加利福尼亚大学伯克利分校化学教授和劳伦斯-伯克利实验室研究员。1974 年加入美国籍。他是美国科学院院士。李远哲主要从事微观反应动力学的研究，在气态化学动力学、分子束及辐射化学方面贡献卓著。分子束方法是一门新技术，1960 年以来才试验成功。交叉分子束方法起初只适用于碱金属元素的反应，后来李远哲在 1967 年攻读博士时和指导教授 D. R. 赫施巴赫共同研究而把它发展为研究化学反应的、通用的有力工具。此后，李远哲又不断将这项新技术加以改进，用于研究较大分子的重要反应。他设计的“分子束碰撞器”和“离子束交叉仪器”已能分析各种化学反应每一阶段的过程，使人们在分子水平上研究化学反应所出现的各种状态，为化学动力学的研究开辟了新的领域，为控制化学反应的方向和过程提供了前景。

微观反应动力学起始于 20 世纪 30 年代，由美国理论化学家 Eyring、Polanyi 等人发起，但真正发展是在 60 年代，近代光谱技术、分子束技术、激光技术和大型高速电子计算机的出现，使得微观反应动力学无论从理论上还是实验上，均进入了一个新的时代。李远哲 1986 年以分子水平化学反应动力学的研究与美国科学家赫施巴赫（Dudley R. Herschbach）及加拿大科学家约翰·波兰伊（John C. Polanyi）共获 1986 年诺贝尔化学奖。

习　题

1. Q、H 及 U 之间，p、V、U 及 H 之间存在哪些重要关系？试用公式表示之。
2. 下列符号中，不属于状态函数的是（　　）。

A. T　　B. p　　C. W　　D. H

3. 下列反应中，$\Delta H \approx \Delta U$ 的反应是（　　）。

A. $2H_2(g)+O_2(g) = 2H_2O(g)$

B. $Pb(NO_3)_2(s)+2KI(s) = PbI_2(s)+2KNO_3(s)$

C. $HCl(aq)+NaOH(aq) = NaCl(aq)+H_2O(l)$

D. $NaOH(s)+CO_2(g) = NaHCO_3(s)$

4. 什么叫自发过程？“熵判据”与“吉布斯函数判据”使用条件是什么？

5. 下列物质的标准摩尔生成焓不等于零的是（　　）。

A. Fe(s)　　B. 石墨　　C. 液溴　　D. 液氯

6. 下列变化中，$\Delta S<0$ 的变化是（　　）。

A. 固体 NaCl 溶于水

B. 水蒸发为水蒸气

C. $N_2(g)+3H_2(g) \longrightarrow 2NH_3(g)$

D. $C(石墨)+CO_2(g) \longrightarrow 2CO(g)$

E. $Fe_3O_4(s)+4H_2(g) = 3Fe(s)+4H_2O(l)$

7. 下列组合中，在任何温度下反应均能自发的组合是（　　）。

A. $\Delta H>0$，$\Delta S>0$　　B. $\Delta H>0$，$\Delta S<0$　　C. $\Delta H<0$，$\Delta S<0$

D. $\Delta H<0$，$\Delta S>0$　　E. $\Delta H=0$，$\Delta S=0$

8. 由 $\Delta_r H^{\ominus}_{m,298}$ 和 $\Delta_r S^{\ominus}_{m,298}$ 计算下列反应在标准状态下的转向温度。

$$CaCO_3(s) = CaO(s)+CO_2(g)$$

9. 计算合成氨反应在 298K 和 700K 时的标准平衡常数。

$$N_2(g)+3H_2(g) \rightleftharpoons 2NH_3(g)$$

并判断 700K，$p(NH_3)=304kPa$，$p(N_2)=171kPa$，$p(H_2)=2022kPa$ 情况下反应方向。

10. 已知下列反应的标准平衡常数：

(1) $SnO_2(s)+2H_2(g) = Sn(s)+2H_2O(g)$　　$K^{\ominus}_1$

(2) $CO(g)+H_2O(g) = CO_2(g)+H_2(g)$　　$K^{\ominus}_2$

求反应 $SnO_2(s)+2CO(g) = Sn(s)+2CO_2(g)$ 的 $K^{\ominus}_3$。

11. 根据实验，在一定温度范围内，$2NO(g)+Cl_2(g) \rightleftharpoons 2NOCl(g)$ 反应速率方程式（符合质量作用定律）

(1) 写出该反应的反应速率方程。

(2) 该反应的总级数是多少？

(3) 其他条件不变，如果将容器的体积增加到原来的 2 倍，反应速率如何变化？

(4) 如果容器体积不变而将 NO 的浓度增加到原来的 3 倍，反应速率又将如何变化？

12. 反应 $A(g)+B(s) \rightleftharpoons 2C(g)$，$\Delta_r H^{\ominus}_m<0$，当达到化学平衡时，如果改变下表中表明的条件，试将其他各项发生的变化情况填入表中。

改变条件	增加 A 的分压	增加压力	降低温度
平衡常数			
平衡移动的方向			

13. 已知热化学方程式为

(1) $Zn(s)+\frac{1}{2}O_2(g)═══ZnO(s)$　　$\Delta_r H_m^{\ominus}=-348.28kJ/mol$

(2) $Hg(l)+\frac{1}{2}O_2(g)═══HgO(s)$　　$\Delta_r H_m^{\ominus}=-90.83kJ/mol$

求反应 $Zn(s)+HgO(s)═══ZnO(s)+Hg(l)$ 的 $\Delta_r H_m^{\ominus}$。

14. 已知反应 $CaO(s)+H_2O(l)═══Ca(OH)_2(s)$ 在 25℃及 100kPa 时是自发反应，高温时逆反应变成自发的，这说明该反应属于（　　）类型。

A. $\Delta_r H_m^{\ominus}>0$　$\Delta S^{\ominus}>0$　　B. $\Delta_r H_m^{\ominus}>0$　$\Delta S^{\ominus}<0$

C. $\Delta_r H_m^{\ominus}<0$　$\Delta S^{\ominus}>0$　　D. $\Delta_r H_m^{\ominus}<0$　$\Delta S^{\ominus}<0$

15. 低温下，反应 $CO+NO_2═══CO_2+NO$ 的反应速率方程式是 $\nu=kc_{NO_2}^2$，与此反应速率方程式相一致的反应是（　　）。

A. $CO+NO_2 \longrightarrow CO_2+NO$

B. $2NO_2═══N_2O_4$　（快）

$N_2O_4+2CO \longrightarrow 2CO_2+2NO$　（慢）

C. $2NO_2 \longrightarrow NO_3+NO$　（慢）

$NO_3+CO \longrightarrow CO_2+NO_2$　（快）

D. $2NO_2 \longrightarrow 2NO+O_2$　（慢）

$2CO+O_2 \longrightarrow 2CO_2$　（快）

第 3 章　水溶液中的离子平衡

内容提要

本章将以宏观化学反应为指导，讨论水溶液中的酸碱平衡、沉淀-溶解平衡、配位平衡。这些反应的共同特点是①反应的活化能较低，反应速率较快；②反应的热效应较小，温度对平衡常数的影响可以不予考虑。因此本章主要是讨论浓度对平衡产生的影响。

学习要求

① 了解电离理论、质子理论和电子理论对酸碱的定义，理解共轭酸碱对、质子受体、质子给体等概念。

② 掌握酸碱解离平衡常数及单一酸碱、缓冲溶液 pH 值的有关计算，掌握酸碱强弱的比较；熟悉缓冲溶液的配制及应用；了解 pH 试纸、pH 计测定 pH 值的方法。

③ 掌握利用热力学数据和平衡时溶液中离子浓度计算溶度积的方法；掌握用溶度积来判断难溶电解质的溶解度大小；了解溶度积规则在锅炉清洗、沉淀法处理废水等方面的应用。

④ 掌握配位化合物组成中的基本概念和命名原则；理解可溶性配位化合物在内界与外界间、中心体与配位体间解离的不同情况；掌握根据 $K_{不稳}$，$K_{稳}$ 来判断配位化合物间转化关系和配位化合物与难溶电解质间转化的简单计算。

水溶液中进行的酸碱反应、沉淀—溶解反应、配位反应和氧化还原反应有一些共同的特点：反应的活化能较低（一般小于 40kJ/mol），反应速率较快（但也有某些氧化还原反应的速率较慢）；由于是溶液反应，所以压力对反应的影响甚微，常可忽略不计；因为反应的热效应较小，所以温度对平衡常数的影响可以不予考虑。因为酸碱平衡、沉淀-溶解平衡、配位平衡均涉及水溶液中的离子反应，所以又称它们为离子平衡。

3.1　可溶弱电解质的单相离子平衡

3.1.1　酸碱理论概述

人们对酸碱的认识经历了一个由浅入深、由感性到理性的漫长过程。最初，人们对酸碱的认识只单纯地限于从物质所表现出的性质上来区分酸碱的，认为具有酸味、能使石蕊试纸变红的物质是酸；碱有涩味、滑腻感，能使红色石蕊试纸变蓝，并能与酸反应生成盐和水的物质。随着生产的发展和科学技术的进步，人们对酸碱本质的认识不断深化，提出了多种酸碱理论，其中比较重要的是 S. A. Arrhenius 酸碱电离理论、E. C. Franklin 酸碱溶剂理论、J. N. Bronsted-T. M. Lowry 酸碱质子理论、G. N. Lewis 酸碱电子理论和 R. G. Person 软硬酸碱理论等，上述理论构成了现代酸碱理论的主要部分，下面主要介绍电离理论、质子理论和电子理论。

3.1.1.1　酸碱电离理论

1884 年瑞典化学家阿仑尼乌斯（S. A. Arrhenius，1859—1927）提出了酸碱电离理论。指出：电解质在水溶液中电离生成正、负离子。在水溶液中经电离只能生成 H^+ 一种正离子的物质即为酸；在水溶液中经电离只能生成 OH^- 一种负离子的物质即为碱。该理论认为酸碱反应的实质是 H^+ 和 OH^- 相互作用生成 H_2O 的反应。据此可知，HCl、HNO_3、HAc、HF 等均属于酸，NaOH、KOH、$Ca(OH)_2$ 等均属于碱，Na_2HPO_4、$NaHCO_3$ 等为非酸非碱（属于盐）。

根据各种溶液的导电性的不同，Arrhenius 还提出了强、弱酸碱和电离度的概念。如 HCl、HNO_3、NaOH、KOH 等酸碱在水溶液中几乎百分之百完全电离，此酸碱为强酸碱；如 HAc、HF 等酸，在水溶液中部分电离：$HF \rightleftharpoons H^+ + F^-$

$$电离度\ \alpha = \frac{已电离部分的平衡浓度}{已电离和未电离部分的平衡浓度之和} = \frac{c(F^-)/c^\ominus}{c(HF)/c^\ominus + c(F^-)/c^\ominus}$$

瑞典物理化学家阿仑尼乌斯（Arrhenius）首次赋予了酸碱以科学的定义，是人们对酸碱的认识从现象到本质的一次飞跃，此理论对化学科学的发展起了积极的作用，直至现在仍普遍地应用着，阿仑尼乌斯并因此而获得 1903 年诺贝尔化学奖。近代将此理论称为经典酸碱理论。然而此理论也有其局限性，它把酸碱及其反应只限于水溶液，对于某些物质在非水溶液中不能电离出 H^+ 或 OH^-，却表现出酸碱性质的物质，以及 $NH_3(g)$ 与 HCl(g) 气相反应产物仍为 $NH_4Cl(s)$ 的现象无法解释；它把碱限制为氢氧化物，对于 $NH_3 \cdot H_2O$ 来说，它显碱性并不像有人假设的那样是由于 NH_4OH 存在所引起的，以及某些离子，如：F^-、CO_3^{2-} 等在水溶液中也能使石蕊变蓝的原因无法解释。

3.1.1.2　酸碱质子理论

丹麦化学家布朗斯特（J. N. Bronsted，1879—1947）和英国物理化学家劳瑞（T. M. Lowry，1874—1936）于 1923 年同时独立地提出了酸碱质子理论。该理论认为：凡是能提供质子（H^+）的分子或离子都是酸；凡是能接受质子（H^+）的分子或离子都是碱。即酸是质子的给予体，碱是质子的接受体。根据此理论，HAc、NH_4^+、HCO_3^- 等都能给出质子均属于酸，而 Ac^-、NH_3、HCO_3^- 等都能接受质子，均属于碱，HCO_3^- 既能给出质子，也能接受质子，既为酸，又为碱，是两性物质。质子理论特别强调酸与碱间的相互依赖关系，酸给出质子后成为碱，而碱接受质子后成为酸，这种相互依赖、互相转化的关系我们称之为共轭关系，如：酸 $\rightleftharpoons H^+ +$ 碱，相应的酸碱被称为共轭酸碱对。

$$A \rightleftharpoons H^+ + B$$

由酸碱的共轭关系可知，A 是 B 的共轭酸（conjugate acid），B 是 A 的共轭碱（conjugate base），A～B 为共轭酸碱对（conjugate acid-base pair）。如 HAc～Ac^-、NH_4^+～NH_3 为两对共轭酸碱对，HAc 是 Ac^- 的共轭酸，Ac^- 是 HAc 的共轭碱，NH_4^+ 是 NH_3 的共轭酸，NH_3 是 NH_4^+ 的共轭碱。

其次，酸碱理论还认为酸碱反应是质子转移的反应，是两个共轭酸碱对共同作用的结果。为了酸碱反应的实现，有给出质子的酸，必有接受质子的碱的存在。如 HAc 在水溶液中离解：

$$HAc + H_2O \rightleftharpoons H_3O^+ + Ac^-$$

在这个反应中，如果没有溶剂 H_2O 的存在，HAc 无法实现其在水中离解。虽然我们常常把 HAc 在水溶液中离解平衡式简写为：

$$HAc \rightleftharpoons H^+ + Ac^-$$

但实质上它表示一个完整的酸碱反应，绝不可忽视水在其中所起的作用。

酸碱反应的通式为：

$$酸_1+碱_2 \rightleftharpoons 酸_2+碱_1$$

如：$H_2O+NH_3 \rightleftharpoons NH_4^+ + OH^-$；$HAc+H_2O \rightleftharpoons H_3O^+ + Ac^-$

在前一个酸碱反应中 H_2O 作为质子的给予体，是酸，而在后一个酸碱反应中 H_2O 作为质子的接受体，是碱。即 H_2O 为两性物质，是一个很好的两性溶剂，这一点由 H_2O 的自身离解反应可以看出：

$$H_2O(l)+H_2O(l) \rightleftharpoons H_3O^+(aq)+OH^-(aq)$$

某酸越容易给出质子，说明此酸的酸性越强，则其共轭碱的碱性越弱，反之，亦然；某碱越容易接受质子，说明该碱的碱性越强，则其共轭酸的酸性越弱。酸碱质子理论既保留了电离酸碱理论概念的完整性，在概念上更为广义。阳离子、阴离子及中性分子都可以是酸或碱，OH^- 不再是碱的唯一标志。尽管它具有广义性，但也有其局限性，它只限于质子的给予和接受，对于无质子交换而具有酸碱性的物质，该理论就无能为力了。尽管如此，它在处理水溶液中酸碱平衡方面得到了广泛的应用。

应注意的是酸碱的强弱是相对的，首先取决于物质本身释放（或接受）质子的能力，其次与溶剂接受（或释放）质子的能力等因素有着密切的关系。同一种物质在不同的介质中其酸碱性不同。如：比较 $HClO_4$、HCl、HNO_3 等酸的强度。在水溶液中这些酸均能完全给出质子，酸性一样强；以冰醋酸作溶剂，这些酸给出质子的能力不尽相同，酸的强度显示出一定的差异，其强度顺序为 $HClO_4 > HCl > HNO_3$。

3.1.1.3　酸碱电子理论

为了更广泛地解释化合物的酸碱性，1923 年美国化学家路易斯（G. N. Lewis，1875—1946）在化学键电子理论的基础上，从化学反应过程中电子对的给予和接受的角度提出了新的酸碱理论，称之为 Lewis 酸碱理论，或酸碱电子理论。理论认为：凡可以接受外来电子对的分子或离子都是酸；凡可以提供电子对的分子或离子都是碱。即酸是电子对的接受体，碱是电子对的给予体。酸碱之间以共价键相结合，生成酸碱配合物。

$$\underset{(酸)}{A}+\underset{(碱)}{:B} \longrightarrow \underset{(酸碱配合物)}{A:B\ (A \leftarrow B)}$$

$$\underset{(酸)}{Ag^+}+\underset{(碱)}{2[:NH_3]} \longrightarrow \underset{(酸碱配合物)}{[H_3N \rightarrow Ag \leftarrow NH_3]^+}$$

在电离理论中酸碱中和反应为 $H^+ + OH^- \rightleftharpoons H_2O$，依照酸碱电子理论，$H^+$ 是电子对的接受体，是酸；OH^- 是电子对的给予体，是碱，反应在二者之间形成配位键［$OH^- \rightarrow H^+$］，H_2O 是酸碱配合物。

Lewis 酸碱理论所包括物质的范围极为广泛，凡是具有空轨道的物质均可作为 Lewis 酸，凡是可提供孤电子对的物质均可作为 Lewis 碱，酸碱反应的实质是 Lewis 碱的孤对电子进入 Lewis 酸的空轨道。大多数无机化合物都是酸碱配合物。Lewis 酸碱理论在有机化学中应用更为普遍，在那里常用亲电试剂和亲核试剂来代替 Lewis 酸碱的概念。

由此可见，Lewis 酸碱理论扩大和发展了酸碱理论，它摆脱了系统必须具有某种离子的制约，也不受溶剂的制约，更能体现物质的本质属性，但也许正因如此，该酸碱理论对酸碱的认识过于广泛，反而不易表达酸碱的特性。在 20 世纪 60 年代，美国化学家皮尔逊（R. G. Person）提出了“软硬酸碱”理论，它是对 Lewis 酸碱采用了另一种分类方法，但由于配合物成键情况较为复杂，人们对软硬酸碱的认识尚待发展。

以上理论都是酸碱理论发展史中的重要组成部分。从酸碱理论的发展过程也可以看出，人们对事物的认识是一个逐渐深化的过程，随着生产和科学技术的发展，人类对酸碱的认识将进一步走向深入。

思考与练习题

3-1　酸碱质子理论的基本要点是什么？酸碱反应的实质是什么？

3-2　指出 H_3PO_4 溶液中所有的酸与其共轭碱组分，并指出哪些组分既可作为酸又可作为碱。

3.1.2　水溶液中单相离子平衡

3.1.2.1　水的解离平衡

$$H_2O(l)+H_2O(l)\rightleftharpoons H_3O^+(aq)+OH^-(aq)$$

在一定温度下，该质子反应达到平衡时，H^+ 与 OH^- 浓度的乘积是一个常数，我们称之为水自身解离反应的平衡常数，即水的离子积常数，简称水的离子积，以 K_W 表示，即

$$K_W=[c(H^+)/c^{\ominus}][c(OH^-)/c^{\ominus}]$$

在 25℃时，$K_W=1.00\times10^{-14}$，K_W 是温度的函数，随着温度的升高，K_W 将明显增大，这是因为水的解离反应是比较强烈的吸热反应，根据平衡移动的原理，温度升高，平衡向右移动，使得 K_W 增大，在 100℃时，$K_W=10^{-12}$。

在纯水中 $c(H^+)$ 与 $c(OH^-)$ 总是相等，在 25℃时，$c(H^+)=c(OH^-)=\sqrt{K_W}=\sqrt{10^{-14}}=10^{-7}$ mol/L，呈中性，当加热至 100℃时，纯水仍呈中性，此时 $c(H^+)=c(OH^-)=\sqrt{K_W}=\sqrt{10^{-12}}=10^{-6}$ mol/L。

注：纯水加热至 100℃时，根据 pH = 6，推断纯水呈现弱酸性，这是错误的。

如果在纯水中加入某种电解质（如少量的 HCl 或 NaOH），形成稀溶液，H^+ 与 OH^- 的浓度发生了变化，达到新的平衡时，虽然 $c(H^+)\neq c(OH^-)$，但是 $[c(H^+)/c^{\ominus}][c(OH^-)/c^{\ominus}]=K_W$ 这一关系式仍然成立。

若 $c(H^+)$、$c(OH^-)$ 较小，常用 pH、pOH 表示水溶液的酸碱性，规定

$$pH=-\lg[c(H^+)/c^{\ominus}]，pOH=-\lg[c(OH^-)/c^{\ominus}]$$

在常温下，水溶液中，$[c(H^+)/c^{\ominus}][c(OH^-)/c^{\ominus}]=K_W=10^{-14}$，将等式两边分别取负对数

$$-\lg[c(H^+)/c^{\ominus}]-\lg[c(OH^-)/c^{\ominus}]=-\lg K_W$$

令 $pK_W=-\lg K_W$，则 $pH+pOH=pK_W=14$。

测定溶液 pH 值的方法很多，其中最简单、最方便的方法是使用 pH 试纸。市售的 pH 试纸有两类：广泛 pH 试纸和精密 pH 试纸。广泛 pH 试纸可用来粗略的检测溶液的 pH 值（溶液的酸度范围在 pH 1～14）；精密 pH 试纸可用来较精密的检测溶液的 pH 值（按测量酸度范围，分为多种）。若想更精确地测定溶液的 pH 值，则应选用酸度计（也称 pH 计）。酸度计从式样上可分为两类：普通式和便携式。一般酸度计测定溶液 pH 值可精确至小数点后 2～3 位。

注：在实验室用广泛 pH 试纸测定溶液的 pH 值，在和标准比色卡对照时发现，所测定溶液的 pH 值在 5～6 之间，则所测定溶液的 pH 值可认为是 5，也可以认为是 6，但不能估出小数点后一位。

3.1.2.2 弱酸和弱碱的解离平衡

强电解质在水溶液中几乎完全解离，弱电解质在水溶液中只能有一部分分子离解为正、负离子，而弱电解质的大部分以分子的形式存在，溶液中存在着解离平衡，其平衡常数被称为**解离平衡常数**，弱酸和弱碱的解离平衡常数分别以 K_a（acid，酸）和 K_b（base，碱）表示。

(1) 一元弱酸（碱）的解离平衡 醋酸（CH_3COOH，简写成 HAc）是典型的一元弱酸，下面就以 HAc 为例说明一元弱酸的解离平衡。HAc 在水溶液中存在着解离平衡：$HAc + H_2O \rightleftharpoons H_3O^+ + Ac^-$，当反应达到平衡时，已解离各离子浓度的乘积与未解离的分子浓度的比值是一常数，即 HAc 在水溶液中的解离平衡常数：

$$K_a = \frac{[c(H^+)/c^\ominus] \cdot [c(Ac^-)/c^\ominus]}{c(HAc)/c^\ominus}$$

式中，$c(HAc)$、$c(H^+)$、$c(Ac^-)$ 分别为 HAc、H^+、Ac^- 的平衡浓度，单位为 mol/L。同理，一元弱碱（如 $NH_3 \cdot H_2O$）在水溶液中也存在着解离平衡：

$$NH_3 \cdot H_2O \rightleftharpoons NH_4^+ + OH^-$$

$NH_3 \cdot H_2O$ 溶液的解离常数为：

$$K_b = \frac{[c(OH^-)/c^\ominus] \cdot [c(NH_4^+)/c^\ominus]}{c(NH_3 \cdot H_2O)/c^\ominus}$$

在附录 4 中列出了一些常见弱电解质（弱酸、弱碱）在水溶液中的解离常数。要指出不同化学手册所给出的弱电解质在水溶液中的解离常数的数据略有出入，这是允许的。弱酸（碱）的解离常数的大小说明了这些弱酸（碱）的解离程度。从附录中可以查到，在 25℃时，HAc 的解离常数 $K_a = 1.75 \times 10^{-5}$，HCN 的解离常数 $K_a = 6.17 \times 10^{-10}$。弱酸或弱碱的解离平衡常数也可用热力学数据计算求得。

在相同温度下，通过解离常数的大小可以定性的比较弱酸（碱）的酸（碱）性相对强弱，K_a（K_b）越大，其酸（碱）性越强。在 25℃时，$K_a(HAc) > K_a(HCN)$，所以 HAc 的酸性比 HCN 的酸性强，而 HAc 的共轭碱 Ac^- 的碱性比 HCN 的共轭碱 CN^- 的碱性要弱。此结论也可通过比较 Ac^- 的解离常数 K_b（Ac^-）与 CN^- 的解离常数 $K_b(CN^-)$ 的大小得出。我们从化学手册中很容易的便可查出分子弱酸（碱）的解离常数，但对应的共轭碱（酸）的解离常数却很难查找，但我们可以根据酸碱的共轭关系算出。下面我们来计算 Ac^- 的解离常数 $K_b(Ac^-)$，Ac^- 在水溶液中存在着解离平衡：

$$Ac^- + H_2O \rightleftharpoons OH^- + HAc,$$

$$K_b = \frac{[c(HAc)/c^\ominus] \cdot [c(OH^-)/c^\ominus]}{c(Ac^-)/c^\ominus} = \frac{[c(HAc)/c^\ominus] \cdot [c(OH^-)/c^\ominus][c(H^+)/c^\ominus]}{[c(Ac^-)/c^\ominus] \cdot [c(H^+)/c^\ominus]} = \frac{K_W}{K_a}$$

弱酸及其共轭碱或弱碱及其共轭酸在水溶液中的解离常数乘积应等于水的离子积，即 $K_a K_b = K_W$

$$K_b(Ac^-) = \frac{K_W}{K_a(HAc)} = \frac{1.0 \times 10^{-14}}{1.75 \times 10^{-5}} = 5.71 \times 10^{-10}$$

同理可得，K_b（CN^-）$= 1.62 \times 10^{-5}$。从解离常数可以推断出 CN^- 的碱性比 Ac^- 的碱性强。

$$K_a(NH_4^+) = \frac{K_W}{K_b(NH_3 \cdot H_2O)} = \frac{1.00 \times 10^{-14}}{1.74 \times 10^{-5}} = 5.75 \times 10^{-10}$$

例 3-1 利用热力学数据，计算 25℃时，分子酸 HAc 在水溶液中的解离平衡常数和 0.02mol/LHAc 溶液的 pH 值是多少？

解 先写出 HAc 在水溶液中和 H_2O 反应的关系式，并把查附录表所得的有关数据写在各对应的物质下面，后进行计算：

$$HAc + H_2O \rightleftharpoons H_3O^+ + Ac^-$$

$\Delta_f G_m^\ominus(298.15)/(kJ/mol)$ −396.82 −237.1 −237.2 −396.65

$$\Delta_r G_m^\ominus(298.15) = [(-369.65)+(-237.2)-(-396.82)-(-237.2)] = 27.07kJ/mol$$

将 $\Delta_r G_m^\ominus$（298.15）值代入式(2-22) 有

$$\lg K^\ominus(HAc) = \frac{-\Delta_r G_m^\ominus}{2.303RT} = \frac{-27.07\times10^3}{2.303\times8.314\times298.15} = -4.74;K^\ominus(HAc) = 1.82\times10^{-5}$$

$$HAc + H_2O \rightleftharpoons H_3O^+ + Ac^-$$

	HAc	H_3O^+	Ac^-
始浓度/(mol/L)	0.02	0	0
末浓度/(mol/L)	$0.02-x$	x	x

因为 HAc 在水溶液中的解离平衡常数比较小，所以 HAc 在水溶液中电离出的 $c(H^+)$ 就比较小，若 $c/K_a>500$ 时，HAc 的平衡浓度 c(HAc) 可用它的总浓度 c 代替，即 c(HAc) 可近似地认为是 0.02mol/L，根据平衡常数表达式

$$K_a = \frac{[c(H^+)/c^\ominus]\cdot[c(Ac^-)/c^\ominus]}{c(HAc)/c^\ominus} = \frac{x\times x}{0.02-x} \approx \frac{x^2}{0.02} = 1.82\times10^{-5}$$

则 $c(H^+) = x = \sqrt{K_a c} = 6.0\times10^{-4}$ mol/L，即 pH=3.22。

例 3-2 已知：$K_a(HAc) = 1.75\times10^{-5}$，计算 25℃时，0.02mol/LNaAc 溶液的 pH 等于多少？

解 根据解离常数的表达式：

$$K_b = \frac{[c(OH^-)/c^\ominus]\cdot[c(HAc)/c^\ominus]}{c(Ac^-)/c^\ominus} = \frac{x^2}{0.02-x} \approx \frac{x^2}{0.02}$$

因为 $c/K_b>500$，那么 $c(Ac^-) \approx c = 0.02$mol/L，

则 $x = \sqrt{K_b c} = \sqrt{\frac{K_W c}{K_a}} = \sqrt{\frac{0.02\times10^{-14}}{1.75\times10^{-5}}} = 3.38\times10^{-6}$ mol/L，

即 $[OH^-] = 3.38\times10^{-6}$ mol/L，pOH=5.47，pH=14−5.47=8.53。

思考与练习题

3-3 在下列阴离子的水溶液中，若溶液的浓度相同，那种溶液的碱性最强？

阴离子	F^-	Ac^-	CN^-	Cl^-
共轭酸的解离常数 K_a	3.5×10^{-4}	1.75×10^{-5}	6.2×10^{-10}	≫1

(2) 多元弱酸（碱）的解离 如果一个分子解离能够给出两个或两个以上的质子（H^+）的物质，即为多元弱酸。在自然界中，多元弱酸、弱碱的存在极为普遍，其中有二元弱酸 H_2CO_3 等。

一元弱酸（碱）的解离是一步完成的，多元弱酸（碱）的解离是分步进行的。现以 H_3PO_4 为例，说明多元弱酸的分步解离，H_3PO_4 在水溶液中的第一步解离为一级解离：

$$H_3PO_4 \rightleftharpoons H^+ + H_2PO_4^-$$

$$K_{a_1} = 7.1 \times 10^{-3}$$

二级解离为：

$$H_2PO_4^- \rightleftharpoons H^+ + HPO_4^{2-}$$

$$K_{a_2} = 6.3 \times 10^{-8}$$

三级解离为：

$$HPO_4^{2-} \rightleftharpoons H^+ + PO_4^{3-}$$

$$K_{a_3} = 4.17 \times 10^{-13}$$

从 H_3PO_4 在水溶液中的解离常数 K 的相对大小可以看出，H_3PO_4 在水溶液中的给出质子的能力逐级变难，这说明多元弱酸（碱）的解离主要以一级解离为主。

最简单的酸根 PO_4^{3-} 得到质子为第一步解离，即一级解离：

$$PO_4^{3-} + H_2O \rightleftharpoons OH^- + HPO_4^{2-}$$

$$K_{b_1} = \frac{[c(HPO_4^{2-})/c^\ominus]\cdot[c(OH^-)/c^\ominus]}{c(PO_4^{3-})/c^\ominus}$$

$$= \frac{[c(HPO_4^{2-})/c^\ominus]\cdot[c(OH^-)/c^\ominus]\cdot[c(H_3O^+)/c^\ominus]}{[c(PO_4^{3-})/c^\ominus]\cdot[c(H_3O^+)/c^\ominus]} = \frac{K_W}{K_{a_3}}$$

$$K_{b_1} = K_W/K_{a_3} = 10^{-14}/(4.17 \times 10^{-13}) = 2.4 \times 10^{-2}$$

同理，二级解离为：$HPO_4^{2-} + H_2O \rightleftharpoons OH^- + H_2PO_4^-$

$$K_{b_2} = \frac{K_W}{K_{a_2}} = 1.6 \times 10^{-6}$$

三级解离为：

$$H_2PO_4^- + H_2O \rightleftharpoons OH^- + H_3PO_4$$

$$K_{b_3} = \frac{K_w}{K_{a_1}} = 1.4 \times 10^{-12}$$

3.1.2.3 缓冲溶液

在 HAc 的水溶液中，存在着 HAc 离解平衡：$HAc + H_2O \rightleftharpoons H_3O^+ + Ac^-$，与所有的平衡一样，当溶液的温度、浓度等条件发生改变时，此解离平衡也将发生移动。在弱电解质（弱酸或弱碱）中加入具有与弱电解质具有相同离子的强电解质（如弱酸的共轭碱或弱碱的共轭酸）时，弱电解质的解离平衡会遭到破坏，引起平衡移动，可使弱电解质的电离度降低，我们称之为同离子效应。如向 HAc 的水溶液中加入 NaAc，则因 Ac^- 的浓度的增加使得上述平衡向左移动，这样会抑制 HAc 的解离，使得 HAc 的电离度降低。同样，向 NH_3 的水溶液中加入 NH_4Cl，由于同离子效应，可使 NH_3 的电离度降低。

由像上述溶液那样的弱酸及其共轭碱（如 HAc 和 NaAc）或弱碱及其共轭酸（如 NH_3 和 NH_4Cl）所组成溶液，这种溶液被称之为缓冲溶液。即缓冲溶液的 pH 值在一定的范围内不因稀释或外加少量的酸或少量的碱而发生显著的变化，也就是，这种溶液有能减缓因对外加少量的酸或少量的碱以及稀释所造成的 pH 值急剧变化的作用，即具有一定的缓冲性能。我们遇到的许多化学反应都要在一定的 pH 值范围内才得以顺利地进行，这就要求控制溶液的 pH 值，使之保持相对的稳定。

缓冲现象在自然界和人类社会中普遍存在，人体的体液就是精确的缓冲溶液，pH 值必须在一定的范围内，人体的机能活动才能保持正常，人的血液的 pH 值为 7.4，若超过 7.0～7.8 这一范围，人就无法生存。

缓冲溶液为什么会有缓冲作用呢？以 HAc 和 NaAc 组成的缓冲溶液为例，说明缓冲溶液的缓冲作用机理。

在含有 HAc 和 NaAc 的水溶液中，弱电解质（HAc）的解离平衡和强电解质（NaAc）的解离反应如下：

$$HAc + H_2O \rightleftharpoons H_3O^+ + \boxed{Ac^-}$$

$$\longleftarrow$$

$$NaAc \longrightarrow Na^+ + \boxed{Ac^-}$$

NaAc 的加入使 HAc 平衡向左移动，发生了同离子效应，抑制了 HAc 的解离，使溶液中 HAc 和 Ac^- 的浓度都比较大，而 H^+ 浓度则很小。

当在该溶液中加入少量强酸时，H^+ 和 Ac^- 结合形成 HAc，迫使 HAc 的解离平衡向左移动。因此，溶液中的 H^+ 浓度不会显著增大，溶液的 pH 值基本不变。

$$\begin{aligned} NaAc &\longrightarrow Na^+ + Ac^- \\ HAc + H_2O &\rightleftharpoons H_3O^+ + Ac^- \end{aligned}\Bigg\} + H_3O^+ \rightleftharpoons HAc$$

当在该溶液中加入少量强碱时，H^+ 与 OH^- 结合成 H_2O，使 H^+ 浓度降低，HAc 平衡向右移动，不断地释放出 H^+ 和 Ac^-，使 H^+ 浓度不会显著减小，溶液的 pH 值也基本不变。

$$NaAc \longrightarrow Na^+ + Ac^-$$

$$HAc + H_2O \rightleftharpoons H_3O^+ + Ac^-$$

$$H_3O^+ + OH^- \rightleftharpoons 2H_2O$$

当缓冲溶液稍加稀释时，各物质的浓度随之降低，由于 HAc 的解离度随浓度的变小而略有增加，从而保持溶液的 pH 值基本不变。

(1) 缓冲溶液 pH 值的计算　以 HA-NaA（弱酸—弱酸盐）为例推导缓冲溶液 pH 的计算公式，并定量地说明缓冲溶液 pH 值具有保持相对稳定性的特点。

例 3-3　推导缓冲溶液 c_a（mol/L）HA～c_b（mol/L）NaA 的 pH 值计算公式。

解

	$HA + H_2O \rightleftharpoons$	$H_3O^+ +$	A^-
始浓度/(mol/L)	c_a	0	c_b
末浓度/(mol/L)	$c_a - x$	x	$c_b + x$

HA 在水溶液中的 K_a 比较小，本身电离出的 H^+ 浓度较低，在 NaA 的加入后，由于同离子效应的存在，会抑制 HA 的解离，从而使 HA 电离出的 $[H^+]$ 更低，反应达到平衡时，$c(HA)$、$c(A^-)$ 平衡浓度可以用它们的初始浓度代替。

$$c(HA) = c_a - x \approx c_a \text{mol/L}，即\ c(HA) \approx c_a$$

$$c(A^-) = c_b + x \approx c_b \text{mol/L}，即\ c(A^-) \approx c_b，$$

无论溶液中有关组分的浓度如何改变，只要温度保持不变，HA 的解离平衡常数就不会改变。将上述数据代入 HA 解离平衡常数中，

$$K_a = \frac{[c(H^+)/c^\ominus] \cdot [c(A^-)/c^\ominus]}{c(HA)/c^\ominus} \approx \frac{c_b x}{c_a}$$

$$pH = pK_a + \lg\frac{c_b}{c_a} \tag{3-1}$$

例 3-4 在100mL0.2mol/L HAc溶液中加入等体积的0.2mol/L NaAc溶液，计算该溶液的pH值。若往上述溶液中加入1.0mL 0.1mol/L HCl溶液，计算此时溶液的pH值（已知HAc的$K_a = 1.75\times10^{-5}$，即$pK_a = 4.76$）

解 HAc溶液与NaAc溶液组成缓冲溶液

因等体积混合，所以$c(HAc) = c(Ac^-) = 0.2/2 = 0.1mol/L$，直接代入到缓冲溶液pH值计算公式中，求得

$$pH = pK_a + \lg\frac{c_b}{c_a} = 4.76 + \lg1 = 4.76$$

在HAc与NaAc组成缓冲溶液中加入少量的HCl，即加入

$$c(HCl) = \frac{1.0\times0.1}{200+1.0} = \frac{0.1}{201}mol/L$$

而此时

$$c(HAc) = \frac{100\times0.2}{200+1.0} = \frac{20}{201}mol/L$$

$$c(Ac^-) = \frac{100\times0.2}{200+1.0} = \frac{20}{201}mol/L$$

由于加入的HCl是少量的，几乎完全与Ac^-结合，生成了弱酸HAc，此时HAc与NaAc仍是缓冲溶液，只是HAc的浓度略有增加，NaAc的浓度略有减少，浓度分别为，

$$c'(Ac^-) = \frac{20-0.1}{201} = \frac{19.9}{201}mol/L$$

$$c'(HAc) = \frac{20+0.1}{201} = \frac{20.1}{201}mol/L$$

再求此时缓冲溶液的pH值。

将数据直接代入到缓冲溶液pH值计算公式中，求得

$$pH = pK_a + \lg\frac{c_b}{c_a} = 4.76 + \lg\frac{\frac{19.9}{201}}{\frac{20.1}{201}} = 4.75$$

缓冲溶液的缓冲能力是有限的，当加入大量的酸或大量的碱时，溶液中的弱酸及其共轭碱或弱碱及其共轭酸中的一种消耗尽了，缓冲能力就消失了。缓冲溶液的缓冲能力与缓冲溶液组分的浓度以及缓冲溶液组分浓度的比值有关，当缓冲溶液的组分比值接近1∶1，即c_a/c_b越接近于1时，缓冲性能最强，且缓冲溶液组分的浓度越大，即c_a、c_b越大时，其抵抗外加酸碱的能力越强，即缓冲溶液的缓冲性能越大。

例 3-5 计算30mL2.0mol/L NH_3溶液与10mL2.0mol/L的HCl溶液混合后溶液的pH值。（已知NH_3的$pK_b = 4.76$）

解 由题可看出，NH_3溶液是大量的，NH_3溶液与HCl溶液混合生成NH_4Cl，仍有NH_3溶液剩余，此时NH_3～NH_4Cl组成缓冲溶液，计算该溶液pH值。

已知NH_3的$pK_b = 4.76$，则NH_4^+的$pK_a = 14 - 4.76 = 9.24$

混合瞬间　$c(HCl)=\frac{10\times2.0}{30+10}=\frac{20}{40}=0.5mol/L$

$$c(NH_3)=\frac{30\times2.0}{30+10}=\frac{60}{40}=1.5mol/L$$

$$NH_3+H^+ \rightleftharpoons NH_4^+$$

瞬间浓度/(mol/L)　　1.5　0.5　0

起始浓度/(mol/L)　　1.5−0.5　　0.5

将数据直接代入到缓冲溶液 pH 值计算公式中，求得

$$pH=pK_a+\lg\frac{c_b}{c_a}=9.24+\lg\frac{1.0}{0.5}=9.54$$

(2) 缓冲溶液的种类、选择与配制　缓冲溶液可分为两类：标准缓冲溶液和常用缓冲溶液。标准缓冲溶液的 pH 值是经过准确的实验测定的。目前国际上规定作为测定溶液 pH 时的标准缓冲溶液及其 pH 标准值列于表 3-1 中。

表 3-1　标准缓冲溶液及其 pH 值

标准溶液	pH 标准值(25℃)
0.05mol/L 邻苯二甲酸氢钾	4.01
0.025mol/L KH_2PO_4～0.025mol/L Na_2HPO_4	6.86
0.01mol/L 硼砂	9.18

在实际工作中为控制溶液酸度，我们可视具体需要选择常用缓冲溶液。首先，所选择的缓冲溶液对控制溶液不产生干扰反应，其次要使所控制的溶液的 pH 值在缓冲溶液的有效 pH 范围内，且缓冲剂的 pK_a 应尽可能与所需控制溶液的 pH 值保持一致，也就是 $pK_a\approx pH$。

例 3-6　要控制溶液酸度在 pH=5 左右，应选用下列何种缓冲溶液？

(1) HAc～NaAc　　$pK_a=4.75$

(2) NaH_2PO_4～Na_2HPO_4　　$pK_{a_2}=7.20$

(3) NH_3～NH_4Cl　　$pK_b=4.75$

(4) $NaHCO_3$～Na_2CO_3　　$pK_{a_2}=10.25$

解　HAc～NaAc，$pK_a=4.75$，比较接近于 pH=5，其他缓冲溶液不符合要求。对于 NH_3～NH_4Cl 来说，虽然 NH_3 的 $pK_b=4.75$，接近于 5，但此缓冲溶液的 $pK_a=9.25$，与要求相差甚远，所以正确答案是 (1) $pK_a=4.75$。

思考与练习题

3-4　下列情况下，溶液的 pH 值是否有变化？若有变化，则 pH 值是增大还是减小？

(1) 醋酸溶液中加入醋酸钾；(2) 氨水溶液中加入硝酸铵；(3) 盐酸溶液中加入氯化钾。

3-5　实验测得相同浓度的 KX、KY 和 KZ 水溶液的 pH 值分别是 7.0、9.0 和 11.0。试说明 HX、HY 和 HZ 酸强度的相对大小。

3.2 难溶强电解质的多相离子平衡

电解质按电离度的大小可分为强电解质和弱电解质，按溶解度的大小可分为易溶电解质和难溶电解质。生成难溶电解质的反应即沉淀反应及其平衡是在化工生产和化学实验室中常常遇到的。

本节将要讨论的就是难溶强电解质与其溶液间的平衡，这种固相和液相间的平衡我们称之为多相平衡。

3.2.1 溶度积

3.2.1.1 溶度积的概念

在一定温度下，将 AgCl 固体放入水中，在极性水分子的作用下，一部分 Ag^+ 和 Cl^- 脱离 AgCl 表面成为水合离子进入溶液，这个过程我们称之为沉淀的溶解过程。另一方面，水溶液中的水合 Ag^+ 和 Cl^- 离子在不断地运动着，由于相互碰撞结合成 AgCl 回到固体表面，这个过程我们称之为沉淀的生成过程。

当溶解和沉淀这两个相反过程达到平衡时，溶液中的离子浓度不在改变，即达到了**沉淀-溶解平衡**，这是一种多相离子平衡。可表示为：

$$AgCl(s) \rightleftharpoons Ag^+(aq) + Cl^-(aq)$$

$Ag^+(aq)$、$Cl^-(aq)$ 分别表示水合 Ag^+ 和 Cl^- 离子，s、aq 等表示物质聚集状态的符号常常可省略。该沉淀-溶解的平衡常数表达式为：

$$K_{sp} = [c(Ag^+)/c^{\ominus}] \cdot [c(Cl^-)/c^{\ominus}]$$

式中，$c(Ag^+)$、$c(Cl^-)$ 分别表示 Ag^+ 离子和 Cl^- 离子平衡时的浓度，即平衡浓度；$c^{\ominus}$ 是标准浓度，为 1mol/L，认为 AgCl(s) 的浓度为 1，不用在平衡常数中表示出；K_{sp} 是难溶电解质的沉淀-溶解平衡的平衡常数，它反映了难溶电解质的溶解能力，这个常数我们称之为**溶度积常数**，简称**溶度积**（solubility product）。

对于难溶强电解质 A_mB_n 在一定温度下的水溶液中存在着沉淀-溶解平衡：

$$A_mB_n(s) \rightleftharpoons mA^{n+}(aq) + nB^{m-}(aq)$$

其溶度积表达式为：

$$K_{sp} = [c(A^{n+})/c^{\ominus}]^m \cdot [c(B^{m-})/c^{\ominus}]^n \tag{3-2}$$

溶度积 K_{sp} 与其他平衡常数一样，是温度的函数，其数值的大小取决于难溶电解质的本身的性质，还与温度有关，在一定温度下，无论溶液中的有关离子浓度如何变化，当反应达到平衡时，有关离子浓度幂的乘积总是一个定值，即等于 K_{sp}。

一些常见的难溶电解质的溶度积 K_{sp} 列于附录 5 中。

溶度积一方面表示难溶电解质在溶液中的溶解趋势，另一方面它也表示难溶电解质在溶液中生成沉淀的难易。对于同类型的难溶电解质，可以直接通过溶度积大小比较它们的溶解能力。溶度积越大，溶解能力越大。反之，亦然。从附录中可查出 AgCl 的溶度积 $K_{sp}(AgCl) = 1.77 \times 10^{-10}$，AgI 溶度积 $K_{sp}(AgI) = 8.51 \times 10^{-17}$。从数据可知，AgI 比 AgCl 更难溶。

3.2.1.2 溶度积与溶解度

溶度积（K_{sp}）与溶解度（以 S 表示）虽然在概念上有所不同，但它们都可表示难溶电解质在水溶液中的溶解情况，都是反映溶解能力的特征常数。可以根据溶度积表达式进行溶度积与溶解度之间的相互换算。在换算时要特别注意，溶解度应以浓度的单位为单位，即单位为摩尔每升（mol/L）。

例 3-7 已知25℃时 AgCl 在水中的溶解度 $S=1.92\times10^{-3}$g/L，求其溶度积。

解 先换算单位，将溶解度单位换算成浓度单位（mol/L）。

从附录中查出 AgCl 的摩尔质量 $M=143.4$g/mol，则 AgCl 在水中的溶解度为：

$$S'=S/M=1.92\times10^{-3}/143.4=1.34\times10^{-5}\,\text{mol/L}$$

根据溶度积表达式：

$$K_{sp}=[c(Ag^+)/c^{\ominus}]\cdot[c(Cl^-)/c^{\ominus}]=S'S'=(1.34\times10^{-5})^2=1.79\times10^{-10}$$

例 3-8 已知25℃时 AgCl 的溶度积 $K_{sp}(AgCl)=1.77\times10^{-10}$，$Ag_2CrO_4$ 的溶度积 $K_{sp}(Ag_2CrO_4)=1.12\times10^{-12}$，求这两种物质在纯水中的溶解度。

解 设 AgCl 与 Ag_2CrO_4 在纯水中的溶解度分别为 S_1、S_2（mol/L），则由

$$AgCl(s) \rightleftharpoons Ag^+ + Cl^-$$

可知：$c(Ag^+)=c(Cl^-)=S_1$ mol/L，根据溶度积表达式：

$$K_{sp}=[c(Ag^+)/c^{\ominus}][c(Cl^-)/c^{\ominus}]=S_1\cdot S_1$$

则 AgCl 在纯水中的溶解度

$$S_1=\sqrt{K_{sp}}=1.33\times10^{-5}\,\text{mol/L}$$

同理，根据 Ag_2CrO_4 在纯水中的溶解方程式：

$$Ag_2CrO_4 \rightleftharpoons 2Ag^+ + CrO_4^{2-}$$

可知，每1mol Ag_2CrO_4 溶解生成2mol Ag^+ 和1mol CrO_4^{2-}，则

$$c(Ag^+)=2S_2\,\text{mol/L},\ c(CrO_4^{2-})=S_2\,\text{mol/L}$$

根据溶度积表达式：

$$K_{sp}=[c(Ag^+)/c^{\ominus}]^2[c(CrO_4^{2-})/c^{\ominus}]=(2S_2)^2S_2=4(S_2)^3$$

则 Ag_2CrO_4 在纯水中溶解度

$$S_2=\sqrt[3]{\frac{K_{sp}}{4}}=\sqrt[3]{\frac{1.12\times10^{-12}}{4}}=6.54\times10^{-5}(\text{mol/L})$$

从例子的计算结果来看，AgCl 的溶度积 K_{sp} 比 Ag_2CrO_4 的溶度积 K_{sp} 大，但 Ag_2CrO_4 溶解度却比 AgCl 的溶解度大，这说明对于不同类型的难溶电解质，欲比较它们在纯水中的溶解能力，应将溶度积换算成溶解度后再进行。

在上面我们分析的是难溶电解质在纯水中的溶解情况，下面我们讨论溶液中有其他离子存在时，难溶电解质的溶解情况。

例 3-9 已知25℃时，AgCl 的溶度积 $K_{sp}(AgCl)=1.77\times10^{-10}$，求其在1.0mol/L $CaCl_2$ 中的溶解度。

解 设 AgCl 在1.0mol/L $CaCl_2$ 中的溶解度为 S mol/L

由于 $CaCl_2$ 为强电解质，在水中几乎完全解离，每1mol $CaCl_2$ 解离生成2mol Cl^- 离子，所以1.0mol/L $CaCl_2$ 能解离出的 Cl^- 离子浓度为 $1.0\times2=2.0$mol/L

$$AgCl(s) \rightleftharpoons Ag^{+} + Cl^{-}$$

始浓度/(mol/L)　　　　　　2.0

末浓度/(mol/L)　　　S　　$2.0+S$

我们在前面已经计算过 AgCl 在纯水中的溶解度，知道它本来就比较小，又由于溶液中有 Cl^{-} 的存在，抑制了 AgCl 的溶解，使得溶液中的 $S \ll 2.0$，即 $2.0+S \approx 2.0$
将上述数据代入 AgCl 溶度积中，

$$K_{sp}=[c(Ag^{+})/c^{\ominus}][c(Cl^{-})/c^{\ominus}]=S(2.0+S) \approx 2.0S$$

则 AgCl 在 1.0mol/L $CaCl_2$ 中的溶解度 $S=K_{sp}/2.0=1.77\times10^{-10}/2.0=8.85\times10^{-11}$(mol/L)

通过上述例子可以看出，AgCl 在 1.0mol/L $CaCl_2$ 中的溶解度 8.85×10^{-11} mol/L 比在纯水中的溶解度 1.33×10^{-5} 降低了近万倍。

这种在难溶电解质溶液中，若含有与难溶电解质具有相同离子的易溶强电解质，会出现难溶电解质的溶解度降低的现象，我们称之为**同离子效应**。

为了使沉淀更加完全，我们依据同离子效应，通常采用加入一定过量的沉淀剂的方法。为了使沉淀更加纯净，就必须对沉淀进行洗涤，为了减少洗涤的过程中沉淀的损失，我们仍然依据同离子效应，采用与沉淀具有相同离子的稀溶液进行洗涤。如洗涤 $BaSO_4$ 沉淀时，可以采用稀 H_2SO_4 或 $(NH_4)_2SO_4$ 溶液，这比用纯水洗涤沉淀要损失少。

应该指出：

① 所谓沉淀完全，也不能达到溶液中某种离子浓度为零的理想化程度。在实际工作中，只要某种离子浓度不超过某一标准，即认为该离子沉淀完全。在分析化学中，当离子浓度小于 1×10^{-5} mol/L，就可以认为该离子被沉淀完全。

② 沉淀剂并不是过量越多，沉淀越完全。我们在利用同离子效应以降低沉淀溶解度时，还应考虑盐效应的存在。所谓的盐效应是指因加入易溶的强电解质而使难溶电解质的溶解度比在同温度下的纯水中的溶解度增大的现象。如在 AgCl(s)，$PbSO_4$(s) 的溶液中加入 KNO_3、$NaNO_3$ 等强电解质后，AgCl(s)，$PbSO_4$(s) 的溶解度会增大，且随着强电解质浓度的增大而增大。但一般情况下，盐效应影响不大，可忽略不计。

思考与练习题

3-6　解释下列现象的主要原因：

(1) AgCl(s) 在 1.0mol/L HCl 中的溶解度比在纯水中的溶解度小。

(2) AgCl(s) 在纯水中的溶解度为 1.34×10^{-5} mol/L，但在 0.01mol/L KNO_3 溶液中，其溶解度会增至 1.48×10^{-5} mol/L。

(3) 为了使沉淀定量完全，需要加入一定过量的沉淀剂，沉淀剂的过量不能太多。

3-7　比较 AgCl 在纯水、0.1mol/L NaCl、1.0mol/L NaCl、1.0mol/L $CaCl_2$、1.0mol/L $NH_3\cdot H_2O$ 中的溶解度。

3.2.2　溶度积规则

难溶电解质的沉淀-溶解平衡与其他平衡一样，也是一种动态平衡。如果改变平衡条件，可以使沉淀向着溶解的方向移动，即沉淀溶解；也可以使溶解向着沉淀的方向移动，即沉淀析出。

对于难溶电解质 A_mB_n 的有关离子幂浓度的乘积（以 Q 表示）为：

$$Q=c(A^{n+})^m c(B^{m-})^n$$

在上式中 $c(A^{n+})$、$c(B^{m-})$ 分别是在没有达到平衡时离子 A^{n+}、B^{m-} 的浓度。

在沉淀反应中，根据溶度积概念和平衡移动原理，当溶液中构成难溶电解质的有关离子浓度幂的乘积与该温度下的难溶电解质的溶度积比较，可以推断：

当 $Q>K_{sp}$ 时，沉淀从溶液中析出；

当 $Q=K_{sp}$ 时，系统处于沉淀-溶解平衡，沉淀即不增加，也不减少；

当 $Q<K_{sp}$ 时，无沉淀析出，若系统中仍有难溶电解质沉淀存在，则沉淀将溶解。

此原则为**溶度积规则**，它是判断沉淀生成或溶解的依据。从溶度积规则可以看出，沉淀的生成与溶解之间的转化关键在于构成难溶电解质的有关离子浓度，我们可以通过控制这些有关离子浓度，设法使反应向我们希望的方向进行。

3.2.2.1　沉淀的生成

根据溶度积规则，在难溶电解质的溶液中，如果 $Q>K_{sp}$，则有沉淀生成。

例 3-10　150mL 0.02mol/L $MgCl_2$ 溶液加入 50mL 的 0.1mol/L NaOH 溶液，有何现象？

解　溶液混合瞬间有关离子的浓度分别为：

$$c(Mg^{2+})=\frac{n_1}{V}=\frac{0.02\times150}{150+50}=0.015\text{mol/L}$$

$$c(OH^-)=\frac{n_2}{V}=\frac{0.1\times50}{150+50}=0.025\text{mol/L}$$

则溶液中有关离子乘积为：

$$Q=c(Mg^{2+})c^2(OH^-)=0.015\times(0.025)^2=9.4\times10^{-6}\ (\text{mol/L})$$

从附录中查出 $Mg(OH)_2$ 的溶度积，$K_{sp}(Mg(OH)_2)=5.61\times10^{-12}$。

根据溶度积规则：由于 $Q>K_{sp}$，所以将会有 $Mg(OH)_2$ 沉淀从溶液中析出。

环境保护中常用可溶性氢氧化物或其他沉淀剂来去除工业废水中的 Cr^{3+}、Zn^{2+}、Pb^{2+}、Cd^{2+} 等有害物质。

例 3-11　某厂排放的废水中含有 96mg/L 的 Zn^{2+}，用化学沉淀法应控制 pH 值为多少时才能达到排放标准（5mg/L）?

解　用化学沉淀法使 Zn^{2+} 生成 $Zn(OH)_2$，从而使溶液中 Zn^{2+} 浓度减小，符合排放标准。

Zn^{2+} 排放标准 5mg/L 换算成物质的量浓度为 7.7×10^{-5}mol/L，此时再利用溶度积规则估算应控制的 OH^- 浓度及 pH 值：

$$[c(OH^-)/c^{\ominus}]^2[c(Zn^{2+})/c^{\ominus}]\geqslant K_{sp}(Zn(OH)_2)$$

$$c(OH^-)\geqslant\sqrt{\frac{K_{sp}(Zn(OH)_2)}{c(Zn^{2+})}}=\sqrt{\frac{7.71\times10^{-17}}{7.7\times10^{-5}}}=10^{-6}(\text{mol/L})$$

$$\text{pOH}\leqslant6.00$$

$$\text{pH}\geqslant8.00$$

答：应控制溶液的 pH 值不小于 8.00 时，才能达到排放标准，允许排放。

3.2.2.2 沉淀的溶解

若想不使沉淀产生，必须满足溶度积规则 $Q<K_{sp}$，因为温度不变，K_{sp} 是一常数，只有设法减小 Q，即降低有关离子浓度。

降低难溶电解质的有关浓度的方法：

（1）生成弱电解质 许多难溶物能在酸（或胺盐）溶液中溶解，生成水。如 $Fe(OH)_3$、$Mg(OH)_2$、$Cu(OH)_2$ 等金属氢氧化物。这是由于酸中的 H^+（或 NH_4^+）与 OH^- 结合生成 H_2O，降低了 OH^- 浓度，使得金属（以 M 表示）离子的浓度与 OH^- 浓度幂的乘积小于溶度积，即 $Q<K_{sp}$，沉淀溶解。溶解反应为：

$$\begin{array}{ccc} M(OH)_n \rightleftharpoons M^{n+} + & nOH^- \\ & + \\ & nH^+ \\ & \Updownarrow \\ & nH_2O \end{array} \qquad \begin{array}{ccc} M(OH)_n \rightleftharpoons M^{n+} + & nOH^- \\ & + \\ & nNH_4^+ \\ & \Updownarrow \\ & nNH_3 + nH_2O \end{array}$$

许多难溶物能在酸溶液中溶解，生成弱酸。如 CaF_2、$CaCO_3$、CaC_2O_4 等弱酸盐。以 $CaCO_3$ 为例，溶解反应为：

$$\begin{array}{cc} CaCO_3 \rightleftharpoons Ca^{2+} + & CO_3^{2-} \\ & + \\ & 2H^+ \\ & \Updownarrow \\ & H_2CO_3 \end{array}$$

（2）生成配离子 许多难溶物可能不溶于酸等溶液，但可以使之生成配离子而溶解。如 AgCl 能溶于氨水，AgBr 能溶于 $Na_2S_2O_3$ 溶液中等。由于 Ag^+ 与 NH_3（$S_2O_3^{2-}$）形成稳定的配离子 $[Ag(NH_3)_2]^+$（$[Ag(S_2O_3)_2]^{3-}$），降低了 Ag^+ 浓度，从而使 AgCl（AgBr）溶解。

思考与练习题

3-8 判断有无沉淀生成

（1）20mL 0.01mol/L $MgCl_2$ 溶液与等体积的 0.1mol/L $NH_3 \cdot H_2O$ 混合；

（2）20mL 0.01mol/L $MgCl_2$ 溶液与 30mL 0.2mol/L $NH_3 \cdot H_2O$～0.2mol/L NH_4Cl 混合。

3.2.2.3 分步沉淀

前面讨论的是溶液中加入沉淀剂只能使一种离子产生沉淀的情况，但实际上，溶液中往往同时含有多种离子，当加入某试剂时，多种离子有可能同时发生沉淀，也可能按照某一顺序依次沉淀。我们可视具体情况，依据溶度积规则而确定。

如在含有相同浓度为 0.1mol/L 的 I^- 离子和 Cl^- 的溶液中，逐滴加入 $AgNO_3$ 溶液，首先观察到黄色沉淀生成，随着 $AgNO_3$ 溶液的不断加入，才看到白色沉淀产生。这种在一定条件下，使溶液中的多种离子按顺序先后沉积下来的现象，我们称之为分步沉淀。

可以根据溶度积规则，通过计算说明上述分步沉淀的现象。假定忽略所加试剂引起溶液体积的变化。则生成 AgI 和 AgCl 沉淀所需 Ag^+ 离子的最低浓度分别为：

假定忽略所加试剂引起溶液体积的变化。当生成 AgCl 沉淀所需 Ag^+ 的浓度为：

$$c(Ag^+)_2=\frac{K_{sp}(AgCl)}{c(Cl^-)}=\frac{1.77\times10^{-10}}{c(Cl^-)}$$

此时溶液中的 Ag^+ 的浓度应同时满足 $c(Ag^+)_2c(I^-)=K_{sp}(AgI)$，则溶液中的 I^- 浓度为：

$$c(I^-)=\frac{K_{sp}(AgI)}{c(Ag^+)_2}=\frac{K_{sp}(AgI)}{\dfrac{K_{sp}(AgCl)}{c(Cl^-)}}=\frac{8.51\times10^{-17}}{\dfrac{1.77\times10^{-10}}{c(Cl^-)}}(mol/L)$$

溶液中的 I^- 浓度与溶液中的 Cl^- 浓度的比值为：

$$\frac{c(I^-)}{c(Cl^-)}=\frac{K_{sp}(AgI)}{K_{sp}(AgCl)}=\frac{8.51\times10^{-17}}{1.77\times10^{-10}}=4.81\times10^{-7}$$

因溶液中的 $c(Cl^-)=0.1mol/L$，则溶液中的 $c(I^-)=4.81\times10^{-8}mol/L$，从计算结果可以判断出，当溶液中的第二种离子 Cl^- 开始生成 AgCl 沉淀时，溶液中的第一种离子 I^- 的浓度已近似为 $10^{-8}mol/L$，此时浓度已小于 $10^{-5}mol/L$，即 I^- 早已被沉淀完全。

分步沉淀的顺序不仅取决于难溶电解质的溶度积，还与溶液中被沉淀的离子浓度有关。如果对溶液中难溶电解质的有关离子浓度加以调整，当加入沉淀剂后，沉淀会按我们所需的顺序进行。

思考与练习题

3-9　若溶液中含有 0.01mol/L 的 Cl^- 和相同浓度的 CrO_4^{2-}，逐滴加入 $AgNO_3$ 溶液，假定忽略由于 $AgNO_3$ 的加入所引起溶液体积的变化。问：哪种离子先产生沉淀？当溶液中的第二种离子开始沉淀时，溶液中的第一种离子浓度为多少？能否用此方法将两种离子分离？

3.2.2.4　沉淀的转化

借助于某一试剂，将一种难溶物向另一种难溶物转变的过程，称之为沉淀的转化。由溶解度较大的难溶物转变成溶解度较小的难溶物，相对比较容易，而且溶度积相差越大，这种转化越完全。如将 KI 溶液加入到白色的 AgCl 沉淀中，振荡后，白色沉淀会部分甚至全部转化成黄色沉淀。转化过程为：

$$\begin{array}{ccc} AgCl(s) \rightleftharpoons & Ag^+ & +Cl^- \\ & + & \\ & I^- & \\ & \Updownarrow & \\ & AgI(s) & \end{array}$$

即这一反应为：

$$AgCl(s)+I^- \rightleftharpoons AgI(s)+Cl^-$$

则这一反应的平衡常数为：

$$K=\frac{c(Cl^-)}{c(I^-)}=\frac{c(Cl^-)c(Ag^+)}{c(I^-)c(Ag^+)}=\frac{K_{sp}(AgCl)}{K_{sp}(AgI)}$$

若想使反应出现逆转，即由溶解度较小的难溶物转变成溶解度较大的难溶物，必须控制溶液中的有关离子浓度，只是这种转化相对困难。

3.3 配位化合物的离子平衡

配位化合物简称配合物，是一类组成较为复杂的化合物。早在18世纪初，普鲁士人发现的第一个配合物亚铁氰化钾（俗称黄血盐，分子式为 $K_4[Fe(CN)_6]$），到了18世纪末，Tassaert 合成了第一个配合物氯化六氨合钴（Ⅲ）（分子式为 $[Co(NH_3)_6]Cl_3$），直至今日人类已合成了成千上万种配合物，不仅数量极大，而且种类繁多，应用范围非常广泛，不仅在化学中，而且在生物学、医药学等领域也有应用。

3.3.1 配位化合物的基本概念

我们向 $CuSO_4$ 溶液中加入一定浓度的 $NH_3 \cdot H_2O$，可以看到先有浅蓝色的 $Cu(OH)_2$ 沉淀生成，随着 $NH_3 \cdot H_2O$ 的不断加入，沉淀溶解，变为深蓝色的溶液，这是因为溶液中的 Cu^{2+} 与 $NH_3 \cdot H_2O$ 生成了铜氨溶液，离子式为：

$$Cu^{2+}+4NH_3 \cdot H_2O \rightleftharpoons [Cu(NH_3)_4]^{2+}+4H_2O$$

(1) 配合物 具有类似 $[Cu(NH_3)_4]^{2+}$ 这样复杂的离子的化合物称为**配合物**。配合物是由中心离子与配位体以配位键结合而成的一类化合物。其中能够提供空轨道的原子或离子统称为中心体，或称形成体。如在 $[Cu(NH_3)_4]^{2+}$ 中 Cu^{2+} 就是中心离子，它可以提供空轨道。大多数金属离子特别是过渡金属离子都可以作为中心体。

(2) 配位体 在配合物中，能够提供孤电子对的分子或离子称为**配位体**，简称配体。如在 $[Cr(H_2O)_4Cl_2]^+$ 中配体是 H_2O 分子和 Cl^- 离子，在 $[Cu(NH_3)_4]^{2+}$ 中 NH_3 分子就是配体。

(3) 配位键与配位原子 NH_3 分子中的 N 原子提供一孤对电子进入 Cu^{2+} 的空轨道，供双方共同使用，这种由一方单独提供电子而由双方共同使用所形成的共价键我们称之为**配位键**。如在 $[Cu(NH_3)_4]^{2+}$ 中每个 NH_3 分子中的 N 原子都可以与 Cu^{2+} 形成一个配位键，一共形成了四个配位键，其中的 N 原子我们称之为**配位原子**，即在配体中能够提供弧对电子与中心体直接配位的原子。如在 $[Cr(H_2O)_4Cl_2]^+$ 中 O 原子和 Cl 原子是配位原子。常见的配位原子有 C、N、O、S 和卤素等原子。

(4) 单/多齿配位体 每个配体只能提供一个配位原子，这样的配体称为单齿配体。如在 $[Cu(NH_3)_4]^{2+}$ 中 NH_3 就是单齿配体，因每个 NH_3 分子只能提供一个 N 原子。而有一些配体则不然，一个配体可以提供两个或两个以上的配位原子与中心体形成多个配位键，这样的配体我们称之为多齿配体。如乙二胺（分子式为 $H_2N—CH_2—CH_2—NH_2$，简写为 en）就是二齿配体，其中两个 N 原子均可作为配位原子。又如乙二胺四乙酸根离子（简写为 EDTA，或 Y^{4-}）就是六齿配体，它的分子式为：

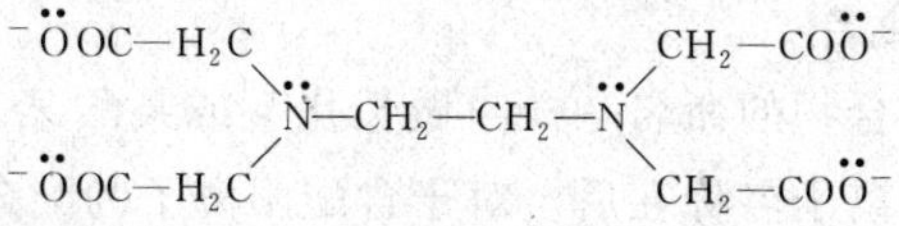

其中两个 N 和四个 O 等六个原子均可作为配位原子。

(5) 配位数　一个配合物中直接与中心体结合的配位原子的总数目称为**配位数**。在只有单齿配体存在的配合物中配位数就是配体的个数，如在 $[Co(NH)_3Cl_3]$ 配合物分子中配位数是 6，在 $[Cu(NH_3)_4]^{2+}$ 配离子中配位数是 4，在有多齿配体存在的配合物中配位数要大于配体的个数。如乙二胺与 Cu^{2+} 形成的配离子 $[Cu(en)_2]^{2+}$ 中每个 en 分子与 Cu^{2+} 都能形成一个五原子环，配离子 $[Cu(en)_2]^{2+}$ 的结构式如图 3-1 所示。在这个配离子中有两个 en 分子即两个配体，每个配体可以提供两个配位原子，则配位数是 2×2=4。又如乙二胺四乙酸根离子与 Ca^{2+} 形成五个五元环配离子 $[CaY]^{2-}$，在这个配离子中一个配体 Y^{4-} 却提供六个配位原子，所以配位数是 6，$[CaY]^{2-}$ 的结构式如图 3-2 所示。

(6) 螯合物与螯合剂　像 $[Cu(en)_2]^{2+}$、$[CaY]^{2-}$ 等这类由中心离子和多齿配体所形成的具有环状结构的配合物称为螯合物。能和中心离子形成螯合物的，含有多齿配体的配合剂称为螯合剂。一般常见的螯合剂是含有 N、O、S、P 等配位原子的有机化合物。如 en、Y^{4-} 等。

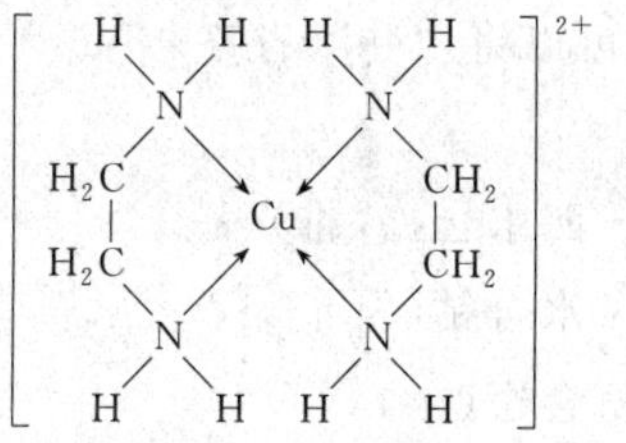

图 3-1　$[Cu\ (en)_2]^{2+}$ 的结构示意图

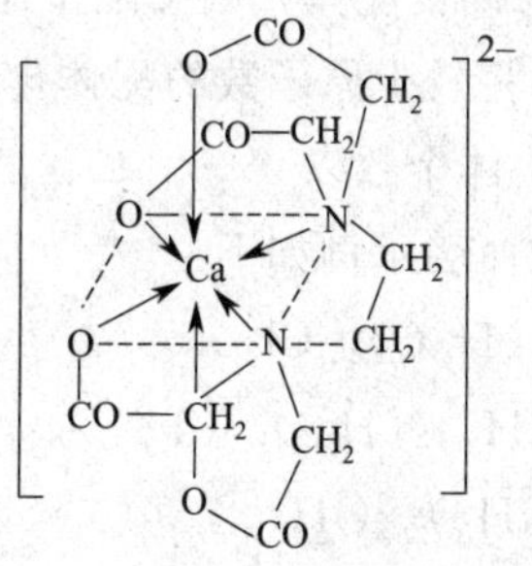

图 3-2　$[CaY]^{2-}$ 的结构示意图

在螯合物中，配体与中心离子的结合犹如蟹爪般牢牢钳住中心离子，从而形成环状结构。大多数螯合物具有五元环或六元环非常稳定的结构，这些物质具有特殊的颜色，且不溶于水。

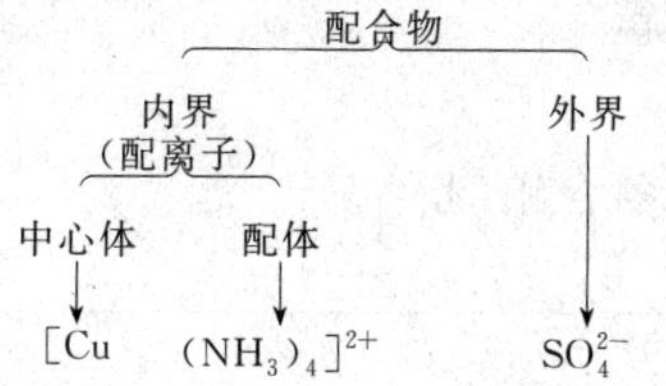

图 3-3　配合物的组成

3.3.2　配位化合物的组成

配合物通常是由内界和外界两部分组成的，内界为配合物的特征部分，是中心离子和配体结合而形成的一个相对稳定的整体，在配合物的化学式中，一般用方括号标明，不在内界的其他离子距离中心较远，构成外界（见图 3-3）。

注意：中性分子的配合物 $[Co(NH_3)_3Cl_3]$、$[Pt(NH_3)_2Cl_2]$、$[Ni(CO)_4]$ 是没有外界的。

3.3.3　配合物的命名

配合物的命名遵循无机化合物的命名的一般原则。说明如下：

3.3.3.1 内、外界之间的命名

内、外界之间与无机化合物的命名一样叫做某化某或某酸某。在含配离子的配合物中，命名时阴离子名称在前，阳离子名称在后。对于含配阳离子的配合物，若外界为简单酸根离子，则叫做“某化某”；若外界为复杂酸根离子，则叫做“某酸某”。对于含配阴离子的配合物，则配阴离子与外界的阳离子之间加“酸”字连接，即“某酸某”。

3.3.3.2 配合物的内界的命名

配合物与一般无机化合物的命名的主要不同点是配离子部分（即配合物的内界）的命名，配离子命名顺序为：

配位体数～配位体～合～中心体

中心体的氧化数可在该元素名称后用带圆括号的罗马数字表示；对于没有外界的配合物，中心原子的氧化数可不标出。

各配位体按以下原则进行命名：

① 无机配体在前、有机配体在后。

② 先列出阴离子配体，后列出阳离子配体，最后列出中性分子配体，不同配位体之间以中圆点“·”分开，氢氧根被称为羟基，亚硝酸根被称为硝基。

③ 若为同类配体，则按配位原子元素符号的英文字母顺序排列；若同类配体的配位原子相同，则将较少原子数的配体排在前。

④ 配位体个数以“一、二、三”等数字表示，常常可以将“一”省略。

配合物命名示例如下：

$[CrCl_2(H_2O)_4]Cl$	氯化二氯·四水合铬(Ⅲ)
$[Co(NH_3)_5(H_2O)]Cl_3$	氯化五氨·水合钴(Ⅲ)
$[Ag(NH_3)_2]OH$	氢氧化二氨合银(Ⅰ)
$[Cu(NH_3)_4]SO_4$	硫酸四氨合铜(Ⅱ)
$H_2[PtCl_6]$	六氯合铂(Ⅳ)酸
$Na_2[CaY]$	乙二胺四乙酸根合钙(Ⅱ)酸钠
$Fe_4[Fe(CN)_6]_3$	六氰合铁(Ⅱ)酸铁
$[Fe(CO)_5]$	五羰基合铁
$[Pt(NH_2)(NO_2)(NH_3)_2]$	氨基·硝基·二氨合铂(Ⅱ)

思考与练习题

3-10 下列关于配合物的说法中，错误的是（　　）。

A. 中心离（原）子与配位体以配位键结合

B. 配位体是具有孤对电子的负离子或分子

C. 配位数是中心离（原）子结合的配位体个数之和

3-11 在配合物 $[CoCl(NH_3)_5](NO_3)_2$ 中，中心离子的电荷是（　　）。

A. +1　　B. +2　　C. +3　　D. 无法确定

3.3.4　配合物在水溶液中的稳定性

3.3.4.1　配合物的稳定常数

大部分配离子在溶液中，都像弱电解质一样，能解离成为中心离子和配体分子（或负离子）。如 $[Zn(CN)_4]^{2-} \rightleftharpoons Zn^{2+} + 4CN^-$ 等，这类反应我们称之为解离反应。其逆反应则称为配位反应，当正向的解离反应速率与逆向的配位反应速率相等时，该体系就处于平衡状态，称为解离—配合平衡。

在一定温度下，当某配离子生成反应达到平衡时，平衡常数即为配离子的**稳定常数**，用 $K_{稳}$ 表示；解离反应的平衡常数即为**不稳定常数**。

例如配位反应：

$$Zn^{2+} + 4CN^- \rightleftharpoons [Zn(CN)_4]^{2-}$$

根据化学平衡原理，配离子的稳定常数为：

$$K_{稳} = \frac{c([Zn(CN)_4^{2-}])/c^{\ominus}}{[c(Zn^{2+})/c^{\ominus}] \cdot [c(CN^-)/c^{\ominus}]^4};\quad K_{不稳} = \frac{[c(Zn^{2+})/c^{\ominus}] \cdot [c(CN^-)/c^{\ominus}]^4}{c([Zn(CN)_4^{2-}])/c^{\ominus}}$$

式中，$c([Zn(CN)_4]^{2-})$、$c(Zn^{2+})$ 和 $c(CN^-)$ 分别表示反应平衡时 $[Zn(CN)_4]^{2-}$、Zn^{2+} 和 CN^- 的浓度，即平衡浓度。

一些常见的配离子的稳定常数列于附录 6 中。

$K_{稳}$ 值越大，表示形成配离子的趋势越大，该配离子在水中越稳定，也就越难解离。对于同种类型的配离子，可以直接用 $K_{稳}$ 比较其稳定性，对于不同类型的配离子，只有通过计算才能比较它们的稳定性。从附录中可查出 $[Zn(CN)_4]^{2-}$ 配离子的 $K_{稳} = 5.01 \times 10^{16}$，$[Ni(CN)_4]^{2-}$ 配离子的 $K_{稳} = 2.0 \times 10^{31}$，所以 $[Ni(CN)_4]^{2-}$ 比 $[Zn(CN)_4]^{2-}$ 更稳定。

实际上在溶液中配离子的生成一般是分步进行的，每一步都对应着一个稳定常数，称之为逐级稳定常数，也称为分步稳定常数。

$$Ag^+ + NH_3 \rightleftharpoons [Ag(NH_3)]^+$$

$$K_1 = \frac{c([Ag(NH_3)]^+)/c^{\ominus}}{[c(Ag^+)/c^{\ominus}] \cdot [c(NH_3)/c^{\ominus}]}$$

$$[Ag(NH_3)]^+ + NH_3 \rightleftharpoons [Ag(NH_3)_2]^+$$

$$K_2 = \frac{c([Ag(NH_3)_2]^+)/c^{\ominus}}{[c([Ag(NH_3)]^+)/c^{\ominus}] \cdot [c(NH_3)/c^{\ominus}]}$$

式中，K_1、K_2 分别为 $[Ag(NH_3)_2]^+$ 的逐级稳定常数。

对于配合物 ML_n，其逐级稳定常数的乘积等于该配离子的总稳定常数，也称为总累积稳定常数。即 $K_{稳} = K_1 K_2 K_3 \cdots K_n$。

例 3-12　在 1.0 升 6.0mol/L 氨水溶液中，加入 0.10mol $CuSO_4$，求溶液中各组分的浓度。

解　设 0.10mol/L 的 Cu^{2+} 完全配位为配离子，则溶液中应含有 0.10mol/L 的 $[Cu(NH_3)_4]^{2+}$，自由氨的浓度为 $6.0 - 0.10 \times 4 = 5.6$mol/L，并设 $[Cu^{2+}] = x$ mol/L

$$Cu^{2+} + 4NH_3 \rightleftharpoons [Cu(NH_3)_4]^{2+}$$

平衡物质浓度/(mol/L)　　x　　　$5.6+4x$　　　$0.10-x$

由于稳定常数（2.09×10^{13}）相当大，可以认为 $5.6+4x\approx5.6$；$0.10-x\approx0.10$

于是

$$K_{稳}=\frac{c([Cu(NH_3)_4]^{2+})/c^{\ominus}}{[c(Cu^{2+})/c^{\ominus}]\cdot[c(NH_3)/c^{\ominus}]^4}=\frac{0.10}{x(5.6)^4}=2.09\times10^{13}$$

$$x=\frac{0.10}{(5.6)^4\times2.09\times10^{13}}=4.87\times10^{-18}$$

因此，平衡时溶液中各组分的浓度为

$c([Cu(NH_3)_4]^{2+})=0.10mol/L$　　　$c(NH_3)=5.6mol/L$

$c(SO_4^{2-})=0.10mol/L$　　　$c(Cu^{2+})=4.87\times10^{-18}mol/L$

3.3.4.2　配离子稳定常数的应用

利用配离子的稳定常数，可以计算配合物溶液中有关离子的浓度，判断配离子与沉淀之间、与配离子之间转化的可能性，此外还可利用 K 值计算有关电对的电极电势。

注意：配离子之间的转化，与沉淀之间的转化类似，反应向着生成更稳定的配离子的方向进行。两种配离子的稳定常数相差越大，转化越完全，配离子的转化具有普遍性，金属离子在水溶液中的配合反应也是配离子之间的转化。例如，

$$Cu^{2+}+4NH_3 \rightleftharpoons [Cu(NH_3)_4]^{2+}+4H_2O$$

实际反应是 $[Cu(H_2O)_4]^{2+}+4NH_3 \rightleftharpoons [Cu(NH_3)_4]^{2+}+4H_2O$，但通常简写为前一反应。

例 3-13　求在 25℃时氯化银在 6.0mol/L 的氨水溶液中的溶解度（以 mol/L 计）。

解　设 AgCl(s) 在 6.0mol/L 氨水溶液中的溶解度为 x mol/L，由于在氯化银溶解后，溶液的体积可视为不变，因此反应中各物质之间的物质的量变化关系即为物质的量浓度的数值的变化关系。

$$AgCl+2NH_3 \rightleftharpoons [Ag(NH_3)_2]^+ +Cl^-$$

	AgCl+2NH₃	[Ag(NH₃)₂]⁺	Cl⁻
起始浓度/(mol/L)	6	0	0
平衡浓度/(mol/L)	$6-2x$	x	x

因为$[Ag(NH_3)_2]^+$的解离程度小，因此在分析平衡浓度时可忽略解离部分的浓度，仍算作 x。

$$K=\frac{[c(Ag(NH_3)_2^+)/c^{\ominus}][c(Cl^-)/c^{\ominus}]}{[c(NH_3)/c^{\ominus}]^2}$$

$$=\frac{[c(Ag(NH_3)_2^+)/c^{\ominus}][c(Cl^-)/c^{\ominus}][c(Ag^+)/c^{\ominus}]}{[c(NH_3)/c^{\ominus}]^2[c(Ag^+)/c^{\ominus}]}=K_{稳}K_{sp}$$

即　$$1.12\times10^7\times1.77\times10^{-10}=\frac{x^2}{(6-2x)^2}\qquad x=0.245mol/L$$

故 25℃时，AgCl 在 6mol/L 的氨水溶液中的溶解度为 0.245mol/L。

3.3.5　配位反应的应用

随着科学技术的发展，配位化合物在科学研究和生产实践中的应用也日益广泛。

3.3.5.1　在元素分离和分析中的应用

同一种元素与不同配体或同一种配体与不同元素形成的配合物颜色常常有差异，分析化学中的许多鉴定反应都是形成配合物的反应。如 $[Fe(NCS)_n]^{3-n}$ 呈血红色，$[Cu(NH_3)_4]^{2+}$ 为深蓝色，$[Co(NCS)_4]^{2-}$ 在丙酮中显鲜蓝色等。在用 NCS^- 鉴定 Co^{2+} 时，Fe^{3+} 的存在会产生干扰，但只要在溶液中加入 NaF，F^- 与 Fe^{3+} 可以形成更稳定的无色配离子 $[FeF_6]^{3-}$，使 Fe^{3+} 不再与 NCS^- 配位，而把 Fe^{3+} "掩蔽"起来，避免了对 Co^{2+} 鉴定的干扰。

溶剂萃取是富集分离提纯金属元素的有效方法之一，金属元素与萃取剂（主要是多齿配体）形成的螯合物为中性时，一般可溶于有机溶剂，因此可用萃取法进行分离。

3.3.5.2　在电镀工业中的应用

电镀液中常加配合剂来控制被镀离子的浓度。只有控制金属离子以很小的浓度在作为阴极的金属制件上源源不断地放电沉积，才能得到均匀、致密、光亮的金属镀层。若用硫酸铜溶液镀铜，虽操作简单，但镀层粗糙、厚薄不均、镀层与基体金属附着力差。若采用焦磷酸钾（$K_4P_2O_7$）为配位剂组成含 $[Cu(P_2O_7)_2]^{6-}$ 离子的电镀液，会使金属晶体在镀件上析出的过程中成长速率减小，有利于新晶核的产生，从而得到比较光滑、均匀和附着力较好的镀层。

3.3.5.3　在湿法冶金中的应用

金属的提炼过程若是在溶液中进行，就称为湿法冶金。贵金属很难氧化，但有配位剂存在时可形成配合物而溶解。例如，用 NaCN 稀溶液在空气中处理已粉碎的含金、银的矿石，反应式如下：

$$4Au + 8NaCN + 2H_2O + O_2 \longrightarrow 4Na[Au(CN)_2] + 4NaOH$$

$$4Ag + 8NaCN + 2H_2O + O_2 \longrightarrow 4Na[Ag(CN)_2] + 4NaOH$$

然后用活泼金属（如锌）还原，可得单质金或银：

$$2[Au(CN)_2]^- + Zn \rightleftharpoons [Zn(CN)_4]^{2-} + 2Au$$

目前湿法冶金也向无毒无污染的方向发展，例如用 $S_2O_3^{2-}$ 代替 CN^- 浸出贵金属时，在溶液中加入 $[Cu(NH_3)_4]^{2+}$ 配离子，加速贵金属的溶解。在此过程中发生了贵金属的氧化、配位等化学反应，反应式如下：

$$Au + 5S_2O_3^{2-} + [Cu(NH_3)_4]^{2+} \rightleftharpoons [Au(S_2O_3)_2]^{3-} + 4NH_3 + [Cu(S_2O_3)_3]^{5-}$$

根据 $[Au(S_2O_3)_2]^{3-}/Au$ 和 $[Cu(S_2O_3)_3]^{5-}/Cu$ 的电极电势的差别，用电沉积法先后析出金和铜。

3.3.5.4　在生物化学中的应用

配合物在生物化学方面也起着重要作用。如输氧的血红素是含 Fe^{2+} 的配合物；叶绿素是含 Mg^{2+} 的复杂配合物；起血凝作用的是 Ca^{2+} 的配合物等。豆科植物根瘤菌中的固氮酶也是一种配合物，它可以把空气中的氮直接转化为可被植物吸收的氮的化合物。如果仿生学能实现人工合成固氮酶，人们就可以在常温常压下实现氮的合成，从而深刻改变工农业生产的面貌。

思考与练习题

3-12 当衣服上沾有黄色铁锈斑点时，用草酸即可将其消除，请解释原因。

3-13 用反应式表示下列实验现象：

(1) 在 $[Cu(NH_3)_4]^{2+}$ 溶液中加入硫酸，溶液的颜色由深蓝色变为浅蓝色；

(2) 螯合剂 EDTA 常作为重金属元素的解毒剂，为什么？

科学家的贡献和科学发现的启示

斯范特·奥古斯特·阿仑尼乌斯 (Svante August Arrhenius，1859—1927)——是近代化学史上的一位著名的化学家，又是一位物理学家和天文学家。

阿仑尼乌斯

阿仑尼乌斯从小聪明出众，小学的课程远远满足不了他的求知欲望，他要求父亲把他送进中学，在瑞典乌普萨拉城一所教会中学里，他对数学、物理、生物和化学产生了特殊的兴趣，并以优异成绩考取了乌普萨拉大学。他只用两年就通过了学士学位的考试，1878 年开始专门攻读物理学的博士学位。他的导师塔伦教授（T. R. Thalen）是一位光谱分析专家。在导师的指导下，阿仑尼乌斯学习了光谱分析。但他认为，作为一个物理学家还应该掌握与物理有关的其他各科知识。渐渐地，他对电学产生的浓厚兴趣，远远超过了对光谱分析的研究，他确信“电的能量是无穷无尽的”，他热衷于研究电流现象和导电性。这引起了导师的不满，由于目标不同，阿仑尼乌斯只好告别这位导师。

1881 年，他来到了首都斯德哥尔摩以求深造。在瑞典科学院物理学家埃德伦德（E. Edlund）教授的指导下，进行电学方面的研究，他对把化学能转变为电能的电池很有研究兴趣。不久，阿仑尼乌斯就成了教授的得力助手，协助导师完成复杂实验的测量工作，他的出色才干很得教授的赏识。

年轻的阿仑尼乌斯具有很强的实验能力，他利用几乎所有的空闲时间埋头从事自己的独立研究，长期的实验室工作使他养成了对问题的敏锐观察力和刻苦钻研的习惯，因而他对所研究的课题都能提出具有重大意义的假说，创立新颖独特的理论。他发现在电池中，除了由化学反应产生的化学能转化为电能外，还存在一些引起电极极化的因素，而这会降低电流回路的电压。于是，他着手研究能够减少甚至防止发生极化作用的添加物。他坚持反复实验，终于明白极化效应取决于添加物——去极剂的数量。电离理论的创建，是阿仑尼乌斯对化学领域最重要的贡献。

1883 年底，阿仑尼乌斯写成《电解质的导电性研究》作为博士学位论文送交乌普萨拉大学。该校学术委员会接受了他的申请，定于 1884 年 5 月进行公开的论文答辩。阿仑尼乌斯以大量无可辩驳的实验事实，说明电解质在水中的离解，精辟地阐述了自己的新见解，受到多数委员和与会者的赞许。他的博士论文中提出了电解质分子在水溶液中会“离解”成带正、负电荷的离子，此过程并不需给溶液通电。然而这一观点完全超出了当时学术界的认识，有悖于当时流行的观点，因此引起了他所在大学一些知名教授的不满。答辩结果，他的论文只得了四等，答辩得了三等。最后，因考虑到该论文的思想新颖以及实验部分数据充实才算勉强通过。但是阿仑尼乌斯并不气馁，他把论文的复本分寄给了国外著名的化学家们，得到了德国化学家奥斯特瓦尔德和荷兰化学家范特霍夫的赞赏和支持。于 1887 年发表了完整的有关电离理论的论文，电离学说才逐渐被人们所接受。

阿仑尼乌斯在物理化学方面造诣很深，他所创立的电离理论留芳于世，直到今日仍常青不衰。他是一位多才多艺的学者，除了化学外，在物理学方面他致力于电学研究，在天文学方面，他从事天体物理学和气象学研究。他在 1896 年发表了“大气中的二氧化碳对地球温度的影响”的论文，还著有《天体物理学教科书》，在生物学研究中他写作出版了《免疫化学》及《生物化学中的定量定律》等书。作为物理学家，他对他的祖国的经济发展也做出了重要贡献。他亲自参与了对瑞典水利资源和瀑布水能的研究与开发，使水力发电网遍布于瑞典。

由于阿仑尼乌斯在化学领域的卓越成就，1903 年他荣获了诺贝尔化学奖，成为瑞典第一位获此殊荣的科学家。阿仑尼乌斯的一生，给后人以很大的思想启迪。首先，在哲学上他是一位坚定的自然科学唯物主义者，终生坚信科学，不信宗教。其次，他知识渊博，精通英、德、法和瑞典语等语言，对自然科学的各个领域都学有所长。此外，他对自己祖国的热爱使他放弃了国外的诸多荣誉和优越条件，在当今仍不失为科学工作者的楷模。

路易斯 (1875—1946)——美国物理化学家，1875 年生于马萨诸塞州的一个律师家庭。他智力早慧，13 岁入内布拉斯加大学预备学校，毕业后入该大学，两年后又转入哈佛大学，先后获学士、硕士和博士学位。

1900 年在德国哥丁根大学进修，回国后在哈佛任教。1904～1905 年任菲律宾计量局局长。1905 年到麻省理工学院任教，1911 年升任教授。1912 年起担任加利福尼亚大学化学学院院长兼化学系主任。曾获得英国戴维奖章、瑞典阿仑尼乌斯奖章、美国的吉布斯奖章和里查兹奖章。还是苏联科学院的外籍院士。1946 年 3 月逝世。

路易斯具有很强的开辟化学研究新领域的能力，对理论化学发展做出重要贡献。1901 年和 1907 年，他先后提出“逸度”和“活度”概念；1916 年提出共价键的电子理论；1921 年将离子强度的概念引入热力学，发现了稀溶液中盐的活度系数由离子强度决定的经验定律。

1923 年与兰德尔合著《化学物质中的热力学和自由能》，深入探讨了化学平衡，对自由能、活度等概念做出了新的解释。同年，提出新的广义酸碱概念，成为化学反应理论的一个重大突破。主要著作有：《价键及原子和分子的结构》《科学的剖析》《热力学和化合物的自由能》等专著，而且在酸碱理论和量子化学等方面均有突出贡献。他不仅自己积极从事教学和研究工作，而且甘为人梯，培养造就众多一流的科学家，他的学生、助手或同事中先后有五人分获诺贝尔化学奖，这些科学家分别是：尤里（1934 年）、吉奥克（1949 年）、西博格（1951 年）、利比（1960 年）和卡尔文（1961 年），见附录 11。路易斯虽然未获诺贝尔奖，但他和众多诺贝尔奖获得者一样深受人们的尊敬。

习　题

1. 下列混合溶液中，属于缓冲溶液的是（　　）。

A. 50mL 0.2mol/L HAc 与 50mL 0.1mol/L NaOH

B. 50mL 0.1mol/L HAc 与 50mL 0.1mol/L NaOH

C. 50mL 0.1mol/L HAc 与 50mL 0.2mol/L NaOH

D. 50mL 0.2mol/L HCl 与 50mL 0.1mol/L $NH_3 \cdot H_2O$

2. 在 100mL 0.5mol/L HCl 溶液中加入 8.2g NaAc(s)，计算溶液的 pH 值。

已知 HAc 的 $pK_a=4.76$，$M(NaAc)=82.0g/mol$

3. 将 50mL 0.3mol/L NaOH 溶液与 100mL 0.45mol/L HAc 溶液混合，计算溶液的 pH 值。

4. 配制 pH＝10 的缓冲溶液 250mL，现有 100mL 15mol/L $NH_3 \cdot H_2O$，问需加入 NH_4Cl(s) 多少克?

已知 $M(NH_4Cl)=53.5g/mol$

5. 已知 25℃时 $Mg(OH)_2$ 在水中的溶解度为 1.12×10^{-4} mol/L，求其溶度积。

6. 若反应前溶液 Cl^- 离子的总浓度为 0.020mol/L、Ag^+ 离子的总浓度为 0.01mol/L，问溶液中 NH_3 的最初总浓度至少为多少才能防止 AgCl 沉淀析出。

已知 $K_{稳}(Ag(NH_3)_2^+)=1.1\times10^7$，$K_{sp}(AgCl)=1.77\times10^{-10}$。

7. 命名下列配合物，并指出中心离子、配体、配位原子以及中心离子的配位数。

(1) $[Co(NH_3)_4(H_2O)Cl](OH)_2$；　(2) $Na_3[AlF_6]$；

(3) $[Pt(NH_3)_4(NO_2)Cl]CO_3$；　(4) $K_3[Co(NO_2)_6]$；

(5) $[Cu(NH_3)_2(CH_3COO)]Cl$；　(6) $H_2[Zn(OH)_2Cl_2]$。

8. $AgNO_3$ 能将 $PtCl_4 \cdot 6NH_3$ 溶液中所有的氯沉淀为 AgCl，但在 $PtCl_4 \cdot 3NH_3$ 溶液中仅能沉淀出 1/4 的氯。试判断两种配合物的结构和名称。

第 4 章　氧化还原反应与电化学基础

内容提要

本章介绍原电池的结构和机理。着重讨论电极电势及其应用。联系吉布斯函数变与电池的电动势的关系，讨论氧化还原反应进行的方向和限度。讨论电解的基本原理和规律。通过极化电势，讨论了电化学腐蚀。

学习要求

① 了解氧化还原反应、氧化数等基本概念，掌握氧化还原反应的配平方法。

② 了解电极电势产生的原因，理解氧化还原反应和原电池的关系，掌握电极电势和电池电动势的计算方法。

③ 能应用电极电势的数据判断氧化剂和还原剂的相对强弱及氧化还原反应自发进行的方向和限度。了解摩尔吉布斯函数变与原电池电动势、标准摩尔吉布斯函数变与氧化还原反应平衡常数的关系。

④ 联系电极电势概念，了解电解的基本原理，了解电解在工程实际中的某些应用。

⑤ 了解金属腐蚀及防护原理。

众所周知，在氧化还原反应中发生电子的转移，如果氧化还原反应的反应物之间不直接接触，而是通过导体实现电子的转移，于是就发生电子的定向移动，产生电流。这样的氧化还原反应被称为电化学反应。电化学所研究的是化学能与电能的相互转变，它是化学与电学之间的边缘学科，对工业生产和科学研究起着重要的作用。本章重点介绍电化学中的一些基本原理，并根据这些原理讨论金属材料的腐蚀与防护等问题。

4.1　氧化还原反应

化学反应从有无电子得失或转移的角度可以分为两类，即氧化还原反应和非氧化还原反应，其中反应物之间存在电子得失或转移的称为氧化还原反应，反应中某些元素的氧化数（化合价）发生了改变，如置换反应；反应物之间没有电子得失或转移的称为非氧化还原反应，反应中元素的氧化数不发生改变，如酸碱反应。氧化还原反应与人类的生产和生活密切相关，在氧化还原反应中，伴随着能量的变化，人们根据氧化还原反应原理设计了原电池，并利用这种装置将化学能转变为电能。

4.1.1　氧化数

在氧化还原反应中，电子得失会导致部分元素带电状态发生改变，氧化态用于描述这种改变，并用一定数值表示；标记元素氧化态的代数值称为该元素的**氧化数**（**oxidation number**），又称氧化值。例如：对于简单的单原子离子，如 Na^{+}、Mg^{2+}、Al^{3+}，电荷数分别为 +1、+2 和 +3，则这些元素的氧化数分别为 +1、+2 和 +3，即简单的单原子离子的氧化数与离子所带的电荷数是一致的。

对于以共价键结合的多原子分子或离子（如 CO_2），原子间形成化学键时电子没有转移，而是电子对发生偏移，则电子对靠近的原子带负电荷，电子对偏离的原子带正电荷。因而，原子所带电荷实际上是形式电荷，此时，原子所带形式电荷数就是其氧化数，如 CO_2 中 C 的氧化数为+4，O 的氧化数为−2。

1970 年，国际纯粹和应用化学联合会（IUPAC）定义了氧化数的概念：氧化数是指某元素的一个原子的荷电数，该荷电数是假定把每个化学键中的电子指定给电负性更大的原子而求得的。确定氧化数的规则如下：

① 单质的氧化数为零。例如 H_2 中的 H，金属 Cu、Al 等氧化数均为零。

② 氢在化合物中的氧化数一般为+1，但在活泼金属的氢化物中，其氧化数为 −1，如 H_2O（+1）、NaH（−1）。

③ 氧在化合物中的氧化数一般为−2，但在过氧化物中，氧的氧化数为−1，如 H_2O（−2）、H_2O_2（−1）。

④ 单原子离子的氧化数等于它所带的电荷数。如 Na^+ 氧化数为+1，Mg^{2+} 的氧化数为+2。

⑤ 多原子分子中所有元素的氧化数的代数和等于零；在多原子离子中所有元素的氧化数的代数和等于离子所带的电荷数。

根据以上规则，既可以计算化合物分子中各种组成元素的氧化数，亦可以计算多原子离子中各组成元素的氧化数。例如：

MnO_4^- 中 Mn 的氧化数为：$x+4\times(-2)=-1 \quad x=7$

$Cr_2O_7^{2-}$ 中 Cr 的氧化数为：$2x+7\times(-2)=-2 \quad x=6$

由于氧化数是在指定条件下的计算结果，所以氧化数不一定是整数。

4.1.2 氧化剂与还原剂

氧化还原反应的实质是电子的得失或转移，元素氧化数的变化是电子得失或转移的结果。元素氧化数的改变也是定义氧化剂（**oxidant**）、还原剂（**reductant**）和配平氧化还原反应方程式的依据。某元素的原子失去电子，该元素的氧化数增加，发生氧化反应，本身是还原剂；某元素的原子得到电子，其氧化数降低，发生还原反应，本身是氧化剂。

在氧化还原反应中，若氧化数的升高和降低都发生在同一种化合物中，即氧化剂和还原剂为同一种物质，称自身氧化还原反应，又称歧化反应（disproportionation reaction）。

4.1.3 氧化还原电对

每个氧化还原反应方程式可以拆成两个半反应式，即失电子的氧化半反应式和得到电子的还原半反应式。例如：

氧化还原离子反应式　$Ce^{4+}+Fe^{2+} \longrightarrow Ce^{3+}+Fe^{3+}$

氧化半反应式　$Fe^{2+}-e^- \longrightarrow Fe^{3+}$

还原半反应式　$Ce^{4+}+e^- \longrightarrow Ce^{3+}$

观察：氧化半反应和还原半反应式均由同一元素的两种氧化形式组成，其中高价态称为氧化态，相应的低价态称为还原态，同一元素的氧化态和还原态组成**氧化还原电对**（**redox couple**），表达如下：氧化态/还原态，如 Ce^{4+}/Ce^{3+}、Fe^{3+}/Fe^{2+}、Fe^{2+}/Fe、MnO_4^-/Mn^{2+} 等。

氧化还原反应由两个（或两个以上）氧化还原电对共同作用。

4.1.4　氧化还原反应方程式的配平

配平氧化还原反应方程式，首先要知道反应条件，如温度、压力、介质的酸碱性等，然后找出氧化剂及其还原产物，还原剂及其氧化产物。若根据氧化剂和还原剂氧化数变化相等的原则进行配平，则称为氧化数法；若根据氧化剂和还原剂得失电子数相等的原则进行配平，则称为离子—电子法（又称半反应法）。

4.1.4.1　氧化值法

原则：氧化剂氧化数降低值和还原剂氧化数升高值相等。

步骤：① 写出化学反应方程式；

② 确定有关元素氧化态升高及降低的数值；

③ 确定氧化数升高及降低的数值的最小公倍数；

④ 确定氧化剂、还原剂的系数；

⑤ 未发生氧化数变化的氢和氧原子，添加 OH^-、H^+ 或 H_2O 进行原子数目的配平。

例 4-1　利用氧化值法配平氧化还原反应：$KMnO_4+HCl \longrightarrow MnCl_2+Cl_2$

解　(1) 化学反应方程式：$KMnO_4+HCl \longrightarrow MnCl_2+Cl_2$。

(2) $MnO_4^- \longrightarrow Mn^{2+}$　氧化数降低 5

$Cl^- \longrightarrow Cl_2$　氧化数升高 2

(3) 氧化数升高及降低的数值的最小公倍数 10

(4) 氧化剂、还原剂的系数：

$$2MnO_4^- \longrightarrow 2Mn^{2+}$$

$$10Cl^- \longrightarrow 5Cl_2$$

(5) 未发生氧化数变化的氧原子，添加 H^+ 和 H_2O 进行原子数目的配平：

$$2MnO_4^- +16H^+ \longrightarrow 2Mn^{2+}+8H_2O$$

则：

$$2KMnO_4+16HCl \longrightarrow 2MnCl_2+8H_2O+5Cl_2+2KCl$$

4.1.4.2　离子-电子法

许多氧化还原反应是在水溶液中进行的，参加氧化还原反应的仅仅是其中的部分离子。离子-电子法就是把水溶液中有关反应的离子作为配平的对象，并且在配平过程中不是以个别元素化合价改变为基础而是以整个离子（包括复杂离子）得失电子为基础。

下面仍以 $KMnO_4+HCl \longrightarrow MnCl_2+Cl_2$ 反应为例说明离子—电子法配平氧化还原反应方程式的具体步骤。

① 写出离子方程式。

$$MnO_4^- +Cl^- \longrightarrow Mn^{2+}+Cl_2$$

② 根据氧化还原电对，将离子方程式拆成氧化和还原两个半反应。

还原半反应　$MnO_4^- \longrightarrow Mn^{2+}$

氧化半反应　$Cl^- \longrightarrow Cl_2$

③ 根据物料平衡和电荷平衡，配平氧化和还原两个半反应。首先配平原子数，然后添加适当电子数配平电荷。如果存在未发生氧化数变化的原子，如氢和氧原子，则添加 H^+、OH^- 或 H_2O 进行原子数目的配平。

还原半反应　　$MnO_4^- + 8H^+ + 5e^- \longrightarrow Mn^{2+} + 4H_2O$　　①

氧化半反应　　$2Cl^- - 2e^- \longrightarrow Cl_2$　　②

④ 根据氧化剂和还原剂得失电子数相等的原则，找出两个半反应的最小公倍数，并把它们合并成一个配平的离子方程式。

×2　　$2MnO_4^- + 16H^+ + 10e^- \longrightarrow 2Mn^{2+} + 8H_2O$

×5　　$10Cl^- - 10e^- \longrightarrow 5Cl_2$

两式相加：　　$2MnO_4^- + 16H^+ + 10Cl^- \longrightarrow 2Mn^{2+} + 8H_2O + 5Cl_2$

⑤ 将配平的离子方程式写为分子方程式，注意反应前后氧化值没有变化的离子的配平。

$$2MnO_4 + 16HCl \rightleftharpoons 2MnCl_2 + 8H_2O + 5Cl_2 + 2KCl$$

例 4-2　配平下列反应式 $CrO_2^- + Cl_2 + OH^- \longrightarrow CrO_4^{2-} + Cl^-$

解　写出氧化半反应和还原半反应式，并配平：

氧化半反应　　$CrO_2^- + 4OH^- \longrightarrow CrO_4^{2-} + 2H_2O + 3e^-$　　①

还原半反应　　$Cl_2 + 2e^- \longrightarrow 2Cl^-$　　②

把两个半反应合并成一个配平的离子方程式：

①×2　　$2CrO_2^- + 8OH^- \longrightarrow 2CrO_4^{2-} + 4H_2O + 6e^-$

②×3　　$3Cl_2 + 6e^- \longrightarrow 6Cl^-$

$$2CrO_2^- + 8OH^- + 3Cl_2 \rightleftharpoons 2CrO_4^{2-} + 4H_2O + 6Cl^-$$

氧化值法和离子-电子法各有优缺点。氧化值法能较迅速配平简单的氧化还原反应，适用范围较广，不仅局限于水溶液中的反应，对于高温反应及熔融态物质间的反应也适用。离子-电子法适用于配平水溶液中的反应，但是离子-电子法能反映出水溶液中反应的实质。

用离子-电子法配平氧化还原反应方程式的关键是掌握配平半反应式，尤其要掌握有含氧酸根参加或生成的反应在不同介质中的去氧、补氧问题，见表 4-1 所示。

表 4-1　去氧补氧规则

介质种类	反应物中	
	多一个氧原子	少一个氧原子
酸性介质	$+2H^+ \xrightarrow{结合[O]} H_2O$	$+H_2O \xrightarrow{提供[O]} 2H^+$
碱性介质	$+H_2O \xrightarrow{结合[O]} 2OH^-$	$+2OH^- \xrightarrow{提供[O]} H_2O$
中性介质	$+H_2O \xrightarrow{结合[O]} 2OH^-$	$+H_2O \xrightarrow{提供[O]} 2H^+$

思考与练习题

4-1　用离子-电子法配平下列电极反应：

(1) $MnO_4^- \longrightarrow Mn^{2+}$ （酸性介质）

(2) $MnO_4^- \longrightarrow MnO_2$ （中性介质）

(3) $MnO_4^- \longrightarrow MnO_4^{2-}$ （碱性介质）

4.2　原电池

1799 年，意大利物理学家 Volta A.（1745—1827）用锌片和铜片放入盛有盐水的容器中，制成了世界上第一个原电池——Volta 电池，为电化学的建立和发展开辟了道路。后来人们把利用自发的氧化还原化学反应产生电流的装置都称为原电池（**primary cell**）。

4.2.1　原电池的组成

我们先看下面两个实验现象：

实验现象 1：将锌板直接放入硫酸铜溶液中，发生典型的自发反应：

$$Zn + Cu^{2+} \longrightarrow Zn^{2+} + Cu \quad \Delta_r H_m^{\ominus} = -218.66\text{kJ/mol}$$

由于 Cu^{2+} 直接与锌接触，因此电子由锌片直接传递给 Cu^{2+}，电子无定向转移，反应中释放出的能量（化学能）转化为热能。

实验现象 2：将锌片和铜片分别插入盛放硫酸锌和硫酸铜溶液的烧杯中，用盐桥连接两个烧杯中的溶液，在锌片和铜片中间连接导线和电流计，可以观察到电流计指针发生偏转，电子发生定向转移，反应中释放出的能量（化学能）转化为电能。

结论：利用特定装置，让电子的传递通过导体定向移动，可产生电流，实现化学能向电能的转变。这种利用氧化还原反应产生电流，使化学能转变为电能的装置叫做原电池。此装置由英国科学家 Daniell（1790—1845）发明，称为 Daniell 电池，其结构示意图如图 4-1 所示。

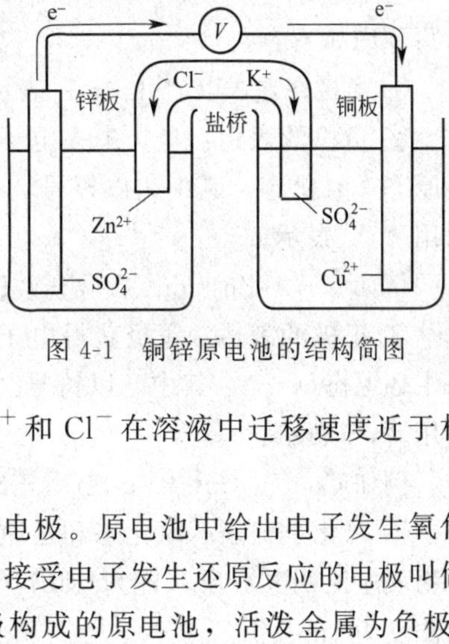

图 4-1　铜锌原电池的结构简图

原电池由电极、电解质溶液、盐桥和外电路构成。盐桥通常采用倒置的 U 形管，装入含有琼胶的饱和氯化钾溶液，其作用是接通内电路和进行电性中和。因为在氧化还原反应进行过程中 Zn 氧化成 Zn^{2+}，使硫酸锌溶液因 Zn^{2+} 增加而带正电荷；Cu^{2+} 还原成 Cu 沉积在铜片上，使硫酸铜溶液因 Cu^{2+} 减少而带负电荷。这两种电荷都会阻碍原电池中反应的继续进行。当有盐桥时，盐桥中 K^+ 和 Cl^- 分别向硫酸铜溶液和硫酸锌溶液扩散（K^+ 和 Cl^- 在溶液中迁移速度近于相等），从而保持了溶液的电中性，使电流继续产生。

每个原电池包括两个半电池，每个半电池又称为一个电极。原电池中给出电子发生氧化反应的电极叫做负极，如上述反应实例中的锌板为负极；接受电子发生还原反应的电极叫做正极，如上例中铜板为正极。一般说来，由两种金属电极构成的原电池，活泼金属为负极，不活泼金属为正极。作为负极的金属失去电子成为离子而进入溶液，因而逐渐溶解。

例如，对于 Cu-Zn 原电池：

负极（negative electrode）：较活泼金属 Zn 电极，电子流出，发生氧化反应。

正极（positive electrode）：较不活泼金属 Cu 电极，电子流入，发生还原反应。

4.2.2　电极反应

电极上分别发生的氧化反应和还原反应，称为电极反应（electrode reaction），又称为电池半反应。电池总反应由负极半反应和正极半反应组成。

例如，Cu-Zn 原电池的电极反应和电池总反应如下：

负极半反应　　$Zn(s)-2e^- \longrightarrow Zn^{2+}(aq)$　氧化数增加，氧化反应

正极半反应　　$Cu^{2+}(aq)+2e^- \longrightarrow Cu(s)$　氧化数降低，还原反应

电池总反应　　$Zn(s)+Cu^{2+}(aq) \rightleftharpoons Zn^{2+}(aq)+Cu(s)$

如果采用铜片和硫酸铜溶液与银片和硝酸银溶液组成Cu-Ag原电池，则两极反应和电池反应分别为：

负极半反应　　$Cu(s)-2e^- \longrightarrow Cu^{2+}(aq)$

正极半反应　　$Ag^+(aq)+e^- \longrightarrow Ag(s)$

电池总反应　　$Cu(s)+2Ag^+(aq) \rightleftharpoons Cu^{2+}(aq)+2Ag(s)$

观察：铜在Cu-Zn原电池中为正极，在Cu-Ag原电池为负极，正负极由氧化还原反应确定；无论正极或负极，每个电极均由同一物质的两种氧化态组成，即氧化还原电对，通常标记为：氧化态（高价态）/还原态（低价态），电极反应可统一表示为：

$$a\ \text{氧化态}+n\mathrm{e}^- \rightleftharpoons b\ \text{还原态}$$

式中，n是电极反应中转移电子的化学计量系数。这里只把作为氧化态和还原态的物质用化学式表示出来，通常不表示电解液的组成。

4.2.3 原电池的符号表示式

为表达方便，通常将原电池的组成以规定的方式书写，称为原电池的符号表示式。例如，Daniell电池可用下列图式来表示，

$$(-)\ Zn|ZnSO_4(c_1)\|CuSO_4(c_2)|Cu(+)$$

书写原则如下：

① 负极在左，以“（－）”表示，正极在右，以“（＋）”表示，中间用“‖”盐桥隔离。

② 负极的表达：负极失去电子，根据电子流出方向，一般情况下，负极标记为：（－）还原态|氧化态，其中，以符号“|”表示氧化态和还原态之间存在相界，如果没有相界，则用“,”表示。

例如（－）$Zn|Zn^{2+}$；（－）Fe^{2+}，Fe^{3+}

③ 正极的表达：正极获得电子，根据电子流入方向，一般情况下，正极标记为：氧化态|还原态（＋），其中，以符号“|”表示氧化态和还原态之间存在相界，如果没有相界，则用“,”表示。

例如$Cu^{2+}|Cu(+)$；Sn^{4+}，$Sn^{2+}(+)$

④ 以化学式表示氧化态和还原态的组成，溶液要标记上浓度或活度（mol/L），若为气体物质应注明其分压（Pa）。如不特殊指明，则温度为298K，气体分压为101.325kPa，溶液浓度为1mol/L。

⑤ 组成电极的氧化还原电对，除金属及其对应的金属盐溶液以外，非金属单质及其对应的非金属离子（如H_2和H^+，O_2和OH^-）、同一种金属不同价的离子（如Fe^{3+}和Fe^{2+}）等均可以组成氧化还原电对。由于非金属或气体不导电，不能做电极导体，因此需外加不参与反应的惰性材料（如铂和石墨等）做电极。例如，氢电极，可表示为$H^+(c)|H_2(p)|Pt$。

理论上，任何一个氧化还原反应都可以装成原电池。

例如，对于铜电极，在铜锌原电池中作为正极，这时表示为$CuSO_4(c_1)|Cu(+)$，在银铜原电池中作为负极，这时表示为（－）$Cu|CuSO_4(c_2)$。

4.2.4 常用电极类型

(1) 金属-金属离子电极

如：Zn^{2+}/Zn

电极符号　$Zn|Zn^{2+}(c)$

电极反应式　$Zn^{2+}+2e^- \rightleftharpoons Zn$

特点：金属元素及其离子构成氧化还原电对，金属既是反应物（或生成物）又是电极导体。

(2) 气体-离子电极

如：Cl_2/Cl^-

电极符号：　$Pt(s)|Cl_2(p)|Cl^-(c)$

电极反应式：　$Cl_2+2e^- \rightleftharpoons 2Cl^-$

特点：气体及其相应离子构成氧化还原电对，需借助不参与电极反应的惰性材料（如铂或石墨）组成电极。

(3) 离子电极

如：Fe^{3+}/Fe^{2+}

电极符号：　$Pt(s)|Fe^{3+}(c_1)$，$Fe^{2+}(c_2)$

电极反应为：　$Fe^{3+}+e^- \rightleftharpoons Fe^{2+}$

特点：由相同元素不同价态的两种离子组成氧化还原电对，需借助不参与电极反应的惰性材料（如铂或石墨）组成电极。

(4) 金属-金属难溶盐电极

如：AgCl/Ag

电极符号：　$Ag(s)|AgCl(s)|Cl^-(c)$

电极反应式：　$AgCl+e^- \rightleftharpoons Ag+Cl^-$

特点：由金属及其难溶盐构成氧化还原电对，需难溶盐负离子参与电极反应。

注：甘汞电极（Hg_2Cl_2/Hg）属于此类电极：

电极符号：　$Pt|Hg|Hg_2Cl_2(s)|Cl^-(aq)$

电极反应式：　$Hg_2Cl_2(s)+2e^- \rightleftharpoons 2Hg(l)+2Cl^-(aq)$

在一定温度下，甘汞电极电势稳定，装置简单易用，广泛用做参比电极。

例 4-3　在稀 H_2SO_4 溶液中，$KMnO_4$ 和 $FeSO_4$ 发生以下反应：

$$MnO_4^- + H^+ + Fe^{2+} \longrightarrow Mn^{2+} + Fe^{3+}$$

将此反应设计为原电池，写出正、负极的反应，电池反应及电池符号。

解　负极反应：　$Fe^{2+} - e^- \rightleftharpoons Fe^{3+}$

正极反应：　$MnO_4^- + 8H^+ + 5e^- \rightleftharpoons Mn^{2+} + 4H_2O$

电池反应：　$MnO_4^- + 8H^+ + 5Fe^{2+} \rightleftharpoons Mn^{2+} + 5Fe^{3+} + 4H_2O$

电池符号：　(－) $Pt \mid Fe^{2+}, Fe^{3+} \parallel MnO_4^-, H^+, Mn^{2+} \mid Pt(+)$

思考与练习题

4-2　用电池符号表示下列电池反应：

(1) $1/2Cu(s)+1/2Cl_2(100kPa) \rightleftharpoons 1/2Cu^{2+}(1mol/L)+Cl^-(1mol/L)$

(2) $Zn(s)+2H^+(0.01mol/L) \rightleftharpoons Zn^{2+}(0.1mol/L)+H_2(0.9\times100kPa)$

(3) $2Ag^+ +Cu(s) \rightleftharpoons 2Ag(s)+Cu^{2+}$

(4) $Pb(s)+2H^+ +2Cl^- \rightleftharpoons PbCl_2(s)+H_2(g)$

4.3 电极电势及应用

原电池装置的外电路中有电流通过，说明在原电池的两极之间有电势差存在，同时也表明每个电极都有一个电势。人们经过大量的实验研究总结出了扩散双电层理论。

4.3.1 双电层理论

现以金属电极为例分析其要点。

金属的晶体中包括金属原子、金属正离子和晶格中流动着的自由电子。当把金属放在该金属的盐溶液中时，金属表面层的正离子受水分子极性的作用，有进入溶液的倾向，这时金属上将有过剩的电子而使金属带负电荷。金属越活泼，溶液中金属离子浓度越低，这种倾向就越大。与此同时，溶液中的金属正离子也有与金属表面的自由电子结合成中性原子而沉积于金属表面的倾向，这时金属上将有过量的正电荷。金属越不活泼，溶液中金属离子的浓度越大，这种倾向就越大。当金属的溶解和金属离子的沉积这两种相反的过程速率相等时，达到动态平衡，若离子的水化作用能克服金属晶格中金属原子和自由电子间的引力，其结果是形成金属带负电荷、与金属表面相接触的溶液一侧带正电荷的双电层，如图 4-2(a) 所示。锌、镁、铁等在酸、碱、盐中都形成这种类型的双电层。若水化作用不能克服金属晶格中金属原子和自由电子间的引力，则当溶解与沉积达到动态平衡时，形成金属表面带正电荷、溶液一侧带负电荷的双电层，如图 4-2(b) 所示。铜、金、铂等金属在其盐溶液中形成这种类型的双电层。近代研究证明，双电层并非像平行板电容器那样整齐严密，实际上它由两部分组成。一部分是离子紧靠金属表面排列构成紧密层，另一部分是由于溶液中离子的热运动而扩散开去的扩散层，如图 4-2(c) 所示。由于双电层的形成，在金属和溶液之间便存在电势差，该电势差称为金属电极的平衡电势或称为电极电势，以符号 φ 表示。

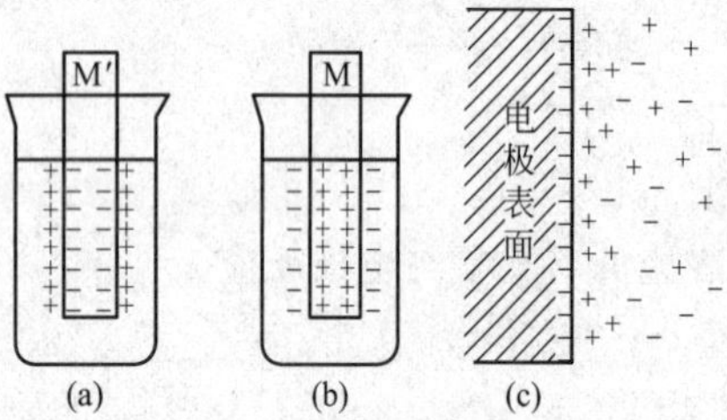

图 4-2 双电层示意图

不同的金属，溶解和沉积的平衡状态是不同的，因此不同的电极有不同的电极电势。由不同的电极组成的原电池，其电动势就是两个电极的电极电势之差，即：

$$E=\varphi_+ - \varphi_- \quad 或 \quad E^{\ominus}=\varphi_+^{\ominus}-\varphi_-^{\ominus}$$

4.3.2 标准电极电势

到目前为止还无法测出电极电势的绝对值。按照 1953 年国际纯粹和应用化学联合会 (IUPAC) 的建议，采用标准氢电极作为标准电极，即选定一个电极用于衡量其他电极电势的标准，就好像以海平面为零点作为衡量山的高度一样，这个建议已被接受和承认。

标准氢电极可以记为 $Pt|H_2(100.000kPa)|H^+(1.0mol/L)$。它是在 298.15K 时，将

100.000kPa 的纯氢气不断地通入 1.0mol/L 的稀酸溶液，其导电材料是镀有蓬松铂黑的铂片。此时溶液中的氢离子与被铂黑所吸附的氢气建立起下列动态平衡：

$$2H^+ + 2e^- \rightleftharpoons H_2$$

按规定，标准氢电极的（平衡）电极电势为零，以 $\varphi^\ominus(H^+/H_2)=0.0000V$ 表示。

测定其他电极的电极电势时，可将待测电极与标准氢电极组成原电池，测定此原电池的电动势。若标准氢电极为负极，待测电极为正极，根据 $E^\ominus=\varphi^\ominus_+-\varphi^\ominus_-$，$\varphi^\ominus_-=0$，因而 $E^\ominus=\varphi^\ominus_+$，则所测定的电池电动势就是待测电极的电极电势；同理，若标准氢电极为正极，待测电极为负极，根据 $E^\ominus=\varphi^\ominus_+-\varphi^\ominus_-$，$\varphi^\ominus_+=0$，因而 $E^\ominus=-\varphi^\ominus_-$，则所测定的电池电动势的负值就是待测电极的电极电势。

例如在 298.15K 时，由电位计测得原电池

$$(-)\ Zn|Zn^{2+}(1.0mol/L)\parallel H^+(1.0mol/L)|H_2(100.000kPa)|Pt(+)$$

的标准电动势为 $E^\ominus=0.7618V$，即 $E^\ominus=\varphi^\ominus(H^+/H_2)-\varphi^\ominus(Zn^{2+}/Zn)=0.7618V$

所以　$\varphi^\ominus(Zn^{2+}/Zn)=-0.7618V$

再如：298.15K 时，由电位计测得原电池

$$(-)\ Pt|H_2(100.000kPa)|H^+(1.0mol/L)\parallel Cu^{2+}(1.0mol/L)|Cu(+)$$

的标准电动势为 $E^\ominus=0.3419V$，即 $E^\ominus=\varphi^\ominus(Cu^{2+}/Cu)-\varphi^\ominus(H^+/H_2)=0.3419V$

所以 $\varphi^\ominus(Cu^{2+}/Cu)=0.3419V$

标准氢电极要求氢气纯度很高、压力稳定，并且铂在溶液中易吸附其他组分而中毒、失去活性。因此，实际上常用易于制备、使用方便且电极电势稳定的甘汞电极或氯化银电极等作为电极电势的对比参考（称为参比电极）。

甘汞电极 $Pt|Hg|Hg_2Cl_2(s)|Cl^-(aq)$ 的结构如图 4-3 所示。其电极反应式为

$$Hg_2Cl_2(s)+2e^- \rightleftharpoons 2Hg(l)+2Cl^-(aq)$$

由于所用 KCl 溶液的浓度不同，其电极电势也不同，常用的 KCl 溶液的浓度有三种，它们相对于标准氢电极的电极电势如表 4-2 所示。

对于精密的测量系统来说，一般选用 0.1mol/L 的溶液电极，因为这种电极的温度系数小。由于饱和 KCl 溶液的甘汞电极容易制备，所以常用这种电极。

如上所述，可利用标准氢电极或参比电极测得一系列待定电极的标准电极电势。一些氧化还原电对 298.15K 时的标准电极电势 $\varphi^\ominus$ 列于附录 7 中。由于同一还原剂或氧化剂在不同介质中的产物及其标准电极电势可能是不同的。在查阅标准电极电势数据时，要注意电对的具体存在形式、状态和介质条件等。

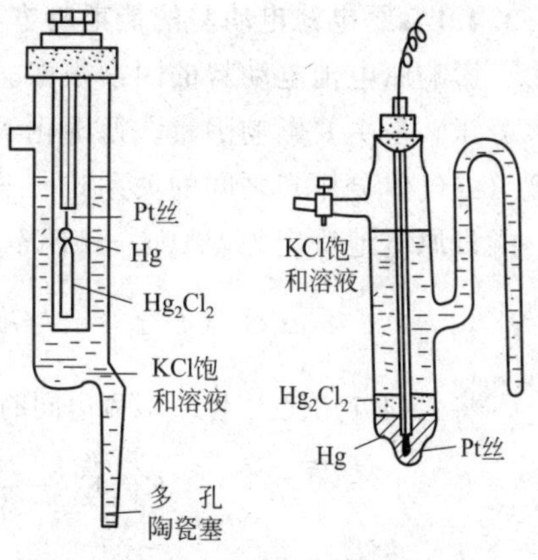

图 4-3　甘汞电极示意图

表 4-2　不同浓度下甘汞电极的电极电势

KCl 溶液浓度	φ_t/V	$\varphi_{25℃}$/V
0.1mol/L	$0.3335-7\times10^{-5}(t-25)$	0.3335
1mol/L	$0.2799-2.4\times10^{-4}(t-25)$	0.2799
饱和	$0.2410-7.6\times10^{-4}(t-25)$	0.2410

4.3.3 原电池的电动势与电池反应的摩尔吉布斯函数变

在等温等压下，系统的吉布斯函数变等于系统所做的最大非体积功：

$$\Delta_r G_m = -W_{f,最大}$$

在原电池中，非体积功只有电功，所以化学反应的吉布斯函数变转变为电能，因此上式可写成：

$$\Delta_r G_m = -W_{电功,最大}$$

$$W_{电功,最大} = qE$$

其中 $q = nF$

则 $W_{电功,最大} = nFE$

因此 $$\Delta_r G_m = -nFE \tag{4-1a}$$

式中，F 为法拉第常数，即 1mol 电子所带的电量，其值为 96485C/mol；n 为电池反应中电子转移数，即两个电极半反应中电子转移数的最小公倍数；E 为电池的电动势，单位为 V。

当电池中各物质都处于标准态时，电池的电动势就是标准电动势 $E^{\ominus}$。则

$$\Delta_r G_m^{\ominus} = -nFE^{\ominus} \tag{4-1b}$$

这个关系式把热力学和电化学联系起来了，并可以推出等温、等压和标准状态下：

$\Delta_r G_m^{\ominus} < 0$，$E^{\ominus} > 0$，反应正向自发进行

$\Delta_r G_m^{\ominus} > 0$，$E^{\ominus} < 0$，反应逆向自发进行

$\Delta_r G_m^{\ominus} = 0$，$E^{\ominus} = 0$，反应达到平衡

测定出原电池的电动势 $E^{\ominus}$，就可以根据这一关系式计算出电池中进行的氧化还原反应的吉布斯函数变 $\Delta_r G_m^{\ominus}$；反之，通过计算某个氧化还原反应的吉布斯函数变 $\Delta_r G_m^{\ominus}$，也可以求出相应原电池的 $E^{\ominus}$。

4.3.4 能斯特方程式

4.3.4.1 原电池电动势的能斯特方程式

影响原电池电动势的因素很多。对于特定的电池来说，温度、电解质溶液的浓度（或气体分压）是主要影响因素。德国化学家 Nernst 提出了电池电动势与温度、电解质溶液的浓度（或气体分压）之间的关系式——能斯特（Nernst）方程式。

设原电池反应为 $a\text{A(g)} + b\text{B(aq)} \rightleftharpoons g\text{G(aq)} + h\text{H(g)}$，由等温方程式可知：

$$\Delta_r G_m(T,p) = \Delta_r G_m^{\ominus}(T) + RT\ln\frac{[c(\text{G})/c^{\ominus}]^g[p(\text{H})/p^{\ominus}]^h}{[p(\text{A})/p^{\ominus}]^a[c(\text{B})/c^{\ominus}]^b}$$

将式(4-1) 代入上式，两边同时除以 $-nF$，可得

$$E = E^{\ominus} - \frac{RT}{nF}\ln\frac{[c(\text{G})/c^{\ominus}]^g[p(\text{H})/p^{\ominus}]^h}{[p(\text{A})/p^{\ominus}]^a[c(\text{B})/c^{\ominus}]^b} \tag{4-2a}$$

式中，$E^{\ominus}$ 为标准态电动势；T 为反应温度；R 为气体常数；n 为电池反应中转移的电子数；F 为法拉第常数。

若温度为 $T=298.15\text{K}$，并将 $R=8.314\text{J/(mol·K)}$、$F=96485\text{C/mol}$ 代入上式，同时将以 e 为底的自然对数换算成以 10 为底的常用对数，则式(4-2a) 可变为较简便的计算式(4-2b)。

$$E = E^{\ominus} - \frac{0.05917\text{V}}{n}\lg\frac{[c(\text{G})/c^{\ominus}]^g[p(\text{H})/p^{\ominus}]^h}{[p(\text{A})/p^{\ominus}]^a[c(\text{B})/c^{\ominus}]^b} \tag{4-2b}$$

式(4-2a) 和式(4-2b) 即为原电池电动势的能斯特（Nernst）方程式。

4.3.4.2　电极电势的能斯特方程式

德国化学家能斯特（Nernst）还提出了非标准态的电极电势与标准态的电极电势之间的关系。

设电极反应通式为：

$$a(\text{氧化态})+n\text{e}^- \rightleftharpoons b(\text{还原态})$$

则

$$\varphi=\varphi^{\ominus}+\frac{RT}{nF}\ln\frac{[c_{(\text{氧化态})}/c^{\ominus}]^a}{[c_{(\text{还原态})}/c^{\ominus}]^b} \tag{4-3a}$$

若温度为 298K，并将自然对数换成常用对数则得：

$$\varphi=\varphi^{\ominus}+\frac{0.05917\text{V}}{n}\lg\frac{[c_{(\text{氧化态})}/c^{\ominus}]^a}{[c_{(\text{还原态})}/c^{\ominus}]^b} \tag{4-3b}$$

式(4-3a）和式(4-3b）称为电极电势的能斯特方程式，简称能斯特方程式。

4.3.4.3　应用能斯特方程式时的注意事项

① 若电池反应式或电极反应式中各物质前的化学计量数不等于 1，则各物质的相对浓度（或相对分压）应以对应的化学计量数为指数。

② 若某一物质是纯液体或固态纯物质，则其相对浓度（或相对分压）以常数 1 代入方程式中。

③ 若参与电池反应的物质是溶液，其浓度以物质的量的浓度带入；若参与电池反应的物质是气体，其压力项以该组分的分压带入。

④ 若在原电池反应或电极反应中，除氧化态和还原态物质外，还有 H^+ 或 OH^- 参加反应，则这些离子的浓度及其在反应式中的化学计量数也应根据反应式写在能斯特方程式中。

例 4-4　若 Cu^{2+} 浓度为 0.01mol/L，计算 298K 时铜电极的电极电势。

解　从附录中查得：

$$Cu^{2+}(aq)+2e^- \longrightarrow Cu(s)；\ \varphi^{\ominus}(Cu^{2+}/Cu)=0.3419\text{V}$$

$$\varphi(Cu^{2+}/Cu)=\varphi^{\ominus}(Cu^{2+}/Cu)+\frac{0.05917\text{V}}{n}\lg\frac{[c_{(\text{氧化态})}/c^{\ominus}]^a}{[c_{(\text{还原态})}/c^{\ominus}]^b}$$

$$=0.3419\text{V}+\frac{0.05917\text{V}}{2}\lg(0.01)=0.2827\text{V}$$

例 4-5　计算 OH^- 浓度为 0.100mol/L、$p(O_2)=100\text{kPa}$、$T=298.15\text{K}$ 时，氧的电极电势 $\varphi(O_2/OH^-)$。

解　从附录可查得氧的标准电极电势：

$$O_2(g)+2H_2O(l)+4e^- \longrightarrow 4OH^-(aq)；\ \varphi^{\ominus}(O_2/OH^-)=0.401\text{V}$$

$$\varphi(O_2/OH^-)=\varphi^{\ominus}(O_2/OH^-)+\frac{0.05917\text{V}}{n}\lg\frac{[c_{(\text{氧化态})}/c^{\ominus}]^a}{[c_{(\text{还原态})}/c^{\ominus}]^b}$$

$$=\varphi^{\ominus}(O_2/OH^-)+\frac{0.05917\text{V}}{4}\lg\frac{[p_{(O_2)}/p^{\ominus}]}{[c_{(OH^-)}/c^{\ominus}]^4}$$

$$=0.401\text{V}+\frac{0.05917\text{V}}{4}\lg\frac{100/100}{(0.100)^4}$$

$$=0.460\text{V}$$

若将电极反应式写成$\frac{1}{2}O_2(g)+H_2O(l)+2e^- \rightleftharpoons 2OH^-(aq)$，计算结果仍为$\varphi(O_2/OH^-)=0.460V$。这说明只要是已配平的电极反应，反应式中各物质的化学计量数均乘以一定的倍数，对电极电势的数值并无影响。根据能斯特方程式还可以看出当溶液中OH^-浓度降低时，氧的电极电势增大，氧的氧化性增强，换言之，氧在酸性溶液中的氧化性比在碱性溶液中强。

例 4-6 在酸性介质中用高锰酸钾作氧化剂，其电极反应为

$$MnO_4^- + 8H^+ + 5e^- = Mn^{2+} + 4H_2O$$

当$T=298.15K$，$c(MnO_4^-)=c(Mn^{2+})=1.00mol/L$，$pH=5.00$时，$\varphi(MnO_4^-/Mn^{2+})=?$

解 在酸性介质中，电极反应和标准电极电势为

$$MnO_4^- + 8H^+ + 5e^- \rightleftharpoons Mn^{2+} + 4H_2O \quad \varphi^\ominus(MnO_4^-/Mn^{2+})=1.507V$$

根据能斯特方程式可得

$$\varphi(MnO_4^-/Mn^{2+})=\varphi^\ominus(MnO_4^-/Mn^{2+})+\frac{0.05917V}{5}\lg\frac{[c_{MnO_4^-}/c^\ominus][c_{H^+}/c^\ominus]^8}{[c_{Mn^{2+}}/c^\ominus]}$$

$$=1.507V+\frac{0.05917V}{5}\lg(1.00\times10^{-5})^8$$

$$=1.507V-0.473V$$

$$=1.034V$$

结论：介质的酸碱性对氧化还原电对的电极电势影响较大。一般说来，含氧酸盐在酸性介质中表现出较强的氧化性。

思考与练习题

4-3 相同的电对（如Zn^{2+}/Zn）能否组成原电池？

4.3.5 电极电势的应用

电极电势数值是反映物质性质的重要数据，在理论和实践中都有十分广泛而重要的应用。

4.3.5.1 判断氧化剂和还原剂的相对强弱

电极电势的大小反映了氧化还原电对中的氧化态物质和还原态物质在水溶液中氧化还原能力的相对强弱。若氧化还原电对的电极电势代数值越小，则该电对中的还原态物质越易失去电子，是较强的还原剂；其对应的氧化态物质就越难得到电子，是较弱的氧化剂。若电极电势的代数值越大，则该电对中氧化态物质是较强的氧化剂，其对应的还原态物质就是较弱的还原剂。

例如从附录中可以查得：

$$\varphi^\ominus(Cl_2/Cl^-)=+1.358V \quad \varphi^\ominus(Br_2/Br^-)=+1.066V \quad \varphi^\ominus(I_2/I^-)=+0.5355V$$

因为　$\varphi^{\ominus}(Cl_2/Cl^-)>\varphi^{\ominus}(Br_2/Br^-)>\varphi^{\ominus}(I_2/I^-)$

所以标准态下，氧化剂强弱顺序为 $Cl_2>Br_2>I_2$，还原剂强弱顺序为 $I^->Br^->Cl^-$。因此，标准态下，如将氯气通入浓度相同的 Br^- 和 I^- 溶液中，Cl_2 与 I^- 反应要比 Cl_2 与 Br^- 反应趋势大得多。

※ 若电对处于非标准状态下，首先根据能斯特方程式计算出 φ 值，再根据 φ 值进行比较。

4.3.5.2　判断氧化还原反应进行的方向

氧化还原反应的吉布斯函数变与原电池电动势间的关系为 $\Delta_r G_m=-nFE$。所以只要 $E>0$，即 φ(正)$>\varphi$(负)时，原电池反应就能自发进行，也就是说作为氧化剂电对的电极电势代数值大于作为还原剂电对的电极电势代数值时，就能满足反应自发进行的条件，即电对 1 和电对 2 进行氧化还原反应，则自发进行的方向可表示为：

$$\text{强氧化剂}_1+\text{强还原剂}_2 \rightleftharpoons \text{弱还原剂}_1+\text{弱氧化剂}_2$$

例 4-7　判断氧化还原反应：$2Mn^{2+}+5Cl_2+8H_2O \rightleftharpoons 2MnO_4^-+16H^++10Cl^-$

在①标准状态②pH=5.00（其他条件均为标准条件）的溶液中进行反应时的方向。

解　从附录可查出两个电对的标准电极电势：

$$\varphi^{\ominus}(MnO_4^-/Mn^{2+})=+1.507V；\varphi^{\ominus}(Cl_2/Cl^-)=+1.358V$$

(1) 标准状态时：$\varphi^{\ominus}(MnO_4^-/Mn^{2+})>\varphi^{\ominus}(Cl_2/Cl^-)$

所以上述氧化还原反应将按逆向进行，

即：$2MnO_4^-+16H^++10Cl^- \rightleftharpoons 2Mn^{2+}+5Cl_2+8H_2O$

(2) pH=5.00（其他条件均为标准条件）时，根据能斯特方程式进行计算（例 4-6）可得：$\varphi(MnO_4^-/Mn^{2+})=1.034V$。因为

$$\varphi(MnO_4^-/Mn^{2+})<\varphi^{\ominus}(Cl_2/Cl^-)$$

所以上述氧化还原反应将按正向进行，

即：$2Mn^{2+}+5Cl_2+8H_2O \rightleftharpoons 2MnO_4^-+16H^++10Cl^-$

※ 结论：反应条件可以改变氧化还原电对的电极电势大小，影响氧化还原反应进行的方向。

4.3.5.3　确定氧化还原反应可能进行的程度

确定氧化还原反应可能进行的最大程度也就是计算该氧化还原反应的标准平衡常数。

对于任一氧化还原反应，标准状态下，则有 $\Delta_r G_m^{\ominus}=-nFE^{\ominus}$；

另根据标准平衡常数的定义，有 $\Delta_r G_m^{\ominus}=-2.303RT\lg K^{\ominus}$。所以

$$-nFE^{\ominus}=-2.303RT\lg K^{\ominus}$$

$$\lg K^{\ominus}=\frac{nFE^{\ominus}}{2.303RT} \tag{4-4a}$$

当 $T=298.15$K 时，
$$\lg K^{\ominus}=\frac{nE^{\ominus}}{0.05917V} \tag{4-4b}$$

从式(4-4b) 可以看出，在 298.15K 时氧化还原反应的标准平衡常数只与标准电动势有

关，而与溶液的起始浓度（或分压）无关。也就是说，只要知道氧化还原反应所组成的原电池的电动势，就可以确定该反应可能进行的最大限度。

例 4-8 计算 298K 时反应 $Cu^{2+}+Fe \longrightarrow Fe^{2+}+Cu$ 的平衡常数。

解 将此反应分为两个半电池反应：

负极： $Fe-2e^- \longrightarrow Fe^{2+}$ $\qquad \varphi^\ominus(Fe^{2+}/Fe)=-0.447V$

正极： $Cu^{2+}+2e^- \longrightarrow Cu$ $\qquad \varphi^\ominus(Cu^{2+}/Cu)=+0.3419V$

$$E^\ominus=\varphi^\ominus(Cu^{2+}/Cu)-\varphi^\ominus(Fe^{2+}/Fe)=(+0.3419V)-(-0.447V)=0.7889V$$

代入式(4-4b) 可得：

$$\lg K^\ominus=\frac{nE^\ominus}{0.05917V}=\frac{2\times 0.7889V}{0.05917V}=26.6655$$

$$K^\ominus=4.630\times 10^{26}$$

计算结果表明该反应可能进行得相当彻底。但是必须指出：以上对氧化还原反应方向和程度的判断，都是从化学热力学的角度进行讨论的，并未涉及反应速率问题。对于一个具体的氧化还原反应的可行性即现实性，还需要同时考虑反应速率的大小。

同理，根据式(4-4a)、式(4-4b) 还可以求某些弱电解质的电离常数、难溶盐的溶度积等。

4.3.5.4 pH 值的测定

选用对氢离子可逆的电极与已知电极电势的电极同时插入待测溶液中构成电池，测量其电动势，即可根据能斯特方程式求出溶液的 pH 值，这就是 pH 计的工作原理。

例如，将氢电极与甘汞电极浸入待测溶液中，则组成如下原电池：

(－) $Pt|H_2(100kPa)|$待测溶液$(x\,mol/L)\parallel KCl(1.0mol/L)|Hg_2Cl_2(s)|Hg|Pt$(＋)

负极： $H_2(g)-2e^- \rightleftharpoons 2H^+(aq)$

正极： $Hg_2Cl_2(s)+2e^- \rightleftharpoons 2Hg(l)+2Cl^-\ (1.0mol/L)$

$$\varphi_+=\varphi^\ominus(\text{甘汞},1.0mol/L)=0.2799V$$

$$\varphi_-=\varphi^\ominus_{(H^+/H_2)}+\frac{0.05917V}{2}\lg\frac{[c_{(H^+)}/c^\ominus]^2}{p_{(H_2)}/p^\ominus}=-0.05917VpH$$

$$E=\varphi_+-\varphi_-=0.2799V-(-0.05917VpH)=0.2799V+0.05917VpH$$

$$pH=\frac{E-0.2799}{0.05917}$$

由此可见，根据测定的电池电动势即可确定溶液的 pH 值。

利用氢离子电极测定溶液 pH 值虽然准确，但氢电极使用极不方便，而且不能用于含有 Hg^{2+}、Fe^{3+} 等重金属离子的溶液（这些离子不易被氢气所还原，并且会黏附在电极表面，使电极失去活性）。实验室采用玻璃电极与甘汞电极组成电池或直接使用复合电极测定待测溶液的 pH 值。

思考与练习题

4-4 根据电对 Cu^{2+}/Cu、Fe^{3+}/Fe^{2+}、Fe^{2+}/Fe 的电极反应的标准电势值，指出下列各组物质中，哪

些可以共存，哪些不能共存，并说明理由。

(1) Cu^{2+}、Fe^{2+}；(2) Fe^{3+}、Fe；(3) Cu^{2+}、Fe；(4) Fe^{3+}、Cu；(5) Cu、Fe^{2+}。

4-5　判断氧化还原反应进行程度的原则是什么？与 E 有关，还是只与 $E^{\ominus}$ 有关？

4.4　电解及应用

使电流通过电解质溶液（或熔融液），在两电极上分别发生氧化反应和还原反应的过程称为**电解**。这种借助于电流引起氧化还原反应的装置称为**电解池**（**electrolysis cell**）。电解池由电极、电解质溶液和电源组成。在电解池中，习惯上将与直流电源的负极相连的极叫做阴极，与直流电源的正极相连的极叫做阳极。电子从电源的负极沿导线进入电解池的阴极；另一方面，电子又从电解池的阳极离去，沿导线流回电源正极。这样在阴极上电子过剩，在阳极上电子缺少，电解液（或熔融液）中的正离子移向阴极，在阴极上可得到电子，进行还原反应，负离子移向阳极，在阳极上可给出电子，进行氧化反应。离子在相应电极上得失电子的过程均称为放电。

4.4.1　分解电压和超电势

要使电解作用顺利进行，需在电解池的两极间施于适当的直流电压，为分析电解过程，下面以铂作电极电解 0.1mol/L NaOH 溶液为例来说明。

将 0.1mol/L NaOH 溶液按图 4-4 的装置进行电解，通过调节可变电阻 R 改变外电压，从电流计 A 可以读出在一定外加电压下的电流数值。当接通电流后，可以发现，在外加电压很小时，电流很小，电压逐渐增加到 1.23V 时，电流增大仍很小，电极上没有气泡发生。只有当电压增加到约 1.7V 时，电流开始剧增，以后随电压的增加，电流直线上升。同时，在两极上有明显的气泡产生，电解能顺利进行。这个能使电解顺利进行所需的最小电压叫做分解压。根据上述实验结果绘图可得电压—电流密度曲线（见图 4-5）。图 4-5 中 D 点的电压读数即为分解电压。

为了理解分解电压，下面分析电解池两极反应的情况。

电解 0.1mol/L NaOH 溶液时，两极的反应如下：

阴极　$$H^+ + e^- \rightleftharpoons \frac{1}{2}H_2$$

阳极　$$4OH^- - 4e^- \rightleftharpoons 2H_2O + O_2$$

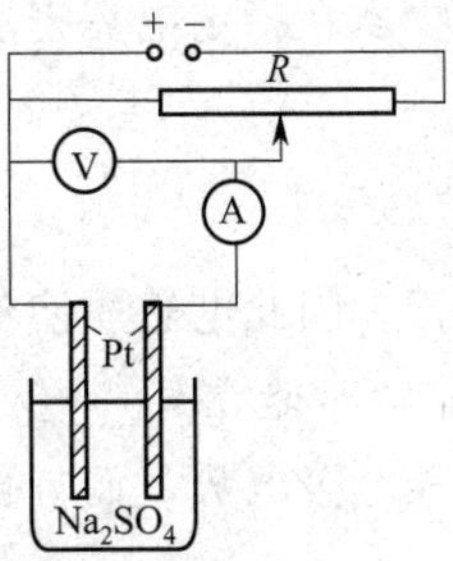

图 4-4　测定分解电压装置示意图

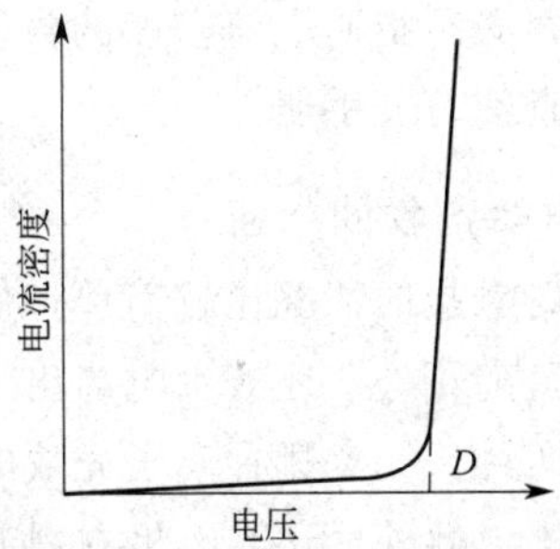

图 4-5　电压—电流密度曲线

而生成的 H_2 和 O_2 分别吸附在铂片表面，形成了氢电极和氧电极，并组成了一个新的原电池：

$$(-)\ Pt|H_2|NaOH(0.1mol/L)|O_2|Pt(+)$$

其中的电子从负极（电解池的阳极）流向正极（电解池的阴极），与外电源的电子流动方向相反，即所形成的新的原电池的电动势与外加电压相反。为使电解顺利进行，外加电压必须克服这一反向电动势。可见，**分解电压**是由于电解产物在电极上形成某种原电池，产生反向电动势而引起的。所产生的这个反向电动势就是理论分解电压。

但实际上，电解所需的实际分解电压总是大于理论分解电压。例如以铂作电极电解 0.1mol/L NaOH 溶液时理论分解电压是 1.23V，而实际分解电压是 1.70V。这是由于电极上和溶液中发生了一些电化学反应，使电极过程离开了平衡状态，而发生了电极的极化，电极的极化主要包括浓差极化和电化学极化。这种由于极化而产生的实际分解电压与理论分解电压之差，称为**超电势**。超电势的存在会额外消耗大量的电能，但也可以利用各物质超电压的不同来控制电解的产物。

浓差极化是由于电解过程中离子在电极上放电的速率较快而溶液中离子扩散速率较慢，使电极附近的离子浓度与溶液中其他区域不同。因此浓差极化的结果使阴极电极电势减小，阳极电极电势增大。总的结果是使实际分解电压的数值增大。搅拌和升温可加快离子的扩散速度，从而使浓差极化减小到可以忽略的程度。

电化学极化是由于电解产物析出过程中的某一步骤（如离子的放电，原子结合为分子，气泡的形成等）反应速率迟缓而引起电极电势偏离平衡电势的现象。电化学极化的结果使阴极的电极电势更负，阳极的电极电势更正。

从上述讨论可以得出，电解池的实际分解电压包括理论分解电压、超电压以及由于浓差极化和内阻所引起的电压降，即：

$$E(\text{实})=E(\text{理})+\eta+E(\text{浓差})+E_{IR}$$

通常后两者可设法使之减小而予以忽略，则上式变为：

$$E(\text{实})\approx E(\text{理})+\eta$$

这样，在上述以铂作电极电解 0.1mol/L NaOH 时，电解池的超电压为

$$\eta\approx E(\text{理})-E(\text{实})=(1.70-1.23)\text{V}=0.47\text{V}$$

影响超电势的因素主要有以下三个方面：①与电解产物的本质有关，一般金属（除 Fe、Co、Ni 外）的超电势很小，气体的超电势较大，而氢气、氧气的超电势更大；②与电极材料和表面状态有关，同一电解产物在不同电极上的超电势值不同，且电极表面状态不同时，超电势数值也不同；③与电流密度有关，随着电流密度增大超电势值增大，因此表达超电势的数据时，必须指明电流密度的数值或具体条件。关于各种物质在指定电流密度时的超电势数据，可查阅有关手册。

4.4.2 电解产物的判断

电解熔融盐的情况比较简单，但电解常常在水溶液中进行。因此电解质溶液中，除电解质的正、负离子外，还有水电离出来的 H^+ 和 OH^-。因而电解时能在某一电极上放电的离子至少有两种。究竟哪种离子先放电，不仅决定于它们的标准电极电势，而且也取决于离子浓度的大小。此外，还与电极材料有关。

4.4.2.1 判断依据

由于阳极发生的是氧化反应，所以在阳极上优先放电的是析出电极电势代数值较小的还原态物质；由于阴极上发生的是还原反应，所以在阴极上优先放电的则为析出电极电势代数

值较大的氧化态物质。析出电势的计算公式为：

$$\varphi(\text{阳,析出}) \approx \varphi(\text{阳}) + \eta(\text{阳}) \tag{4-5a}$$

$$\varphi(\text{阴,析出}) \approx \varphi(\text{阴}) + \eta(\text{阴}) \tag{4-5b}$$

式中，φ(阳) 和 φ(阴) 分别为按能斯特方程式计算得到的阳极和阴极电极电势（即平衡电极电势）。

大量实验结果表明，简单盐类水溶液电解时，两极的产物是有一定规律的。

4.4.2.2　电解产物的一般规律

(1) 阴极产物

① 电极电势代数值比 H^+ 大的金属正离子首先在阴极被还原析出；一些电极电势比 H^+ 小的金属正离子如 Zn^{2+}、Fe^{2+} 等则由于 H_2 的超电势较大，在酸性较小时，这些金属正离子的析出电势代数值仍大于 H^+ 的析出电势代数值，所以在一般情况下它们也较 H^+ 易于被还原而析出。如果电解池的电压很大，则氢气也可能与这些金属一起在阴极析出。

② 标准电极电势代数值较小的金属离子（电极电势表中 Al 以前的金属）则是水中的 H^+ 被还原成 H_2 而先析出。

(2) 阳极产物

① 若阳极材料为一般金属（除 Pt、Au 等惰性外），则发生阳极溶解，生成相应的离子。

② 若阳极为惰性电极，溶液中存在 S^{2-}、Br^-、Cl^- 等简单负离子时，在阳极可以优先析出 S、Br_2、Cl_2。若溶液中只存在 SO_4^{2-} 这类难被氧化的含氧酸根离子，则是 OH^- 优先放电而析出氧气。

例如，电解 NaCl 浓溶液（以石墨作阳极，铁作阴极）时，在阴极能得到氢气，在阳极能得到氯气；电解 $ZnSO_4$ 溶液（以石墨作阳极，铁作阴极）时，在阴极能得到金属锌，在阳极能得到氧气。

4.4.3　电解的应用

电解的应用很广，在机械工业和电子工业中广泛应用电解进行金属材料的加工和表面处理。最常见的是电镀、阳极氧化、电抛光等。在我国目前又应用电刷镀的方法对机械的局部破损进行修复，在铁道、航空、船舶和军事工业等方面均已应用。下面简单介绍电镀、阳极氧化和电刷镀的原理。

4.4.3.1　电镀与电刷镀

电镀（electroplating）是应用电解的方法将一种金属覆盖到另一种金属表面上的过程。电镀时，金属制件通常需要经过除锈、去油等处理，然后将其作为阴极、放入电镀槽中，阳极一般是含镀层金属的金属板（或棒），电解液中的主要成分是镀层金属的盐溶液。以电镀锌为例说明电镀的原理。它是将被镀的零件作为阴极材料，用金属锌作为阳极材料，在锌盐溶液中进行电解。电镀用的锌盐通常不能直接用简单锌离子的盐溶液。若用硫酸锌作电镀液，由于锌离子浓度较大，结果使镀层粗糙、厚薄不均匀，镀层与基体金属结合力差。实际上，一般采用碱性锌酸盐镀锌，这种电镀液是由氧化锌、氢氧化钠和添加剂等配制而成的。氧化锌在氢氧化钠溶液中形成 $Na_2[Zn(OH)_4]$ 溶液。

$$2NaOH + ZnO + H_2O \longrightarrow Na_2[Zn(OH)_4]$$

$$[Zn(OH)_4]^{2-} \rightleftharpoons Zn^{2+} + 4OH^-$$

NaOH 一方面作为配合剂，另一方面又可增加溶液的导电性。由于 $[Zn(OH)_4]^{2-}$ 配离子的形成，降低了 Zn^{2+} 离子的浓度。随着电解的进行，Zn^{2+} 不断放电，同时 $[Zn(OH)_4]^{2-}$ 不断解离，能保证电镀液中 Zn^{2+} 的浓度基本稳定。两极主要反应为：

阴极 $Zn^{2+}+2e^- \rightleftharpoons Zn$

阳极 $Zn \rightleftharpoons Zn^{2+}+2e^-$

使金属晶体在镀件上有个适宜的晶核生成速率，因此可得到结晶细致的光滑镀层。

电刷镀（**electrobrush plating**）就是利用电镀的基本原理，能以很小的代价，修复价值较高的机械的局部损坏的一种技术。目前已得到广泛应用，被誉为“机械的起死回生术”。

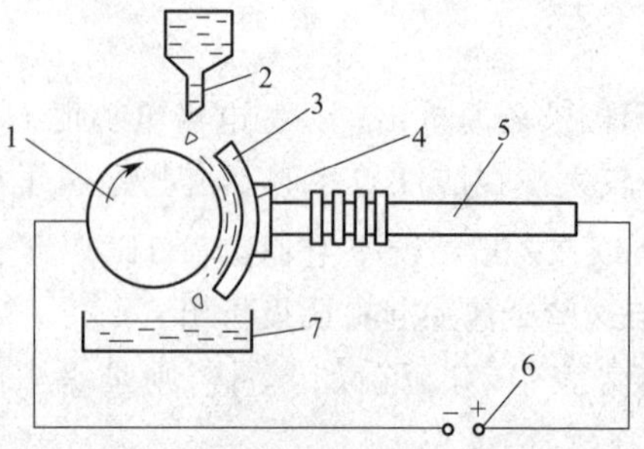

图 4-6 电刷镀工作原理示意图

1—工件（阴极）；2—电镀液加入管；3—棉花涤棉包套；4—石墨阳极；5—镀笔；6—直流电源；7—电镀液回收盘

在电刷镀装置中，阴极是经清洗处理的工件，阳极用石墨（或铂铱合金、不锈钢等），外面包以棉花包套，称为镀笔。在镀笔的棉花包套中浸满金属电镀溶液，而电镀液不是放在电镀槽中，而是在电刷镀过程中不断滴加电镀液，使之浸湿在棉花包套中，工件在操作过程中不断旋转，与镀笔间保持相对运动。当把直流电源的输出电压调到一定的工作电压后，将镀笔的棉花包套部分与工件接触，就可将金属镀到工件上。由于把固定的电镀槽改为不固定形状的棉花包套，从而使设备简单、操作方便（见图 4-6）。电刷镀可以根据需要对工件进行修补，也可以采用不同的镀液，镀上铜、锌、镍等。

4.4.3.2 阳极氧化

阳极氧化是将金属置于电解液中作为阳极，使金属表面形成几十至几百微米的氧化膜的过程。氧化膜的形成使金属具有耐磨、防腐、装饰等特点。例如，金属铝与空气接触后即形成一层均匀而致密的氧化膜（Al_2O_3），而起到保护作用。但是这种自然形成的氧化膜厚度仅 0.02～1μm，保护能力不强。另外，为使铝具有较大的机械强度，常在铝中加入少量其他元素组成合金。但一般铝合金的耐蚀性能不如纯铝，因此常用阳极氧化的方法使其表面形成氧化膜，以达到防腐耐蚀的目的。现以铝及铝合金的阳极氧化为例说明其原理。

将经过表面除油、抛光等预处理工艺之后的铝及铝合金工件作为电解池的阳极材料，别的铝板或铅板作为阴极材料，稀硫酸（或其他酸溶液）作为电解液。通电后，阳极反应是 OH^- 放电析出氧，它很快与阳极的铝作用生成氧化物，并放出大量的热，即：

阳极反应 $2Al+6OH^-(aq) \rightleftharpoons Al_2O_3+3H_2O+6e^-$（主要）

$4OH^-(aq) \rightleftharpoons 2H_2O+O_2(g)+4e^-$（次要）

阴极反应 $2H^+(aq)+2e^- \rightleftharpoons H_2(g)$

阳极氧化所得氧化膜能与金属结合得很牢固，氧化物保护膜还富有多孔性（见图 4-7），具有很好的吸附能力，可以染色或电解着色。对于不需要染色的表面孔隙，需进行封闭处理，使膜层的疏孔缩小，因而大大地提高铝及其合金的耐腐蚀性和耐磨性，并可提高表面的电阻和热绝缘性。经过阳极氧化处理的铝导线可做电机和变压器的绕组线圈。所谓封闭处理通常是将工件浸在重铬酸盐或其他封闭液中，使孔隙缩小，提高氧化膜抗腐蚀性能，防止腐蚀介质进入孔中引起腐蚀。

4.4.3.3 电抛光

电抛光（**electropolishing**）是在电解过程中，利用金属表面上凸出部分的溶解速率大于金属表面上凹入部分的溶解速率而对金属表面精加工的一种新工艺。用电抛光可获得平滑和有光泽的金属表面，如金属磨片制备及处理表面缺陷等。比机械抛光的生产效率高，成本低，易于实现自动化，对形态复杂零件尤为有利。电抛光时，以待抛光工件作为阳极，可用铅板作为阴极，在含有磷酸、硫酸和铬酐（CrO_3）的电解液中进行电解。此时工件阳极的表面被氧化而溶解（见图 4-8）。

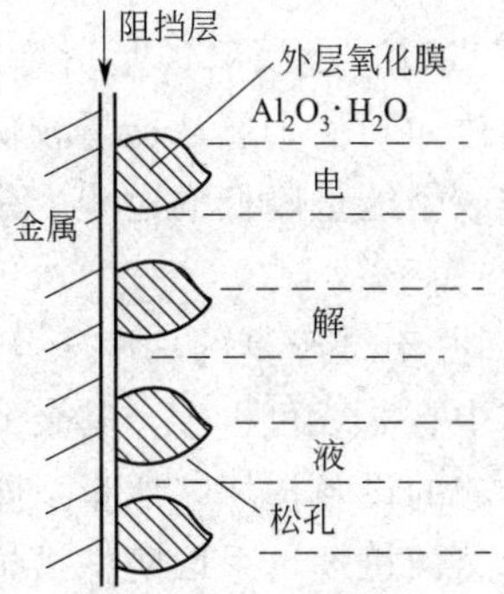

图 4-7　氧化膜的生成示意图

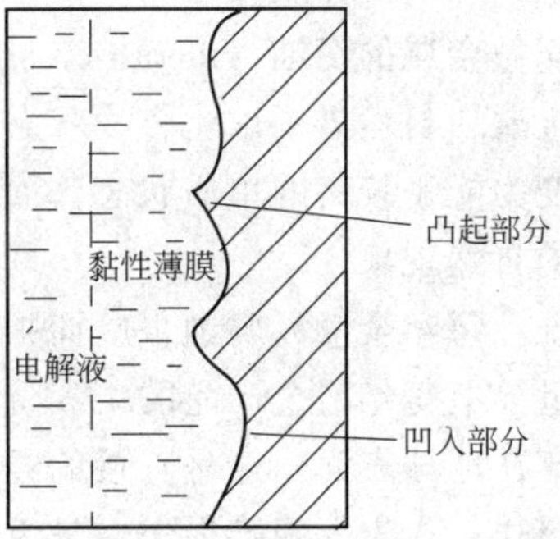

图 4-8　电解抛光形成薄膜示意图

选择适当电解液在电抛光工艺中是很重要的。对电解液的要求有如下几点：①电解液中应含有一定量的氧化剂，这对金属表面形成“氧化膜”是有利的，而且不希望有能破坏氧化膜的活性离子存在；②在不通电情况下，电解液不应对抛光金属起明显的腐蚀破坏作用；③无论通电与否，电解液必须是足够稳定的；④电解液有较广泛的工作范围和通用性；⑤抛光能力高，价廉，无毒，且阳极溶解产物允许的浓度大，并能予以清除。现以钢铁制件的电抛光为例说明如下。

钢铁工件为阳极，阳极反应为：

$$Fe \rightleftharpoons Fe^{2+} + 2e^-$$

产生的 Fe^{2+} 能与溶液中的 $Cr_2O_7^{2-}$ 发生氧化还原反应：

$$6Fe^{2+} + Cr_2O_7^{2-} + 14H^+ \rightleftharpoons 6Fe^{3+} + 2Cr^{3+} + 7H_2O$$

生成的 Fe^{3+} 又进一步与溶液中的离子作用形成磷酸二氢盐［$Fe(H_2PO_4)_3$］和硫酸盐［$Fe_2(SO_4)_3$］。由于阳极附近盐的浓度不断增加，在金属表面形成一种黏性薄膜。这种薄膜的导电性不良，并能使阳极的电极电势代数值增大；同时在金属凹凸不平的表面上黏性薄膜厚薄分布不均匀，凸起部分薄膜较薄，凹入部分薄膜较厚，因而阳极表面各处的电阻有所不同。凸起部分电阻较小，电流密度较大，这样就使凸起部分比凹入部分溶解得较快，于是粗糙的平面得以平整。这种薄膜还有另一种作用，即在阳极溶解时能使其表面形成一层氧化物薄膜，使金属处于轻微的钝化状态，因而使阳极溶解不致过快。电抛光时阴极的主要反应为

$$Cr_2O_7^{2-} + 14H^+ + 6e^- \rightleftharpoons 2Cr^{3+} + 7H_2O$$

$$2H^+ + 2e^- \rightleftharpoons H_2(g)$$

思考与练习题

4-6　电解盐类的水溶液时，首先在阳极放电的是________较小的________物质；首先在阴极放电的是________较大的________物质。若是________做阳极，则阳极________。

4-7 工件作阳极的电化学加工方法有哪些？

4.5 金属的腐蚀与防护

当金属和周围介质接触时，由于发生化学作用或电化学作用而引起的材料性能的退化与破坏，叫做**金属的腐蚀**（**metallic corrosion**）。从热力学观点看，金属腐蚀是冶炼的逆过程。大多数金属在自然界中以化合物状态存在。冶炼是人们通过做功使金属从能量较低的化合物状态转变为能量较高的单质状态。而金属腐蚀的过程则是一个能量降低的过程，是自发的普遍存在的自然现象。

据统计每年全世界腐蚀报废而损耗的金属约 1 亿吨，占年总产量的 20%～40%。也有人估计世界上每年冶金产品的 1/3 将由于腐蚀而报废，其中有 2/3 可再生，其余的因不可再生而散落在地球表面，这是直接的经济损失。因腐蚀而引起的设备损坏，质量下降，环境污染以及爆炸、火灾等间接损失更是无法估量的。因此研究腐蚀机理，采取防护措施，对经济建设有着十分重要的意义。

4.5.1 腐蚀机理

根据金属腐蚀的主要机理，金属腐蚀可分为化学腐蚀和电化学腐蚀两类。其中，电化学腐蚀最为常见，故本节作重点介绍。

4.5.1.1 化学腐蚀

单纯由化学作用引起的腐蚀叫做**化学腐蚀**（**chemical corrosion**）。它们多发生在非电解质溶液中或干燥气体中，腐蚀过程中无电流产生。例如，金属和干燥气体如 O_2、H_2S、SO_2、Cl_2 等接触时，在金属表面上生成相应的化合物如氧化物、硫化物、氯化物等，从而造成金属的腐蚀。影响化学腐蚀的因素除了金属的本性和腐蚀介质的浓度外，主要是温度。例如，钢材在常温和干燥的空气里并不易腐蚀，但在高温下就容易被氧化，生成一层由 FeO、Fe_2O_3 和 Fe_3O_4 组成的氧化皮，同时还会发生脱碳现象。这主要是由于钢铁中的渗碳体（Fe_3C）与气体介质作用所产生的结果，例如：

$$Fe_3C+O_2 = 3Fe+CO_2$$

$$Fe_3C+CO_2 = 3Fe+2CO$$

$$Fe_3C+H_2O = 3Fe+CO+H_2$$

反应生成的气体产物离开金属表面，而碳便从邻近的、尚未反应的金属内部逐渐扩散到这一反应区，于是金属层中的碳逐渐减少，形成了脱碳层，致使钢铁表面硬度减小、疲劳极限降低。再如，在原油中含有多种形式的有机硫化物，它们对金属输油管及容器也会产生化学腐蚀。

4.5.1.2 电化学腐蚀

当金属与电解质溶液接触时，由电化学作用引起的腐蚀叫做**电化学腐蚀**（**electrochemical corrosion**）。金属在大气中的腐蚀、在土壤及海水中的腐蚀和在电解质溶液中的腐蚀都是电化学腐蚀。金属的电化学腐蚀机理与原电池原理相同，但通常把腐蚀过程中所形成的电池称为腐蚀电池。同时习惯把腐蚀电池的负极称为阳极，把正极称为阴极。例如将 Zn 和 Cu 两种金属相接触，长期暴露在湿空气中，则在其表面会形成一薄层水膜。由于空气中 CO_2 的溶解，使这层水膜带有酸性，这样就构成了一个腐蚀电池，相当于 Zn 片和 Cu 片插入酸性溶液所组成的原电池一样，电极电势较低的 Zn 作阳极，而电极电势较高的 Cu 作阴极。由于 Zn 与 Cu 紧密接触，形成通路，使 Zn 不断溶解成 Zn^{2+}，放出的电子则转移到 Cu 阴极上，使水膜中的 H^+ 可在 Cu 上放电析出，故在 Cu 阴极上不断有 H_2 发生，如图 4-9(a) 所示。其总的结果是，作为阳极的金属遭到腐蚀。工业锌中常含有少量杂质如铁，其电势通常比 Zn 高，在导电的水溶液中也会形成以杂质（其电势高）为阴极的许多微小腐蚀电池（微电池），使 Zn 遭到腐蚀，如图 4-9(b) 所示。

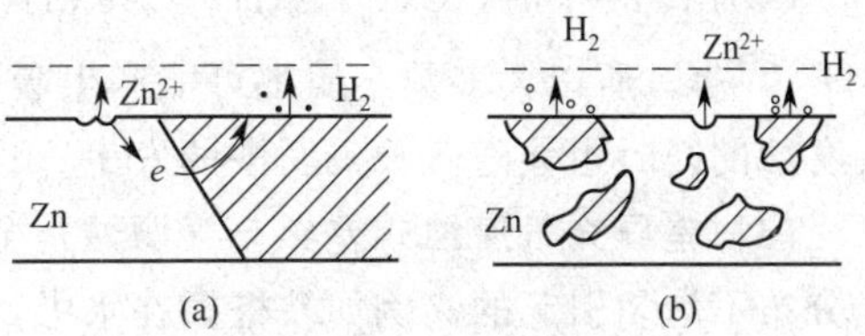

图 4-9　腐蚀电池示意图

电化学腐蚀的特点是形成腐蚀电池。根据腐蚀电池中阴极反应的不同，电化学腐蚀可分为析氢腐蚀、吸氧腐蚀和浓差腐蚀等。

(1) 析氢腐蚀　析氢腐蚀是指腐蚀过程中阴极上有氢气析出的腐蚀。它常发生在酸洗或用酸浸蚀某种较活泼金属的加工过程中。除此之外，当钢铁制件暴露于潮湿空气中时，由于表面的吸附冷凝作用，易使钢铁表面覆盖一层极薄的水膜。若空气中含有较多的 CO_2、SO_2 和 NO_2 等酸性气体时，水膜中存在下列平衡：

$$CO_2 + H_2O \rightleftharpoons H_2CO_3 \rightleftharpoons H^+ + HCO_3^-$$

$$SO_2 + H_2O \rightleftharpoons H_2SO_3 \rightleftharpoons H^+ + HSO_3^-$$

$$3NO_2 + H_2O \rightleftharpoons 2HNO_3 + NO \rightleftharpoons 2H^+ + 2NO_3^- + NO$$

阳极（Fe）：　$Fe - 2e^- \rightleftharpoons Fe^{2+}$

阴极（杂质）：　$2H^+ + 2e^- \rightleftharpoons H_2(g)$

腐蚀电池的总反应是：　$Fe + 2H^+ \rightleftharpoons Fe^{2+} + H_2(g)$

这时也能发生析氢腐蚀。并且 H^+ 不断得到补充，铁被腐蚀生成的 Fe^{2+}，当 pH 值较高时变成 $Fe(OH)_2$ 沉淀，进一步被空气氧化成 $Fe(OH)_3$，脱水后便成为锈皮。温度升高，腐蚀加剧。天然气井的油管、套管是用高强度的钢材制成的，机关枪都打不透，可却能被“地下杀手”腐蚀成筛子，图 4-10 为油田气井套管的腐蚀的照片，地下“杀手”是二氧化碳。

图 4-10　油田气井套管的腐蚀

(2) 吸氧腐蚀　吸氧腐蚀是指在腐蚀过程中溶解于水膜中的氧气在阴极上得到电子被还原成 OH^- 的腐蚀。它常常是在中性、碱性或弱酸性介质中发生的。例如钢铁制品在大气中的腐蚀，其腐蚀反应如下：

阳极（Fe）：　$2Fe - 4e^- \rightleftharpoons 2Fe^{2+}$

阴极（杂质）：　$O_2 + 2H_2O + 4e^- \rightleftharpoons 4OH^-$

总反应：$2Fe + O_2 + 2H_2O = 2Fe(OH)_2(s) \xrightarrow{O_2} 2Fe(OH)_3(s) \longrightarrow Fe_2O_3 \cdot xH_2O$

因为 pH=7 时，$\varphi(O_2/OH^-)>\varphi(H^+/H_2)$。加之大多数金属的电极电势都比 $\varphi(O_2/OH^-)$ 小，所以大多数金属都可能产生吸氧腐蚀。甚至在酸性较强的溶液中，金属发生析氢腐蚀的同时也伴随着吸氧腐蚀的发生。

(3) 差异充气腐蚀 差异充气腐蚀是金属吸氧腐蚀的一种形式，它是由于在金属表面氧气分布不均匀引起的。例如铁桩插在水中，或埋在土壤中，下端容易腐蚀。这是因为上端接触的环境中含氧量高，下端含氧量低，造成一个氧浓差电池。从反应 $O_2+2H_2O+4e^- \rightleftharpoons 4OH^-$ 可知，电极电势 $\varphi=\varphi^{\ominus}-\frac{RT}{nF}\ln\frac{[c_{(OH^-)}]^4}{p_{(O_2)}/p^{\ominus}}$。故含氧多的地方电极电势高，而在下端含氧量相对少的地方，电极电势低。这样铁桩上端就是阴极，铁桩下端就是阳极，故下端容易腐蚀。又如铁生锈以后，铁锈上有缝隙，在缝隙里面含氧量比外面的少，也会形成氧浓差电池，使缝隙内成为阳极而继续腐蚀。

此外，当金属的表面生成一层氧化膜或有镀层时，若氧化膜不完整，有孔隙，或镀层有破损处，则在电解质溶液存在的情况下，也形成腐蚀电池。若镀层金属（如 Cu）的电极电势较高，则基体金属（如 Zn）作为阳极遭受腐蚀。若镀层金属（如 Zn）的电极电势更低，则即使有破坏，基体金属 Fe 仍能得到保护。

4.5.2 金属腐蚀的防护

金属防腐的方法很多。主要有改善金属的本性，例如可以根据不同的用途选用不同的金属或非金属使组成耐腐合金以防止金属的腐蚀；在金属表面覆盖各种保护层，把被保护的金属与腐蚀介质隔离开，例如采用油漆、电镀、喷镀或表面钝化等使形成金属覆盖层而与介质隔绝的方法以防止腐蚀；利用缓蚀剂改善腐蚀环境；采用电化学保护等。下面简要介绍改善腐蚀环境的缓蚀剂法和电化学保护法。

4.5.2.1 缓蚀剂法

在腐蚀介质中，加入少量能减小腐蚀速率的物质以防止腐蚀的方法叫作缓蚀剂法。所加的物质叫做缓蚀剂。缓蚀剂按其化学组成可分成无机缓蚀剂和有机缓蚀剂两大类。

(1) 无机缓蚀剂 通常在中性或碱性介质中主要采用无机缓蚀剂如亚硝酸钠、重铬酸钾、磷酸钠、碳酸氢盐等。它们主要是在金属表面形成氧化膜或沉淀物。例如 $Ca(HCO_3)_2$ 在碱性介质中发生如下反应：

$Ca^{2+}+2HCO_3^-+2OH^- \longrightarrow CaCO_3(s)+CO_3^{2-}+2H_2O$，生成的难溶碳酸盐覆盖于阳极表面，成为具有保护性的薄膜，阻滞了阳极反应，降低了金属的腐蚀速率。

又如，在含有氧气的近中性水溶液中，硫酸锌对铁有缓蚀作用。这是因为锌离子能与阴极上产生的 OH^-（$O_2+2H_2O+4e^- \rightleftharpoons 4OH^-$）反应，生成难溶的氢氧化锌沉淀保护膜。

$$Zn^{2+}+2OH^- \longrightarrow Zn(OH)_2(s)$$

(2) 有机缓蚀剂 在酸性介质中，通常采用有机缓蚀剂。它们一般是含有 N、S、O 的有机化合物，如乌洛托品（六亚甲基四胺）、动物胶、琼脂、若丁（其主要组分为二邻苯甲基硫脲）等。不同的缓蚀剂各自对某些金属在特定的温度和浓度范围内才有效，具体需由实验决定。有机缓蚀剂对金属的缓蚀作用，一般认为是由于吸附膜的生成，即金属将缓蚀剂的离子或分子吸附在表面上，形成一层难溶而腐蚀性介质又很难透过的保护膜，阻碍了氢离子得电子的阴极反应，因此减小了腐蚀。

随着对缓蚀剂研究的不断深入，人们已经由单一缓蚀剂的研究转向具有环保意义的复合型缓蚀剂的研究。复合型缓蚀剂是由有机缓蚀剂和无机缓蚀剂经适当复配而成，既有加合效应，又可能产生协同效应，是缓蚀剂研究的热点之一。

4.5.2.2　电化学保护法

电化学保护是根据电化学原理防止或减小金属腐蚀的一种有效措施，包括阴极保护法和阳极保护法。由于电化学腐蚀的原因是构成了腐蚀电池，作为阳极的金属遭到腐蚀。所以，如果使原来作为阳极的金属成为腐蚀电池的阴极（原电池的正极）或作为电解池的阴极，则可保护该金属不被腐蚀，这就是阴极保护法。前一种是牺牲阳极（原电池的负极）保护法，后一种是外加电流法。

(1) 牺牲阳极法　这是用电极电势比被保护金属更低的金属或合金做阳极，固定在被保护的金属上，形成腐蚀电池，被保护的金属作为阴极而得到保护。例如，在船体下部，为了防止海水的腐蚀，常把锌合金或铝合金等牺牲阳极连接在船壳上（见图 4-11）。

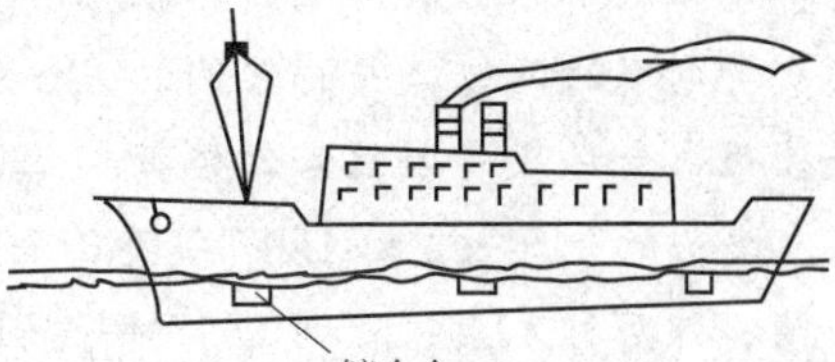

图 4-11　牺牲阳极保护法示意图

(2) 外加电流法　将被保护金属与另一附加电极作为电解池的两个电极，使被保护的金属作为阴极，在外加的直流电作用下阴极得到保护。此主要用于防止土壤、海水及河水中金属设备的腐蚀。外加电流法在我国的石油、化工、煤气、自来水、发电等行业中已得到广泛的应用，取得了可观的经济效益。

金属的腐蚀虽然使国民经济受到巨大的损失，但也可以利用腐蚀的原理发展腐蚀加工技术，为生产服务。例如在电子工业上，广泛采用印刷电路法。其制作方法和原理是：在敷铜板（在玻璃丝绝缘板的一面敷有铜箔）上，先用照相复印的方法将线路印在铜箔上，然后将图形以外不受感光胶保护的铜用三氯化铁溶液腐蚀，就可以得到线路清晰的印刷电路板。

思考与练习题

4-8　通常大气腐蚀主要是析氢腐蚀还是吸氧腐蚀？写出腐蚀电池的电极反应。

4-9　防止金属腐蚀的方法主要有那些？各根据什么原理？

科学家的贡献和科学发现的启示

“蛙腿论战”——1780 年的一天，意大利物理学家伽伐尼将宰剥完的青蛙，放在实验桌上起电机旁的金属板上，在捡取放在旁边的手术刀时，刀尖碰上了蛙腿外露的小腿神经，这时只见旁边的起电机倏地飞过一个火花，与此同时被刀尖碰上的青蛙腿猛烈地抽搐了一下。伽伐尼大为惊诧，立即重做实验，结果看到了同样的现象。这一现象引起了伽伐尼的极大兴趣，他接着以严谨的科学态度，选择各种不同的条件，在不同的日子里连续做起了这类实验。1793 年，伽伐尼在英国皇家学会上阐述了他的发现和见解，意大利物理学家伏特听后立即重做伽伐尼的实验，而且大胆地采用伽伐尼没有用过的方法进行了新的实验。他把实验中用的两块性质不同的金属板，改换成两块性质相同的金属板，结果蛙腿立即停止了抽搐。伏特认为使蛙腿抽搐的能量，的确如伽伐尼所说来自一种新的电能，但这种电能不是由动物细胞组织产生的，而是由两块不同性质的金属接触产生的；伏特开始了他的又一实验，即不用任何动物细胞组织，而只用一对性质不同的金属产生出电流来。伽伐尼听到伏特的实验结果十分震惊，但他仍然相信自己旧有的推断，他不接受伏特的观点，不去进行新的探索，与伏特分道扬镳，展开了一场科学史上有名的“蛙腿论战”。

“接触说”与“化学说”——伏特一生虽然在电学研究中取得了如此辉煌成就，但他却也有一个巨大失误，使他丢掉了对电本质认识的重大发现。他错误地把电堆电的来源归结为是不同金属“接触”而生，还认为，电池是“能够永远运动”的工具。1796 年，意大利科学家法布洛尼对此提出异议，正确地指出电堆电不是来源于“接触”，而是来源于化学作用。伏特不肯接受法布洛尼的结论，与法布洛尼展开了激烈争论，在错误的道路上越走越远。英国科学家尼科尔逊和卡莱斯尔在 1800 年 5 月，通过实验研究发现，如果用两条黄铜导线连接伏特电堆的两极，并将它们的另一端浸入水中，结果一端有氢气发生，另一端则被氧化；如果用白金丝或黄金丝来代替黄铜丝，则有氧气产生，他们指出这就是水的分解，而且电池内有类似的化学反应。1807 年英国科学家戴维用电分解了凝固的强酸、钾盐和纯碱，制得了钠和钾两种元素。直到 1847 年德国物理学家赫尔姆霍茨发表《能量守恒和转化定律》论文，人们才相信伏特电堆电来源于化学作用，而不会来源于金属间的接触，放弃了伏特的接触说，找到了电来源的正确理论。

习　题

1. 氧化还原反应的标准摩尔吉布斯函数变 $\Delta_r G_m^{\ominus}$、标准电动势 $E^{\ominus}$ 与平衡常数 $K^{\ominus}$ 之间有什么关系？它们会不会随温度变化？

2. 电极电势是怎样产生的？电极电势是怎样测定的？又如何计算？

3. 使用能斯特方程式时应注意哪些问题？

4. 判断氧化还原反应进行方向的原则是什么？什么情况下必须用 E 值？什么情况下可以 $E^{\ominus}$ 用值？

5. 试从有关电对的电极电势［如 $\varphi(Sn^{2+}/Sn)$、$\varphi(Sn^{4+}/Sn^{2+})$ 及 $\varphi(O_2/H_2O)$］，说明为什么常在 $SnCl_2$ 溶液加入少量纯锡粒以防止 Sn^{2+} 被空气氧化？

6. 氧化还原电对是由不同元素相同氧化数的两种物质组成。这种说法对吗？

7. 配平下列各反应方程式：

（1）$MnO_4^- + H_2O_2 + H^+ \rightleftharpoons Mn^{2+} + O_2 + H_2O$

（2）$Cr_2O_7^{2-} + SO_3^{2-} + H^+ \rightleftharpoons Cr^{3+} + SO_4^{2-} + H_2O$

8. 用电解法精炼铜，以硫酸铜为电解液，粗铜为阳极、精铜在阴极析出。试说明通过此电解法可以除去粗铜中的 Ag、Au、Pb、Ni、Fe、Zn 等杂质的原理。

9. 将下列各氧化还原反应组成原电池，分别用图式表示各原电池。

（1）$Zn + Fe^{2+} = Zn^{2+} + Fe$

（2）$2I^- + 2Fe^{3+} = I_2 + 2Fe^{2+}$

（3）$Ni + Sn^{4+} = Ni^{2+} + Sn^{2+}$

（4）$5Fe^{2+} + 8H^+ + MnO_4^- = Mn^{2+} + 5Fe^{3+} + 4H_2O$

10. 由标准钴电极（Co^{2+}/Co）与标准氯电极组成原电池，测得其电动势为 1.64V，此时钴电极为负极。已知 $\varphi^{\ominus}(Cl_2/Cl^-) = 1.36V$，问：

（1）标准钴电极的电极电势为多少（不查表）？

(2) 此电池反应的方向如何？

(3) 当氯气的压力增大或减小时，原电池的电动势将发生怎样的变化？

(4) 当 Co^{2+} 的浓度降低到 0.010mol/L 时，原电池的电动势将如何变化？数值是多少？

(5) 若在氯电极的电解质溶液中加入一些 $AgNO_3$ 溶液，电池的电动势将如何变化？

(6) 从 $E^{\ominus}$ 和 $\Delta_r G_m^{\ominus}$，分别计算反应的平衡常数。

11. 已知下列反应均按正反应方向进行

$$2FeCl_3 + SnCl_2 = 2FeCl_2 + SnCl_4$$

$$2KMnO_4 + 10FeSO_4 + 8H_2SO_4(\text{稀}) = 2MnSO_4 + 5Fe_2(SO_4)_3 + K_2SO_4 + 8H_2O$$

指出这两个反应中，有几个氧化还原电对，并比较它们的电极电势的相对大小。

12. 已知电对的标准电极电势为：

$$H_3AsO_4 + 2H^+ + 2e^- \rightleftharpoons H_3AsO_3 + H_2O\ ;\ \varphi^{\ominus}(H_3AsO_4/H_3AsO_3) = 0.581V$$

$$I_2 + 2e^- \rightleftharpoons 2I^-\ ;\ \varphi^{\ominus}(I_2/I^-) = 0.535V$$

(1) 计算标准状态下，由以上两个电对组成原电池的电动势。

(2) 计算电池反应的标准平衡常数 $K^{\ominus}$。

(3) 计算反应的标准吉布斯函数变 $\Delta_r G_m^{\ominus}$，并指出反应能否自发进行。

(4) 若溶液的 pH=7 (其他条件不变)，该反应向什么方向进行，通过计算说明。

第 5 章　物质结构基础

内容提要

本章主要讨论电子在核外的运动状态和核外电子分布的一般规律，以及元素周期系与原子结构的关系；并介绍了化学键和分子间相互作用力。

学习要求

理解原子核外电子运动的特征（量子化、波粒二象性、统计性）；了解波函数表达的意义，了解四个量子数的符号和表示的意义，掌握电子组态表示的意义。

掌握周期系元素的原子的核外电子分布的一般规律，明确原子（及离子）的外层电子分布和元素按 s、p、d、ds、f 分区的情况。联系原子结构了解元素的某些性质的一般递变情况。

理解化学键本质、电负性概念、离子键与共价键的区分，了解分子轨道、成键轨道、反键轨道、σ 键、π 键，以及等性杂化、不等性杂化、孤对电子等概念。掌握化学键、氢键、分子间力在能量和作用方面的区别。

前面章节从宏观的角度讨论与处理了化学反应的最基本的原理和规律。然而，物质之间为什么会发生这样那样的化学变化？自然界中为什么会形成如此繁多的化合物，而它们又具有各种特性与功能？根源在于物质内部的组成及其结构。因此必须从微观的角度来研究物质。首先要了解原子的结构，特别是核外电子的运动规律。其次了解物质内部的原子和分子等是如何通过化学键等相互作用力结合在一起的，从而为设计和合成具有特定结构性能的新化合物及新材料提供理论依据。

5.1　核外电子的运动状态

5.1.1　玻尔的氢原子结构理论

5.1.1.1　原子模型的建立

19 世纪末，通过对阴极射线管放电现象的研究，人们发现了电子。又从 α 粒子的散射现象中，发现了原子核。从而证明了原子并不是构成物质不能再分割的最小微粒。原子本身也是极其复杂的。从阴极射线管的放电现象可证明，电子是带负电荷的一种基本粒子，其质量约为氢原子量的 1/1840，所带电荷为 1.602×10^{-9}C。

既然电子是原子中的组成部分，又带负电，而整个原子是电中性的，说明在原子中还存在带正电荷的部分，这部分电荷的电量应等于原子中电子的负电荷的电量。然而带正电荷部分是否存在？这两者又是如何结合成原子的呢？1911 年英国物理学家卢瑟福（Ernest Rutherford，1871—1937）通过 α 粒子的散射实验不仅回答了上述问题，而且提出了有核原子模型。卢瑟福认为原子内部大部分是空的。少数 α 粒子发生激烈偏转，那必定是 α 粒子与原子中带电部分相遇而引起的，这个带电部分必然是体积小、质量和正电荷均十分集中的部分。二者相遇产生排斥，引起 α 粒子散射，这个带电部分就是原子核。卢瑟福是这样解释他的原子模型的，核外电子沿椭圆轨道或圆轨道绕原子核运动，核与电子之间的吸引力与电子绕核旋转的离心力达到平衡。但按经典的电磁理论，电子绕核运动是一种加速运动，而且认为一个电子在运动速度有变化的场合下，要发出电磁波。而随着电磁波的发射其能量就会不断降低，这样电子轨道半径势必不断减小，最后电子将掉到原子核上。但观察到的实际情况并不是这样，每一种元素都有其特征光谱，其频率是极其确定的，这一事实在 19 世纪已为人们所了解，并被广泛应用于已知元素的检验和寻找新元素。为了解释氢原子光谱的规律以及克服卢瑟福原子结构模型存在的问题，丹麦著名物理学家尼尔斯·玻尔（H. D. Bohr，1885—1962）于 1913 年综合了 Planck 的量子理论、爱因斯坦的光子理论以及卢瑟福的原子模型，提出了他的原子结构模型。

5.1.1.2　玻尔理论

玻尔在他的量子论中提出了两个极为重要的概念，可以认为是对大量实验事实的概括，它们是：

① 在原子中，电子不能沿着任意轨道绕原子核运动，而只能沿着一定能量的轨道（稳定轨道）运动，在此轨道上运动的电子不放出也不吸收能量。

② 在一定轨道上运动的电子有一定的能量。该能量只能取某些由量子化条件决定的正整数值（表征微观粒子运动状态的某些物理量只能是不连续地变化，称为量子化）。根据量子化条件，可推求出氢原子核外轨道的能量公式：

$$E(\mathrm{eV})=\frac{-13.6}{n^2} \tag{5-1}$$

$$\text{或}\quad E(\mathrm{J})=\frac{-2.179\times10^{-18}}{n^2}J$$

$$n=1,2,3,4\cdots$$

玻尔的第一条假设回答了原子可以稳定存在的问题。原子在正常或稳定状态时，电子尽可能处于能量最低的轨道，这种状态称为基态。氢原子处于基态时，电子在 $n=1$ 的轨道上运动，能量最低，为 13.6eV（或 2.179×10^{-18}J）；其半径为 52.9pm，称为玻尔半径。

玻尔的第二条假设是把量子条件引入原子结构中，得到了核外电子运动的能量是量子化的结论。核外电子运动能量的量子化，是指电子运动的能量只能取一些不连续的能量状态，又称为电子的能级。这一概念是和经典物理不相容的，因为在经典力学中，一个系统的能量（或其他物理量），应取连续变化的数值。根据第二条假设，可以说明氢原子光谱的成因。电子从某一定态（能量为 E_1）跳到另一定态（能量为 E_2）的过程中放出或吸收能量，其频率为：

$$\nu=\frac{E_1-E_2}{h} \tag{5-2}$$

玻尔的贡献是解释了线状光谱，提出了能量分层。但若用它进一步来研究氢光谱的精细结构和多电子原子的光谱现象，就遇到无法克服的矛盾。对于原子为什么能够稳定存在的原因也未能作出满意的解释。因为它本质上仍然属于经典力学范畴，只不过附加上一些人为的量子化条件，也没有建立这种量子化条件和电子本性及其运动现象之间的联系，所以称之为旧的量子理论。

玻尔理论的主要缺陷是把适用于宏观世界的经典力学搬进了微观世界，认为电子的运动和行星绕太阳的轨道运动一样，沿着原子轨道作绕核运动，这样原子轨道的概念是有局限性的。大量的实验表明微观粒子运动状态和宏观物体不同，这就要求我们必须认识电子等实物微粒的本性。

5.1.2 电子运动的特性

电子属于微观物质，其运动不服从牛顿运动定律，经典力学向微观领域的推广导出量子论。

5.1.2.1 吸收和放出能量的量子化

如果某一物理量的变化是不连续的，而是以某一最小的单位作跳跃式的增减的，我们就说这一物理量是“量子化”（quantized）了的，而最小单位就叫作这一物理量的“量子”。

1860年，本生（德国化学家，1811—1899）研究大量焰色反应的结果表明：化学元素在高温火焰、电火花或电弧的作用下变成气态元素并发出特征的颜色。利用三棱镜对这些光线的折射率的不同，可以把它们分成一系列按波长长短的次序排列的线条，这些线条叫谱线，线状光谱是这些谱线的总称。原子光谱都是线状光谱，每种元素都有自己的光谱，由此可推理出光必然是从原子内部发射出来的，也就是电子在能级跃迁时发射的。

1900年，普朗克（德国物理学家，1858—1947）在研究黑体辐射时首先发现了物质吸收或发射能量是不连续的，而是以能量的最小单位（$\varepsilon=h\nu$，称为能量子）的整数倍进行发射和吸收。普朗克的量子假说提出后的几年内，并未引起人们的兴趣，爱因斯坦却看到了它的重要性。他从中得到了重要启示：在现有的物理理论中，物体是由一个一个原子组成的，是不连续的，而光（电磁波）却是连续的。在原子的不连续性和光波的连续性之间有深刻的矛盾。为了解释光电效应，1905年爱因斯坦（德裔美国科学家，1879—1955）在普朗克能量子假说的基础上提出了光量子假说。

爱因斯坦的光量子假说发展了普朗克所开创的量子理论。在普朗克的理论中，还是坚持电磁波在本质上是连续的，爱因斯坦对旧理论不是采取改良的态度，而是要求弄请事物的本质彻底解决问题，它克服了普朗克量子假说的不彻底性，把量子性从辐射的机制引申到光的本身上，认为光本身也是不连续的，光不仅在吸收和发射时是量子化的，而且光的传播本身也是量子化的。爱因斯坦的光量子假说恢复了光的粒子性，使人们终于认清了光的波粒二象性，而且在它的启发下，发现了德布罗意物质波，使人们认清了微观世界的波粒二象性，为后来量子力学的建立奠定了基础。

5.1.2.2 波粒二象性（wave-particle duality）

波动和微粒的矛盾统一，首先在光的本性的研究上被确定下来。但当时的科学家并不自觉地用矛盾论的观点来分析这一问题，只是含混地把它叫作“波动和微粒的二象性”，意思就是说同时具有波动和微粒的性质。1923～1924年间，有唯物论倾向的法国物理学家德布罗意（Louis Victorde Broglie，1892—1989）提出这种所谓“二象性”并不是特殊地只是一个光学现象，而是具有一般性的意义。他说：“整个世纪来，在光学上，比起波动的研究方法，是过于忽略了粒子的研究方法；在实物理论上，是否发生了相反的错误呢？是不是我们把粒子的图像想得太多，而过分忽略了波的图像？”他认为，电子以及所有的实物微粒都应该与光子相似，既有粒子性，又有波动性。每一个运动的微粒必定存在与它相应的波和相应的波长。这种波，通常称为物质波，又名德布罗意波。物质波的波长（λ）与微粒动量 p 之间有着如下关系：

$$\lambda=\frac{h}{p}=\frac{h}{mv} \tag{5-3}$$

德布罗意的大胆设想，在1927年由两位美国的科学家戴维逊（C. J. Davisson）和革末

(L. H. Germeer) 通过电子衍射实验获得了证实。如图 5-1 所示。

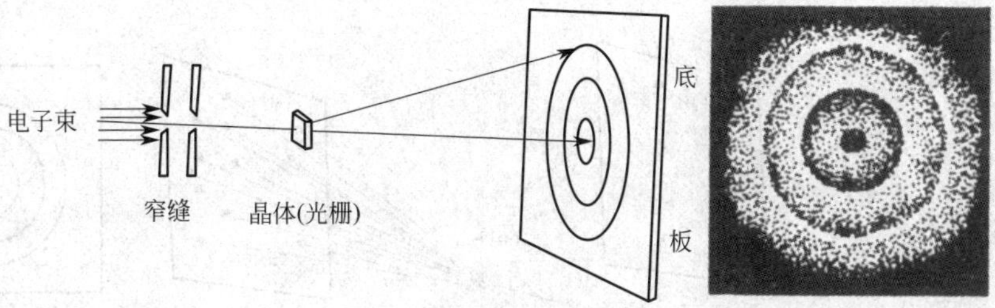

图 5-1　电子衍射示意图

当把电子束射向金属晶体镍的箔片时，在屏幕上获得了明暗交替的衍射环，它与光的衍射现象极为相似。而衍射现象是波所具有的特征现象。光的衍射环是波的相互干涉的结果，波的干涉使某些波峰相遇时互相加强，而另一些波峰和波谷相遇时彼此减弱，从而形成了明暗交替的环纹。因而电子衍射实验证实了电子确实具有波动性。同时大量事实又进一步证明了其他微粒也能产生衍射现象，因而人们确信微粒的波动特征也是微粒的本质属性之一。微粒的波粒二象性实际上是微粒的典型运动特征。

例 5-1　一个速率为 5.97×10^{6} m/s 的电子，其德布罗意波长为多少？(已知电子的质量为 9.11×10^{-31} kg)

解　$h=6.626\times10^{-34}$ J·s，将有关数据代入式(5-3) 得：

$$\lambda=\frac{h}{mv}=\frac{6.626\times10^{-34}}{9.11\times10^{-31}\times5.97\times10^{6}}=1.22\times10^{-10}(\mathrm{m})=0.122(\mathrm{nm})$$

答：该电子的德布罗意波长为 0.122nm。

根据经典力学，可以指出飞机、火车和行星等宏观物体在某一瞬间的速度和位置；可以正确地预测出日食发生在何时、何地并持续多久。然而具有波粒二象性的微粒和宏观物体的运动规律有很大的不同。

究竟应如何确定微观粒子的运动状态呢？能否采用经典力学中确定宏观物体运动状态的同样方法，同时测准一个微观粒子在瞬间的动量和位置呢？1927 年，海森堡 (Wermer Heisenberg，1901—1976) 提出了一个重要的定量关系式——测不准关系式。表明了在描述微粒运动时的测不准原理 (uncertainty principle)。该原理表明，在本质上不可能同时准确地测得电子的能量和它在空间的位置。其关系式为：

$$\Delta x\Delta p\geqslant\frac{h}{4\pi} \tag{5-4}$$

式中，Δx、Δp 分别指测量微粒位置和动量的不精确量值。测不准原理适用于一切微粒，也指出了微粒与宏观物体的本质区别，进一步反映了微粒的波粒二象性。

5.1.2.3　统计性

人们发现用较强的电子流可以在较短时间内得到电子衍射照片。但用较弱的电子流，只要时间足够长，也可以得到同样的照片。假若电子流的强度小到电子一个一个地发射出去的，在照片上会出现一个一个的斑点，显示出电子的微粒性。我们无法预言每个电子在照片上衍射斑点的准确位置，但是电子的每一个斑点都不是重合在一起的，随着时间的延长，衍射斑点的数目逐渐增多，这些斑点在照片上的分布就逐渐显示衍射图样来，它与较强的电子流在较短时间内得到的衍射图样相同，如图 5-2 所示。

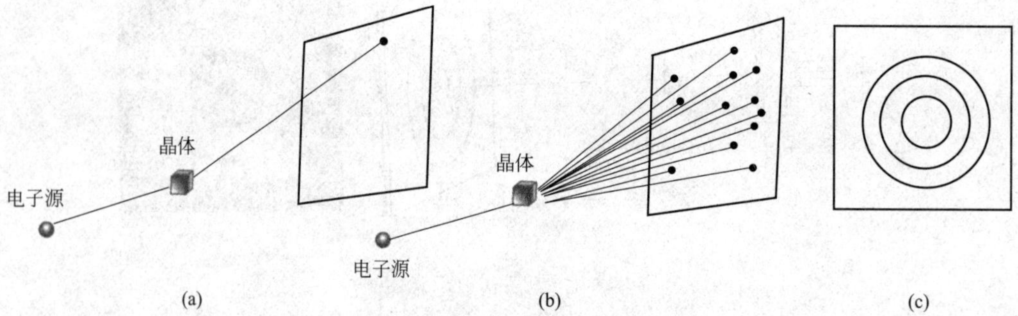

图 5-2 电子衍射原理示意图

因此，某一点波的强度又与电子出现的概率密度成正比，与实物微粒的运动相联系的德布罗意波究竟有什么物理意义呢？实物微粒的运动并不服从牛顿力学的规律，而是服从量子力学（统计规律）的规律，这个规律告诉我们：实物微粒的运动可用波函数 ψ 来描写。

5.1.3 波函数

5.1.3.1 波函数（wave function）

描述机械波可用反映波的振幅、位置和时间之间定量关系的波动方程。对于微观粒子的波又该如何描述呢？1926 年奥地利物理学家薛定谔（Erwin Schrodinger，1887—1961）提出了一个描述氢原子核外电子运动的波动方程。薛定谔方程是一个二阶偏微分方程：

$$\frac{\partial^2 \psi}{\partial x^2}+\frac{\partial^2 \psi}{\partial y^2}+\frac{\partial^2 \psi}{\partial z^2}+\frac{8\pi^2 m}{h^2}(E-V)\psi=0 \tag{5-5}$$

式中，ψ 为空间坐标 x，y，z 的函数，叫做波函数，它是描述原子核外电子运动状态的数学函数式；m 为电子的质量；E 为系统的总能量；V 为系统的势能。

薛定谔方程体现了微观粒子性（m 和 E）和波函数（ψ）的特征，因而它是描述微观粒子运动状态变化规律的基本方程，薛定谔因创立量子力学波动方程形式获 1933 年诺贝尔物理学奖。

由于波函数是描述原子核外电子运动状态的数学函数式，因此每一波函数都表示电子的一种运动状态，通常把这种波函数叫做原子轨道（或称原子轨函，即原子轨道函数的简称）。这里所说的“轨道”与玻尔轨道概念完全不同。玻尔轨道是具有固定的运动轨迹，而量子力学中的原子轨道则是波函数的同义词，是指电子的一种运动状态。

5.1.3.2 四个量子数

量子数（quantum number）是表征微观粒子运动状态的一些特定数字，正像牛顿力学中，坐标、轨迹、速度等描述物体运动情况的物理量一样，量子数是量子力学中描述电子运动的物理量。求解薛定谔方程的结果表明，ψ 的具体表达式与主量子数 n、角量子数 l、磁量子数 m 有关。当这三个量子数的各自数值一定时，ψ 的表达式也随之而确定。

(1) n——主量子数（principal quantum number） 可取的数值为1,2,3,4…它是确定电子离核远近（平均距离）和能级的主要参数，n 值越大，表示电子离核的平均距离越远，所处状态的能级越高。n 与能层或电子层相对应，n=1,2,3…分别称电子处于第一、二、三……能层，常用光谱符号 K、L、M……分别表示：

n	1	2	3	4	5	6
能层(电子层)	1	2	3	4	5	6
光谱符号	K	L	M	N	O	P

(2) l——角量子数（azimuthal quantum number） l 决定电子运动角动量的大小故而得名。它说明原子中电子运动的角动量是量子化的。它决定了电子在空间的角度分布与电子云的形状。l 可取的数值为 $0,1,2,3,\cdots,(n-1)$，共可取 n 个数，l 的数值受 n 的数值限制，l 取值从 0 到（$n-1$）时，分别可用相应的光谱符号来标记：

l	0	1	2	3
光谱符号	s	p	d	f

在多电子体系中 l 还影响电子的能量。当 n 相同时，l 数值越大的状态，能量越高：$E_{ns}<E_{np}<E_{nd}<E_{nf}$。凡 n，l 相同的电子处于同一能级，称为亚层。第 n 个能层便会有 n 个亚层：

n 能层	1	2	3	4
l 能级	0	0,1	0,1,2	0,1,2,3
n、l 亚层	1s	2s 2p	3s 3p 3d	4s 4p 4d 4f

(3) m——磁量子数（magnetic quantum number） m 可取的数值为 $0,\pm1,\pm2,\pm3,\cdots,\pm l$，共可取（$2l+1$）个数值，$m$ 的数值受 l 数值的限制，例如，当 $l=0,1,2,3$ 时，m 依次可取 1,3,5,7 个数值。m 值基本上反映波函数的空间取向。

当三个量子数的各自数值一定时，波函数的函数式也就随之而确定。例如，当 $n=1$ 时，l 只可取 0，m 也只可取 0 一个数值。n、l、m 三个量子数组合形式有一种即（1,0,0），此时波函数的函数式也只有一种，即氢原子基态波函数；当 $n=2,3,4$ 时，n、l、m 三个量子数组合的形式依次有 4、9、16 种，并可得到相应数目的波函数或原子轨道。

氢原子轨道与 n、l、m 三个量子数的关系列于表 5-1 中。

表 5-1 氢原子轨道与三个量子数的关系

n	l	m	轨道名称	轨道数
1	0	0	1s	1
2	0	0	2s	1
2	1	$0,\pm1$	2p	3
3	0	0	3s	1
3	1	$0,\pm1$	3p	3
3	2	$0,\pm1,\pm2$	3d	5
4	0	0	4s	1
4	1	$0,\pm1$	4p	3
4	2	$0,\pm1,\pm2$	4d	5
4	3	$0,\pm1,\pm2,\pm3$	4f	7

(4) m_s——自旋量子数（spin quantum number） 相对论量子力学理论及实验证明了原子中的电子除了绕核作空间的运动外，还存在着自旋运动。用自旋量子数 m_s 描述电子的自旋运动，其值也是量子化的，且只能取 $m_s=\frac{1}{2}$ 或 $m_s=-\frac{1}{2}$，表示电子有两种不同的自旋方向，通常用向上和向下的箭头分别表示，即"↑"、"↓"。1921 年斯脱恩和日勒契将原子束通过一不均匀磁场，原子束一分为二，偏向两边，证实了原子中未成对电子的自旋量子数 m_s 值不同，有两个相反的方向，如图 5-3 所示。

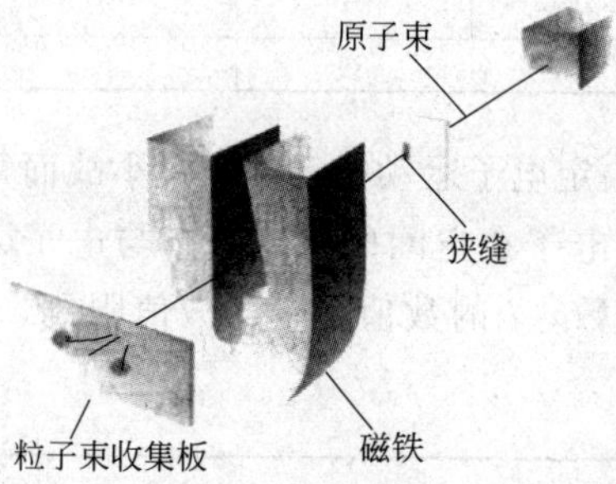

图 5-3 电子自旋实验示意图

总之，电子在核外运动可以用四个量子数来确定。

5.1.3.3 波函数的角度分布图（angular distributing-chart of wave function）

对空间一点的位置，除可用直角坐标 x、y、z 来描述外，还可用球坐标 r、θ、ϕ 来表示。代表原子中电子运动状态的波函数的球坐标 (r,θ,ϕ) 表示更为合理，同时也便于薛定谔方程的求解。s、p、d 波函数的角度分布图见图 5-4。

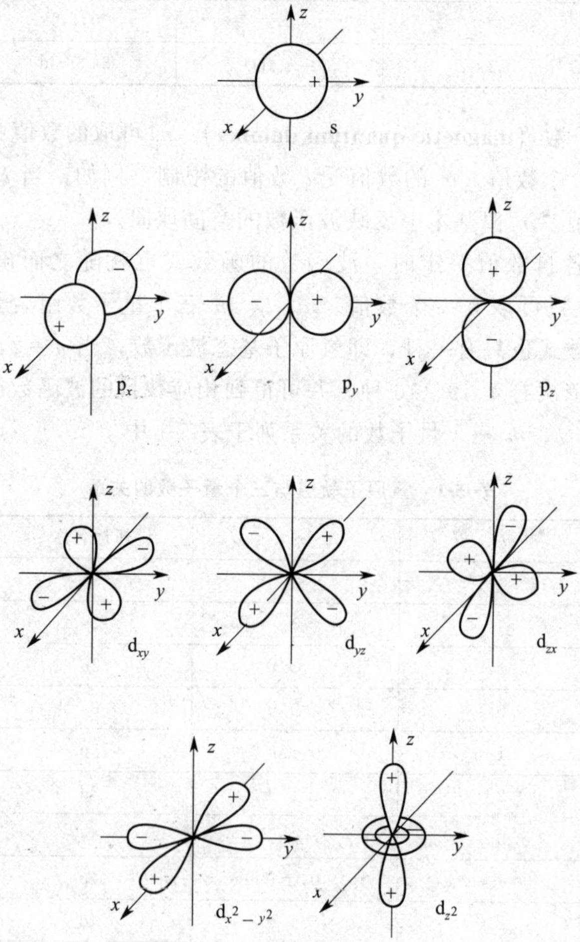

图 5-4 波函数角度分布图

5.1.4　电子云

5.1.4.1　电子云与概率密度

波函数（ψ）本身虽不能与任何可以观察的物理量相联系，但波函数平方（ψ^2）可以反映电子在空间某位置上单位体积内出现的概率大小，即**概率密度**（**probability density**）。

为什么用 ψ^2 来代表电子在空间各点出现的概率密度呢？

在光的衍射图样中光在各处的强度是不同的，从波动的观点来看，衍射图样最亮的地方，光振动的振幅最大，光的强度与振幅的平方成正比；从微粒的观点来看，光强度最大的地方，入射到那里的光子数最多，光的强度与光子数成正比。事实上，这两种看法都是正确的，因此入射到空间某处的光子数与该处光振动的振幅的平方成正比。

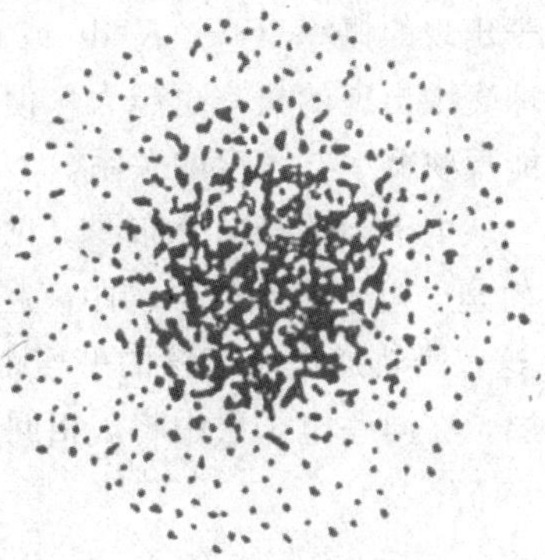

图 5-5　氢原子基态电子云示意图

因为电子衍射图样与光的衍射图样类似，可见电子波的强度与波函数的平方成正比，电子波的强度又与单位体积内电子数的多少即概率密度有关。电子波的 ψ^2 代表电子在空间各点出现的概率密度。

所以 ψ 的物理意义，从统计规律来看，是指波的强度反映了电子在空间出现的概率，即电子在核外空间运动，应有一个与波的强度成正比的概率密度分布规律。

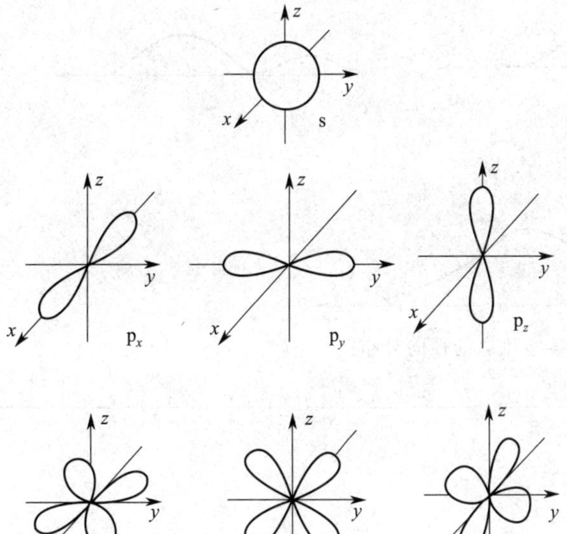

图 5-6　电子云角度分布图

若用点子的疏密程度表示空间某位置的单位体积内电子出现的概率大小，那么，ψ^2 大，点子密；ψ^2 小，点子疏。这种图形叫做**电子云**（**electron cloud**），喻示高速运动的电子在空间出现犹如天空中的云，用“电子云”这一概念形象通俗地把电子在核外运动状态表述出来，给波函数赋予了更直观的意义。氢原子基态电子云呈球形如图 5-5 所示。应当注意，对于氢原子来说，只有 1 个电子，图中黑点的数目并不代表电子的数目，而只代表 1 个电子在瞬间出现的那些可能的位置。

5.1.4.2　电子云的角度分布图（angular distribution chart of electron cloud）

电子云的角度分布图是波函数角度部分平方（Y^2）随 θ、φ 角度变化关系的图形（见图 5-6）。

这种图形反映了电子出现在核外各个方向上概率密度的分布规律，其特征如下：

① 从外形上观看到 s、p、d 电子云角度分布图的形状与波函数角度分布图相

似，但 p、d 电子云角度分布图稍"瘦"些。

② 波函数角度分布图中有正、负之分，而电子云角度分布图则无正、负号。

电子云角度分布图和波函数角度分布图都只与 l、m 两个量子数有关，而与主量子数 n 无关。电子云角度分布图只能反映出电子在空间不同角度所出现的概率密度，并不反映电子出现概率离核远近的关系。

5.1.4.3 电子云径向分布图（radial distribution chart of electron cloud）

电子云径向分布图通常是反映在半径为 r（即电子离核的距离）、厚度为 dr 的球壳中，电子出现的概率（$4\pi r^2R^2\mathrm{d}r$ 或 $r^2R^2\mathrm{d}r$）的大小。$4\pi r^2R^2$ 或 r^2R^2 的数值越大表示电子在该球壳中出现的概率也越大，但这种图形只能反映电子出现概率的大小与离核远近的关系，不能反映概率与角度的关系。

从电子云的径向分布图（见图 5-7）可以看出，当主量子数增大时，例如，从 1s、2s 到 3s 轨道，电子离核的平均距离越来越远。当主量子数相同而角量子数增大时，例如 3s、3p、3d 这三个轨道电子离核的平均距离则较为接近。所以习惯上将 n 相同的轨道合并称为一电子层，在同一电子层中将 l 相同的轨道合并称为一电子亚层。

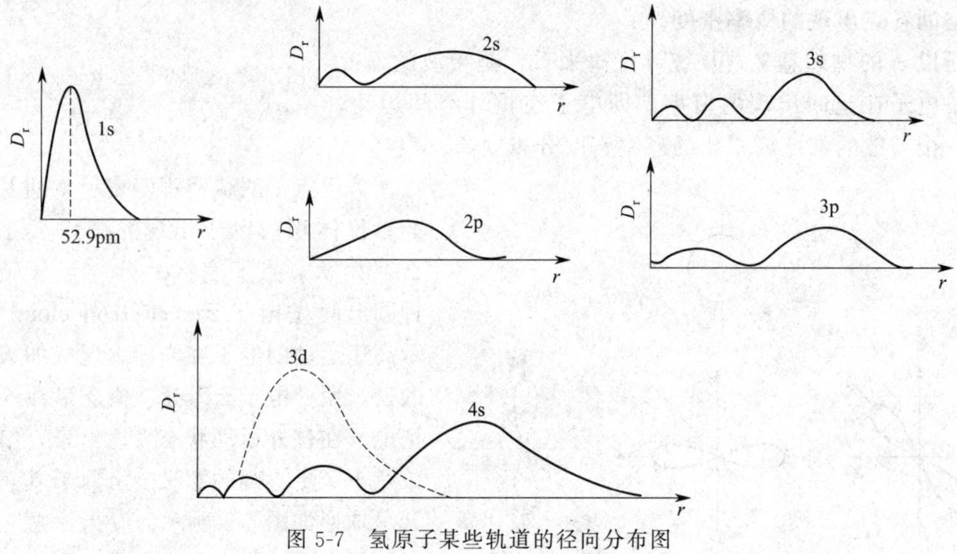

图 5-7　氢原子某些轨道的径向分布图

思考与练习题

5-1　下列电子运动状态是否存在？为何？

（1）$n=1$，$l=1$，$m=0$；　（2）$n=2$，$l=0$，$m=+1$；

（3）$n=3$，$l=3$，$m=+3$；　（4）$n=4$，$l=3$，$m=-2$。

5-2　下列说法是否正确

（1）s 轨道绕核旋转，其轨道为一圆圈，而 p 电子是走∞字形；

（2）$m=0$ 的轨道，都是 s 轨道；

（3）$n=2$，l 只能取 1，m 只能取±1。

5-3　与多电子原子中电子的能量有关的量子数是。

（1）n，m　（2）l，m_s　（3）l，m　（4）n，l

5.2　多电子原子结构和周期系

5.2.1　多电子原子轨道的能级

除了氢原子或类氢离子之外，所有的原子（离子）都属于多电子原子（离子）。在多电子原子中，轨道能量除决定于主量子数 n 以外，还与角量子数 l 有关。

5.2.1.1　近似能级顺序

根据光谱实验结果，可归纳出以下三条规律。

① 当角量子数 l 相同时，随着主量子数 n 值的增大，轨道能量升高。例如，$E_{1s}<E_{2s}<E_{3s}<E_{4s}$ 等。

② 当主量子数 n 相同时，随着角量子数 l 值的增大，轨道能量升高。例如，$E_{ns}<E_{np}<E_{nd}<E_{nf}$ 等。

③ 当主量子数和角量子数都不相同时，有时出现能级交错现象。例如，在某些元素中，$E_{4s}<E_{3d}$，$E_{5s}<E_{4d}$ 等。

我国著名物理化学家徐光宪（1920—）提出了描述多电子体系的原子轨道近似能级次序的（$n+0.7l$）规则：以该轨道的（$n+0.7l$）数值大小决定轨道能量之高低，并将（$n+0.7l$）值的第一位数字相同的各能级编成一组称为能级组，各能级组内各个轨道能级差较小，而能级间能量差较大，外层电子所在能级组的编号恰好是化学元素所在的周期数。这样，多电子原子轨道的能量由低到高依次为：1s；2s，2p；3s，3p：4s，3d，4p；5s，4d，5p；6s，4f，5d，6p；7s，5f，6d，7p；……

美国化学家鲍林（1901—1994）根据光谱实验数据结果，总结出了多电子原子中轨道填充的近似情况，见图 5-8。

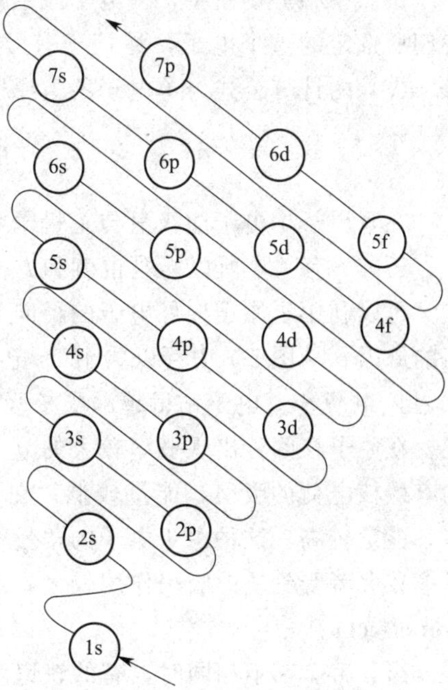

图 5-8　Pauling 近似能级图

应用轨道填充顺序图时必须了解，鲍林是近似的假定所有不同元素的原子的能级高低次序都是一样的。但事实上，原子中轨道能级高低的次序不是一成不变的，原子中轨道的能量在很大程度上取决于原子序数，随着元素原子序数的增加，核外电子的吸引力增加，原子轨道的能量一般会逐渐下降。而且，不同元素原子轨道能量下降的多少各不相同，各轨道能级之间的相对位置也会随之改变，例如，自 7 号元素氮开始至 20 号元素钙，它们的 3d 轨道能量高于 4s 轨道能量，出现了交错现象。从 21 号元素钪开始，3d 能量急剧下降，出现了 3d 轨道能量又低于 4s 轨道能量的现象。一般来说，原子序数增加到相当大时，n 相同的内层轨道，由于 l 不同引起的能级分化则相当小，内层轨道的能级，主要由主量子数决定。

5.2.1.2　屏蔽效应和钻穿效应

对于氢原子来说核电荷 $Z=1$，原子核外仅有 1 个电子，这个电子只受到原子核的作用而没有别的电子之间的相互作用。

在多电子原子中，电子不仅受原子核的吸引，而且它们彼此间也存在着相互排斥作用。例如，锂原子核外有三个电子，对于我们选定的任何一个电子来说，它是处在原子核和其余两个电子的共同作用之中，而且这三个电子又在不停地运动，因此要精确地确定其余两个电子对我们选定电子的排斥作用是困难的，认为是它们屏蔽（遮挡）或削弱了原子核对选定电子的排斥作用归结为对核电荷的抵消作用叫做**屏蔽效应**（**shield effect**）。这样，在多电子原子中，对所选定的任何一个电子所受的作用，可以看成来自一个核电荷为（$Z-\sigma$）的单中心势场。$(Z-\sigma)=Z^*$ 叫做有效核电荷。σ 叫做“屏蔽常数”，它代表了电子之间的排斥作用，相当于 σ 个电子处于原子核上将原有核电荷抵消的部分。

斯莱特（J. C. Slater，1900—）根据光谱数据，归纳出一套估算屏蔽常数 σ 的方法：①先将电子按内外次序分组：（1s）；（2s,2p）；（3s,3p）；（3d）；（4s,4p）；（4d）；（4f）；（5s,5p）等。②外层电子对内层没有屏蔽作用，各组的 $\sigma=0$。③ 同一组，$\sigma=0.35$（但 1s，$\sigma=0.30$）。④（$n-1$）组对 ns、np 的 $\sigma=0.85$；对 nd、nf 的 $\sigma=1.00$。⑤（$n-2$）层及更内层对 n 层的 $\sigma=1.00$。该方法用于主量子数为 4 的轨道准确性较好，n 大于 4 后较差。

按照中心势场模型，多电子原子体系就简化成单电子原子的类似体系了。在该体系中，我们所选定的这个电子，是处于有效核电荷为 $Z^*=(Z-\sigma)$ 的中心势场作用下，其能量（E,eV）的计算公式与单电子的氢原子类似（见式 5-6）：

$$E=-13.6\left(\frac{Z-\sigma}{n^*}\right) \tag{5-6}$$

在氢原子中电子能级只与主量子数 n 有关，而多电子原子的能量公式，除了和 n 有关外，还与 l 有关，所以能量也就和 l 相关了。为什么 l 不同能量会有高低呢？

可以利用氢原子核外电子的径向分布图来分析多电子原子中 n 相同时，l 越大，能量越高的原因。从图 5-7 中可以看出 3s 电子离核最近处有小峰，钻到核附近的机会比较多，3p 次之，3d 更小。电子钻得越深受核吸引力越强，其他电子对它的屏蔽作用就越小。一般来说，在原子核附近出现概率较大的电子可以较多地避免其他电子的屏蔽作用，直接接受较大的有效核电荷的吸引，能量较低；在原子核附近出现概率较小的电子则相反，被屏蔽的较多，能量较高。这种由于电子的角量子数不同，其概率的径向分布不同，电子钻到核附近的概率较大者受到核的吸引作用较大，因而能量不同的现象，称为电子的**钻穿效应**（**penetration effect**）。

当 n 和 l 都不相同时，有的轨道发生了能级次序交错现象。

例 5-2 计算基态钾原子的 4s 和 3d 电子的能量。

解 根据斯莱特规则求 σ 值：

$$\sigma_{3d}=18\times1.00=18.00$$

$$\sigma_{4s}=10\times1.00+8\times0.85=16.80$$

$$E_{3d}=-13.6\,\frac{(19-18)^2}{(3)^2}=-1.51\ (\text{eV})$$

$$E_{4s}=-13.6\,\frac{(19-16.8)^2}{(3.7)^2}=-4.808\ (\text{eV})$$

所以 $E_{3d}>E_{4s}$

5.2.2 核外电子分布与周期系

5.2.2.1 核外电子分布的三个原理

各元素原子中电子的分布规律基本上遵循三个原理，即泡利不相容原理、最低能量原理以及洪特规则。

(1) 泡利不相容原理（Pauli exclusion principle） 泡利（Wolfgang Ernst Pauli，奥地利量子物理学家，1900—1958）不相容原理指的是一个原子中不可能有四个量子数完全相同的 2 个电子，每一层电子的最大容量为 $2n^2$，也就是说泡利不相容原理解决了电子的容量问题。

(2) 最低能量原理（lowest energy principle） 最低能量原理则表明核外电子分布将尽可能优先占据能级较低的轨道，以使系统能量处于最低。它解决了电子分布的先后顺序问题。

(3) 洪特规则（Hund's rule） 洪特（Hund，德国物理学家，1896—1997）规则说明了主量子数和角量子数都相同的轨道中的电子，总是尽先占据磁量子数不同的轨道，而且自旋量子数相同，即自旋平行。它解决了同一电子亚层中电子是如何分布的问题。

5.2.2.2 原子或离子外层电子分布式写法和未成对电子数的确定

(1) 原子的外层电子分布式 根据电子排布三原则和多电子原子的近似能级顺序，对原子序数 1～36 的元素原子电子排布式的写法，中学已经讲过，但用光谱符号表示，学生还是比较陌生。书写外层电子排布式时应注意两点：

① 应按主量子数和角量子数增大的顺序来写，也就是说不能按能级组的次序而应按电子层的次序来书写。例如，$_{22}$Ti 的电子分布式为 $1s^22s^22p^63s^23p^63d^24s^2$，不应写成 $1s^22s^22p^63s^23p^64s^23d^2$。

② 所谓外层并不是最外层，指那些对元素性质有显著影响的电子。例如，$_{22}$Ti 的外层电子分布式为 $3d^24s^2$，而不是 $4s^2$。

(2) 离子外层电子分布式 离子的外层电子分布式书写时，一定要将外层电子写完整。例如，Fe^{3+} 的外层电子分布式为 $3s^23p^63d^5$，而不是 $3d^5$。

(3) 未成对电子数 如果一个轨道中仅分布一个电子，称这个电子为未成对电子，一个原子中未成对电子的总数叫未成对电子数。

例 5-3 写出$_{18}$Ar、$_{19}$K、$_{25}$Mn、$_{29}$Cu、$_{35}$Br 的核外电子排布式。

解 根据元素的原子序数可以知道该元素原子核外拥有的电子数，根据近似能级图和参考核外电子排布的三个原则可以写出上述元素原子核外电子排布式。

$_{18}$Ar　$1s^22s^22p^63s^23p^6$

$_{19}$K　$1s^22s^22p^63s^23p^64s^1$ 或[Ar]$4s^1$

19 号元素钾 K 是在 18 号元素即稀有气体氩的基础上添加电子，所以也可以用稀有气体元素的结构来代替部分电子层结构，因而$_{19}$K 的核外电子排布式也可以写成[Ar]$4s^1$。同理$_{25}$Mn 可写成[Ar]$3d^54s^2$，$_{29}$Cu 的为[Ar]$3d^{10}4s^1$，$_{35}$Br 的为[Ar]$3d^{10}4s^24p^5$。为什么$_{29}$Cu 的核外电子排布式为[Ar]$3d^{10}4s^1$，而不是[Ar]$3d^94s^2$ 呢？因为在同一能级中，能量高低相等的 d 轨道或 f 轨道在半充满和全充满的情况下的原子系统最稳定。

5.2.2.3 原子外层电子构型与周期系分区

由原子外层电子构型与周期系分区可得知，元素周期律是原子中电子层结构周期性变化的必然结果，如图 5-9 所示。

根据原子的电子层结构特征，可把全部元素分成 5 个区，即 s、p、d、ds 和 f 区。

s 区包括ⅠA 族和ⅡA 族（碱金属，碱土金属），电子层构型是 $ns^{1\sim2}$；

p 区包括ⅢA 族～ⅧA 族，电子层构型是 $np^{1\sim6}$；

d 区包括ⅢB 族～ⅧB 族，电子层构型为 $(n-1)d^{1\sim8}ns^{1\sim2}$；

ds 区包括ⅠB 族和ⅡB 族，电子层构型是 $(n-1)d^{10}ns^{1\sim2}$；

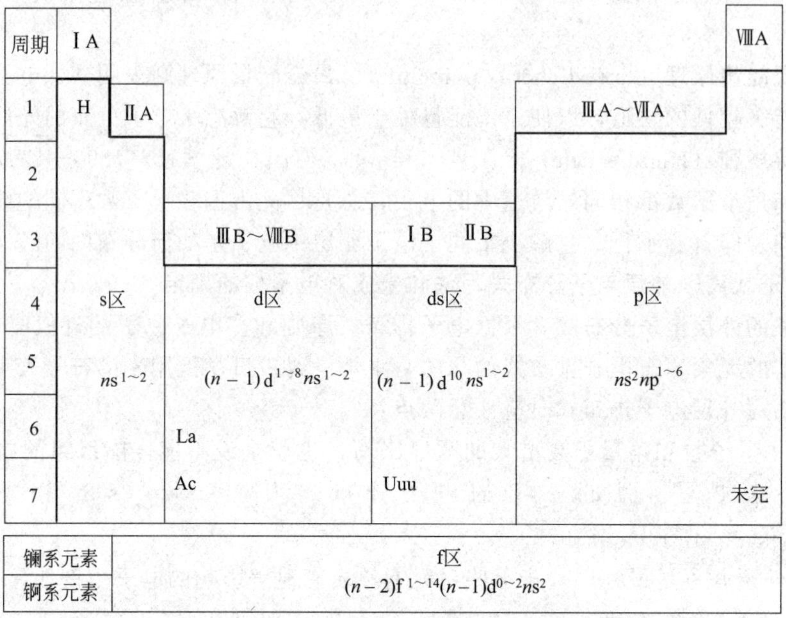

图 5-9 原子价电子构型与周期系分区

f 区为 La 系、Ac 系，各 14 种元素，电子构型为 $(n-2)f^{1\sim14}(n-1)d^{0\sim2}ns^2$。

因此，已知元素原子序数即可推知电子结构与其在周期表中的位置。例如，已知 $Z=76$，则它在 $_{54}Xe$ 与 $_{86}Rn$ 之间为第六周期，其原子实应为 [Xe]，其价电子为 6s4f5d6p 能级组中应有 76－54＝22 个电子，必为 $6s^2 4f^{14} 5d^6$，应属于第ⅧB 族第一纵列元素 Os：$[Xe]4f^{14}5d^6 6s^2$。

5.2.2.4 元素性质的周期性变化

原子的外层电子构型呈现明显地周期性变化，因此元素的性质也表现出周期性的变化规律。在这里，将讨论元素的四种性质：原子半径、电离能和电子亲和能以及电负性。

(1) 原子半径 固体物质中相邻两个原子的核间距离是可以从实验测出的。当两个碳原子以共价键相结合时，C—C 核间距等于两个碳原子半径之和，核间距的一半叫做碳原子的**单键共价半径**。

对于一些不形成共价键的金属原子和稀有气体，可测出它们的金属半径或范德华半径。后者是以一位研究分子间力的荷兰物理学家范德华（J D van de Waals，1837—1923）的姓名命名的。

金属半径是金属晶体中两个最邻近的金属原子之间的核间距之半。范德华半径是分子晶体中相邻分子间两个邻近的非成键原子之间的核间距之半。除稀有气体采用外，其他分子晶体也可采用。

短周期中从左到右，原子的电子层数不变，但后面元素比前面一个元素所多的一个电子是在最外同一层上，而同层电子的屏蔽作用小，所以，核电荷依次增加时，有效核电荷显著增加，核对核外电子的吸引逐渐增强，因此原子半径逐渐减小。

在长周期中，原子半径递变总的情况是与短周期一致的，但过渡元素原子半径却减少得缓慢。这是因为过渡元素原子是 d 区元素，后面元素比前面一个元素所多的一个电子是在次外层上 d 的电子，而内层电子的屏蔽作用较大，使有效核电荷没有显著增加，比电子加在外层使有效核电荷增加要小得多。所以，随着核电荷依次增加，原子半径一般是依次缓慢减少。

到了第Ⅰ、Ⅱ副族元素，原子半径反而增大，这可能是由于这些元素原子的次外层达到 18 电子的结构，屏蔽作用增大，超过了核电荷增加的影响的缘故。镧系元素原子半径递变的总趋向是随着原子序数依次增大，原子半径依次减小，这个现象叫做**镧系收缩**（**lanthanide contraction**）。

在同一主族中从上到下，有两种相反的因素在起作用：一是核电荷增加（它使原子半径变小）；二是电子层数增多（它使原子半径变大）。但由于内层电子增多，对外层电子的屏蔽作用较大，所以核电荷增加这一因素不如电子层数增多这一因素的影响为大，因此，原子半径逐渐增大。图 5-10 表示了元素原子半径与原子序数的关系。

(2) 电离能　原子在气态时失去电子的难易，可以用电离能来衡量。

气态原子失去一个电子成为气态＋1 价离子：

$$A \longrightarrow A^{+} + e^{-}$$

所需吸收的能量叫做第一电离能 I_1。

气态＋1 价离子失去一个电子成为气态＋2 价离子：

$$A^{+} \longrightarrow A^{2+} + e^{-}$$

所需吸收的能量叫做第二电离能 I_2。

第三、四电离能 I_3、I_4 等，依次类推。

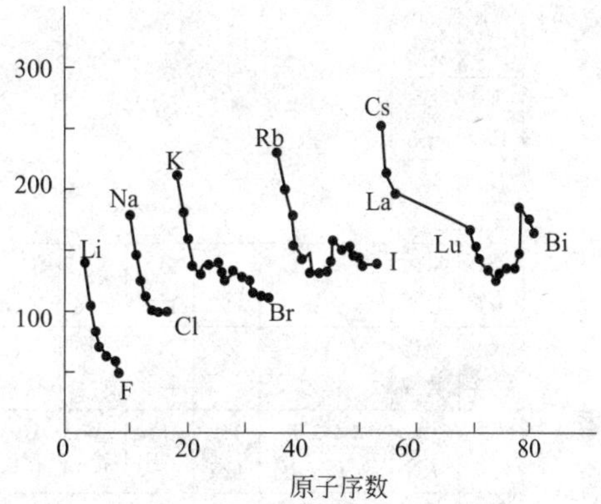

图 5-10　元素原子半径与原子序数的关系

一般所说电离能就是指第一电离能。原子的电子构型、有效核电荷和原子半径等都是决定原子性质的结构因素。作为原子的一种性质，电离能的大小就与上述这些因素有关。当原子失去第一个电子形成＋1 价离子后，核对电子的有效吸引加强，离子半径也变小了，所以电离能总是 $I_1 < I_2 < I_3 < I_4 \cdots$。图 5-11 表示出各元素的第一电离能随原子序数的周期性变化。

对主族元素来说，第Ⅰ主族元素的电离能最小。在同一周期中，随原子序数的增大，有效核电荷也增大，原子半径变小，所以电离能逐渐增大，反映在元素的化学性质上是金属活泼性逐渐减弱，非金属活泼性逐渐增强；直到稀有气体，它在每一周期中具有最高的电离能，因为它们的原子具有 ns^2np^6 的稳定结构。在同一主族中，元素从上到下，原子半径增大这一因素超过了有效核电荷增多的因素，所以电离能逐渐减小，反映在元素的化学性质上金属活泼性逐渐增强。

副族元素电离能的变化缺乏规律性。一般说来，从左到右，电离能的改变很小。这是因为次外层的 d 电子数依次增多，对外层电子的屏蔽作用加强，部分地抵消了有效核电荷增多

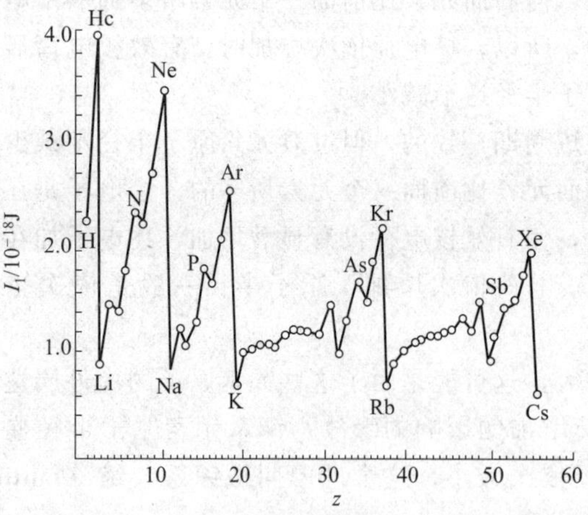

图 5-11 元素第一电离能的周期性变化

的影响，原子半径改变也不多，因此电离能的改变也就不多。

(3) 电子亲和能 电子亲和能是气态原子得到一个电子形成－1价离子时所放出的能量。非金属元素的原子有得到电子的倾向，它的电子亲和能越大，得到电子的倾向就越大。电子亲和能的实验测定比较困难，数据的可靠性远不如电离能。

(4) 电负性 美国化学家鲍林（Pauling）综合了原子得失电子的能力，提出了元素电负性的概念。电负性是元素的原子在分子中吸引成键电子的能力。电负性越大的元素的原子在分子中吸引成键电子能力越大。在周期表中总变化趋势是：同一周期元素，从左到右电负性递增，同一族元素，从上到下电负性递减。因此，表的左下角元素电负性最小，右上角则最大，电负性的周期性变化如图 5-12 所示。

H 2.1																
Li 1.0	Be 1.5											B 2.0	C 2.5	N 3.0	O 3.5	F 4.0
Na 0.9	Mg 1.2											Al 1.5	Si 1.8	P 2.1	S 2.5	Cl 3.0
K 0.8	Ca 1.0	Sc 1.3	Ti 1.5	V 1.6	Cr 1.6	Mn 1.5	Fe 1.8	Co 1.9	Ni 1.9	Cu 1.9	Zn 1.6	Ga 1.6	Ge 1.8	As 2.0	Se 2.4	Br 2.8
Rb 0.8	Sr 1.0	Y 1.2	Zr 1.4	Nb 1.6	Mo 1.8	Tc 1.9	Ru 2.2	Rh 2.2	Pd 2.2	Ag 1.9	Cd 1.7	In 1.7	Sn 1.8	Sb 1.9	Te 2.1	I 2.5
Cs 0.7	Ba 0.9	La-Lu 1.0-1.2	Hf 1.3	Ta 1.5	W 1.7	Re 1.9	Os 2.2	Ir 2.2	Pt 2.2	Au 2.4	Hg 1.9	Tl 1.8	Pb 1.9	Bi 1.9	Po 2.0	Ar 2.2
Fr 0.7	Ra 0.9	Ac-No 1.1-1.3														

图 5-12 元素的电负性

思考与练习题

5-4 某元素有 6 个电子处于 $n=3$，$l=2$ 的能级上，推测该元素的原子序数，并根据洪特规则推测在 d 轨道上未成对的电子有几个？

5.3 化学键和分子间相互作用力

5.3.1 化学键及其类型

在已知的化学物质中，只有稀有气体是以单原子形式存在，其他各种单质以及化合物都是由原子（或离子与离子）相互化合形成分子（或晶体）而存在。在分子（或晶体）内，原子（或离子）之间必然存在着相互作用。**化学键（chemical bond）**就是指存在于原子（或离子）之间的强烈的吸引作用。化学键主要有三种类型：离子键、共价键和金属键。

5.3.1.1　离子键（ionic bond）

1916 年德国化学家克塞尔根据稀有气体原子的电子层结构特别稳定的事实，提出了离子键理论。根据这一理论，原子生成化合物的过程是电子从一个原子转移到另一个原子，它们就分别变成正、负电荷的离子，这两种离子由于静电引力的作用而形成离子键。正、负离子分别是键的两极，所以离子键是有极性的。

典型的离子键是由电离能小的金属（如钠）与电子亲和能大的非金属（如氯）形成的。在由离子键形成的离子化合物中，各个离子的电荷数就是电价数。在氯化钠中，钠和氯的电价数分别为＋1 和－1。

5.3.1.2　共价键（covalent bond）

离子键理论不能解释由同种原子组成的单质分子（例如 H_2、N_2 等）或由金属性、非金属性相差不太悬殊的元素原子所构成的分子。1916 年美国化学家路易斯（G. N. Lewis，1875—1946）提出了共价键理论。

根据共价键理论，分子中两个原子内未成对的、自旋方向相反的价电子配成对时就形成了共价键。此时两个原子最外层的电子数一般达到 8 电子的稳定结构。在共价键所形成的化合物中，原子最外层的电子数有时可以小于 8 个，例如在 $BeCl_2$ 和 BCl_3 分子中，Be 和 B 的最外层分别只有 4 个和 6 个电子；又原子的最外层电子数有时也可以大于 8 个，例如在 SF_6 分子中，S 的最外层电子达到 12 个，这些问题将不在本节中讨论。

原子中的共价数是该原子在成键时所提供的电子数。原子中已经成对的价电子（叫做孤对电子）一般不能再与其他原子的电子配对。

在单质分子中，形成共价键的共用电子对，可以认为是同等程度地属于相结合的两个原子。这种键叫做非极性键。在化合物的分子中，当两个不同的原子间形成共价键时，共用电子对会偏向于某原子一方，使这个原子显负电性而另一个原子显正电性，这样共价键就有了极性。共价键极性的强弱则取决于参与成键的两个原子的电负性。

两个原子的电负性相差越大，键的极性也就越大。很显然，把两个原子之间的键归结为离子键或共价键都过于简单化。即使从第Ⅰ、Ⅱ主族（金属性最强）和第Ⅵ、Ⅶ主族（非金属性最强）元素所形成的化合物来说，两种原子的电负性差别相差很多，如氟与铯的电负性差 3.3，碲与铍差 0.6。我们可以说在碲化铍中化学键以共价性为主，而氟化铯则是典型的离子键。

5.3.1.3　共价键的形成

运用量子力学近似处理可说明共价型分子中化学键的形成，常用的有价键理论和分子轨道理论两种。

(1) 价键理论要点　1927 年德国化学家海特勒（W. Heitler）和伦敦（F. London）运用量子力学原理处理氢分子的结果认为：当两个氢原子相互靠近，且它们的 1s 电子处于自旋状态反平行时，两个电子才能配对成键；当两个氢原子的 1s 电子处于自旋状态平行时，两个电子则不能配对成键。

共价键的形成是由于有关两个原子的自旋方向相反的两个电子配对时，原子轨道相互重叠，使体系趋于稳定。价键理论又叫作电子配对理论，这个理论的要点是：

① 因为只有自旋方向相反的，未成对的电子才有可能配对成键，所以如果分子中原子

的电子已经都配成对，就不能再继续成键，也就是说，共价键有**饱和性**。

② 当有关两个原子的两个自旋方向相反的电子配对时，原子轨道相互重叠。原子轨道重叠时总是按照重叠最多的方向进行，重叠得越多，共价键就越稳定，这就是共价键的**方向性**。除 s 轨道外，p、d 等轨道的最大值都有一定的空间取向，所以共价键具有方向性。例如，HCl 分子中氢原子的 1s 轨道与氯原子的 $3p_x$ 轨道有四种可能的重叠方式，如图 5-13 所示。图 5-13 中（c）为异号重叠，（d）由于同号和异号两部分相互抵消而为零的重叠，所以（c）、（d）都不能有效重叠而成键；只有（a）、（b）为同号重叠，但当两核距离为一定时，（a）的重叠比（b）的要多。可以看出，氯化氢分子采用图 5-13(a) 的重叠方式成键可使 σ 和 p_x 轨道的有效重叠最大。

根据上述原子轨道重叠的原则，σ 轨道和 p 轨道有两类不同的重叠方式，即可形成两类重叠方式不同的共价键。一类叫做 σ 键，另一类叫做 π 键，如图 5-14 所示。

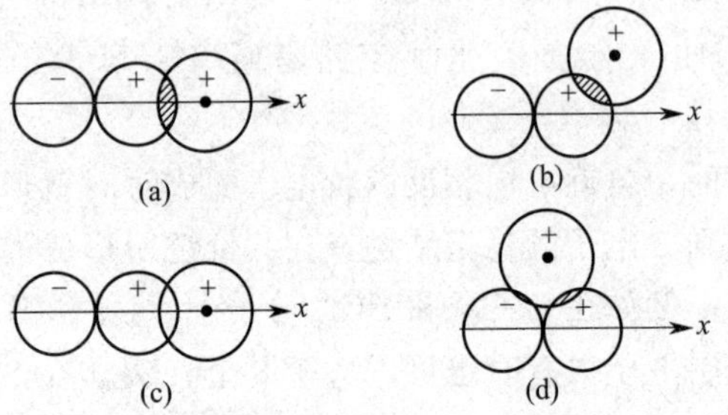

图 5-13　σ 和 p_x 轨道（角度分布）的重叠方式示意图

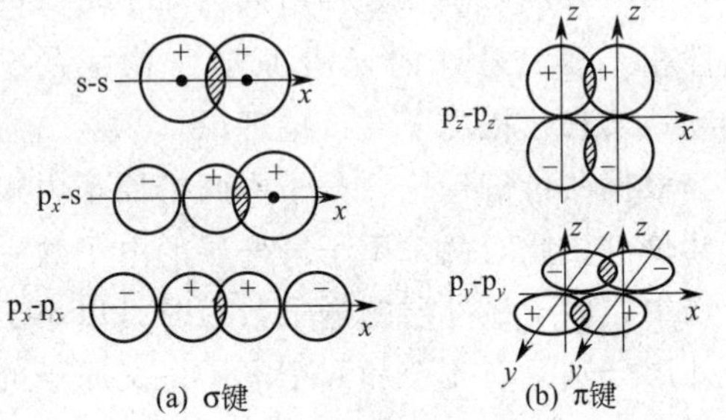

图 5-14　σ 键和 π 键（重叠方式）示意图

σ 键的特点是原子轨道沿两核联线方向以“头碰头”的方式进行重叠，重叠部分发生在两核的联线上。π 键的特点是原子轨道沿两核联线方向以“肩并肩”的方式进行重叠，重叠部分不发生在两核的联线上。共价单键一般是 σ 键，在共价双键和叁键中，除 σ 键外，还有 π 键。

（2）分子轨道理论　分子轨道理论是目前发展较快的一种共价键理论。它强调分子的整体性。当原子形成分子后，电子不再局限于个别原子的原子轨道，而是从属于整个分子的分子轨道。分子轨道可以近似地通过原子轨道适当组合而得到。以双原子分子为例，两个原子轨道可以组成两个分子轨道。当两个原子轨道（即波函数）以相加的形式组合时，可以得到成键分子轨道；当两个原子轨道（即波函数）以相减的形式组合时，可以得到反键分子轨道。若与原来两个原子轨道相比较，成键分子轨道中两核间电子云密度增大，能量降低；反键分子轨道中两核间电子云密度减小，能量升高。例如，氢分子中，2 个氢原子的 1s 轨道经组合后形成两个能量高低不同的分子轨道，一个为成键分子轨道，另一个为反键分子轨道，如图 5-15 所示。

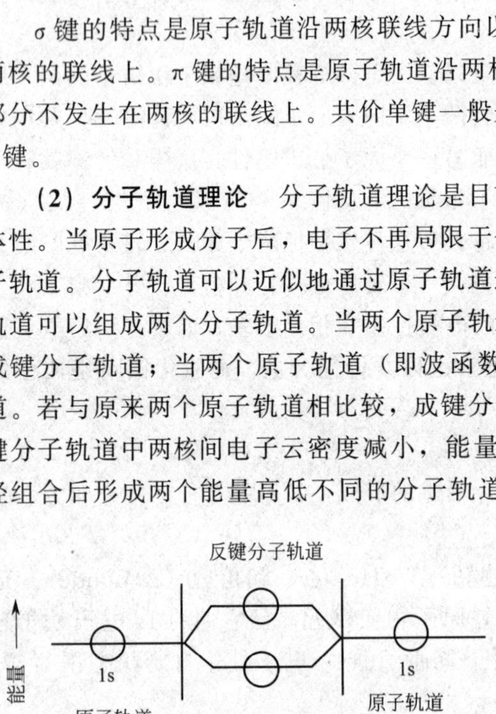

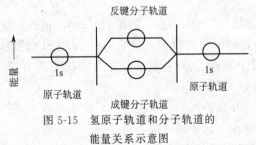

图 5-15　氢原子轨道和分子轨道的能量关系示意图

（3）杂化轨道理论

① 杂化轨道理论简介　价键理论比较简明地阐述了共价键的形成过程和本质，并成功地解释了共价键的方向性、饱和性等特点。但在解释分子空间结构方面却遇到了一些困难。例如近代实验测定结果表明：甲烷分子的结构是一个正四面体结构（见图 5-21），碳原子位于四面

体的中心，四个氢原子占据四面体的四个顶点。CH_4 分子中形成四个稳定的 C—H 键，键角∠HCH 为 109°28′，四个 C—H 键的强度相同，键能为 411kJ/mol。但是根据价键理论，由于碳原子的电子层结构为 $1s^2 2s^2 2p_x^1 2p_y^1$，只有两个未成对电子，所以它只能与两个氢原子形成两个共价键。如果考虑将碳原子的 1 个 2s 电子激发到 2p 轨道上去，则有四个成单电子（1 个 s 电子和 3 个 p 电子），它可与四个氢原子的 1s 电子配对形成四个 C—H 键。由于碳原子的 2s 电子和 2p 电子的能量是不同的，那么这四个 C—H 键应当不是等同的，这与实验事实不符，这是价键理论不能解释的。为了解释多原子分子的空间结构，鲍林等人以价键理论为基础，提出杂化轨道理论。成功地解释了多原子分子的空间构型和价键理论所不能说明的一些共价分子的形成（如 CH_4 等）。这个理论认为，原子成键轨道并不是纯粹的 s，也不是纯粹的 p，而是由它们“混合”起来重新组合成两个能量相等的新轨道。这种在单个原子中由不同类型的、能量相近的轨道“混合”起来重新分配能量，重新组成一组新轨道的过程叫做**杂化**（**hybridization**）。

原子轨道为什么要杂化？轨道杂化的实质是波函数 ψ 的叠加。由于 s 轨道的波函数在全部空间是正值，p 轨道的 ψ 则一瓣为正、一瓣为负，二者叠加结果，使轨道的一瓣变小，另一瓣变大，这就是说，杂化轨道使本来平分在对称轴的两个方向的 p 电子云比较集中在一个方向上，成键时在较大的一头重叠，可以重叠得更多，这样就比原来未杂化的 s 或 p 轨道的成键能力都增强了。因此，原子在形成共价键时力图采取杂化轨道成键。

杂化轨道理论（**hybridization orbital theory**）认为：在形成分子时，通常存在激发、杂化、轨道重叠等过程。但应注意，原子轨道的杂化，只有在形成分子的过程中才会发生，而孤立的原子是不可能发生杂化的。同时只有能量相近的原子轨道（如 2s、2p 等）才能发生杂化，而 1s 轨道与 2p 轨道由于能量相差较大，它们是不能发生杂化的。

② 杂化的主要类型　对于非过渡元素，由于 ns、np 能级比较接近，往往采用 sp 型杂化，下面介绍 sp 杂化的三种类型。

a. sp 杂化　氯化铍 $BeCl_2$ 是共价型分子，Be 原子与 Cl 原子是共价结合。实验测得，$BeCl_2$ 是直线型分子，三个原子在一条直线上（Cl—Be—Cl），即 Be—Cl 键之间的夹角为 180°。而且两个 Be—Cl 键是等同的，即键能和键长是相等的。我们知道，Cl 的最外层电子是 $3s^2 3p^5$，虽有一个未成对的价电子，但是 Be 的价电子是 $2s^2$，这是已经成对了的电子，那么 Be 与 Cl 怎样形成共价键呢？这是因为形成共价键时，基态 Be 原子中轨道中 2s 的一个 s 电子被激发到激发态：

$$2s^2 \xrightarrow{\text{激发}} 2s^1 2p^1$$

这样，Be 原子就有了两个未成对的价电子，因而可以与两个 Cl 原子结合形成两个 Be—Cl 键。这一激发过程之所以会发生是因为激发所需要的能量较小，而在激发态时与 Cl 原子形成键所放出的能量可以补偿激发所需的能量而且有余。但是，经激发后 Be 的价电子一个是 s 电子，一个是 p 电子。p 轨道角度分布有一突出方向，电子云比较集中在某一个方向上，而 s 轨道的电子云则分散出现在核周围的各个方向上，所以 p 轨道的成键能力应比 s 轨道强，那么这两个键为什么又是等同的呢？

杂化轨道理论认为 Be 原子的一个 2s 轨道和一个 2p 轨道发生杂化可形成两个 sp 杂化轨道，其中每一轨道含 $\frac{1}{2}$s 和 $\frac{1}{2}$p 成分，杂化轨道间的夹角为 180°。另外 2 个未杂化的空的 2p 轨道与 sp 杂化轨道互相垂直。

Be 原子的两个 sp 杂化轨道分别与氯原子中的 3p 轨道重叠，形成两个 sp-p 的 σ 键。由于杂化轨道间的夹角为 180°，所以形成的 $BeCl_2$ 分子的空间结构是直线形的（见图 5-16 和图 5-17）。

除在 $BeCl_2$ 分子中，Be 的成键轨道是 sp 杂化轨道外，周期系第Ⅱ副族元素 Zn、Cd 和 Hg 的最外层电子是 ns^2，在它们的某些化合物中，也都以 sp 杂化轨道成键，炔烃分子中叁键上的碳也是采用 sp 杂化。

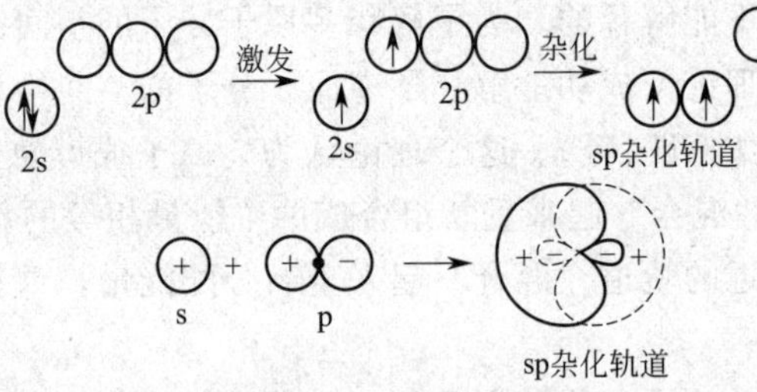

图 5-16　sp 杂化过程及杂化轨道角度分布图

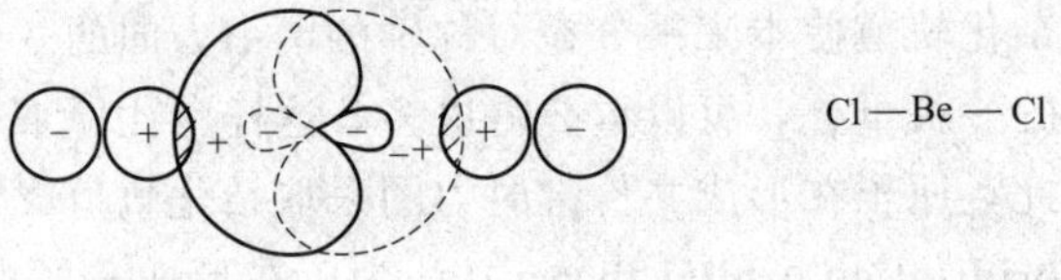

图 5-17　sp 杂化分子的空间构型

b. sp^2 杂化　以三氯化硼 BCl_3 为例。B 原子的最外层电子是 $2s^2 2p^1$，s 电子激发后成为 $2s^1 2p_x^1 2p_y^1$。为了增大成键能力，B 原子的 1 个 s 轨道和 2 个 p 轨道杂化成 3 个 sp^2 轨道。其中每一轨道含 1/3s 和 2/3p 成分。这三个杂化轨道位于同一平面互成 120°，BCl_3 具有平面三角形结构，如图 5-18 和图 5-19 所示，烯烃分子中双键上的碳也是采用 sp^2 杂化的。

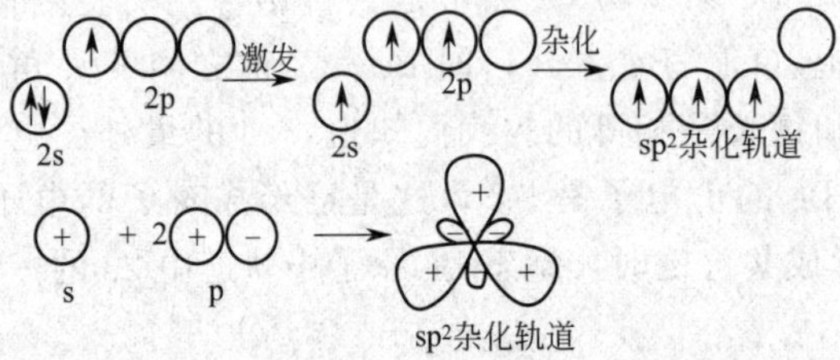

图 5-18　sp^2 杂化过程及杂化轨道角度分布图

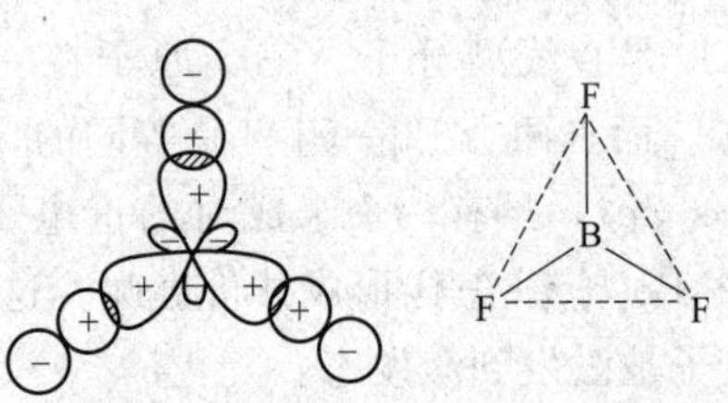

图 5-19　sp^2 杂化分子的空间构型

c. sp^3 杂化　以甲烷 CH_4 为例。C 原子的最外层电子是 $2s^2 2p^2$，s 电子激发后成为 $2s^1 2p_x^1 2p_y^1 2p_z^1$。C 原子的 1 个 s 轨道和 3 个 p 轨道杂化成 4 个 sp^3 轨道，其中每一轨道含 1/4s 和 3/4p 成分。这四个杂化轨道的角度分布的极大值分别指向正四面体的四个顶点，所以甲烷具有正四面体结构，如图 5-20 和图 5-21 所示。图中虚线表示正四面体，实线表示共价键。

③ 不等性杂化　碳的 sp^3 杂化已如前述。杂化轨道理论成功地解释了碳的一些化合物的几何构型。这就使人们想到，在氮的化合物（如氨）和氧的化合物（如水）中，氮原子和氧原子的原子轨道是不是也杂化呢？氮原子轨道和氧原子轨道的杂化与碳原子轨道的杂化有什么不同呢？氮的外层电子构型是 $2s^2 2p^3$。在氨分子中，当氮原子的 2s 和 $2p_x 2p_y 2p_z$ 轨道杂化后所得到的 4 个 sp^3 杂化轨道中，3 个杂化轨道与 3 个 H 原子的 1s 电子成键，另一个

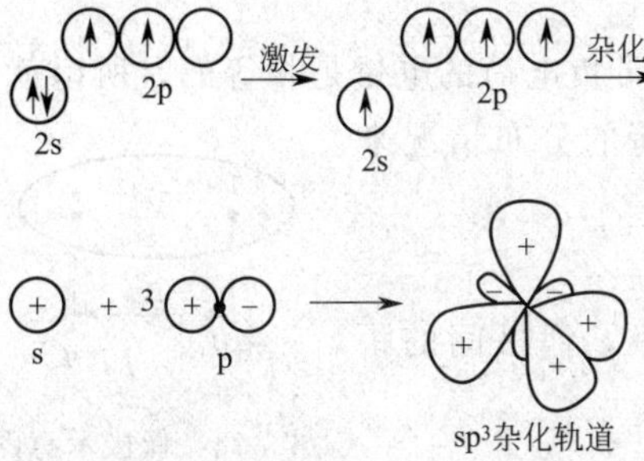

图 5-20　sp^3 杂化过程及杂化轨道角度分布图

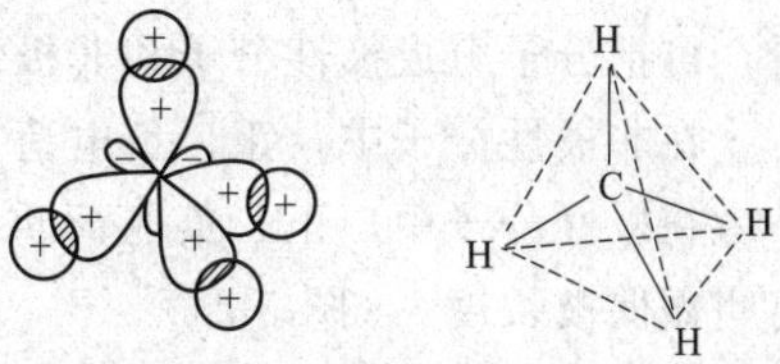

图 5-21　sp^3 杂化分子的空间构型

杂化轨道则为不成键的孤对电子所占。由于氮原子的孤对电子未被氢原子共用，所以更靠近 N 原子，孤对电子（只受 N 原子核的吸引）轨道比成键电子（受 N 核和 H 核的吸引）轨道“肥大”。或者说，电子云伸展得更开，所占体积更大，所以 N—H 键在空间受到排斥，使 N—H 键之间的夹角压缩到 107°18′。在描述分子的几何形状时，由于实验观察不到电子对而只能观察到原子的位置，所以氨分子为三角锥形，如图 5-22 所示。

在水分子中，由于氧原子有两对孤对电子，因此 O—H 键在空间受到更强烈的排斥，O—H 键之间的夹角压缩到 104°40′。水分子的几何形状为 V 字形，如图 5-23 所示。

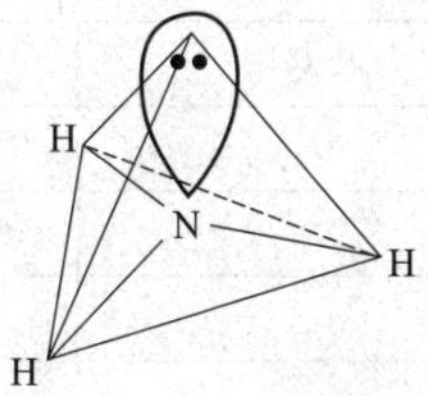

图 5-22　氨分子的立体构型示意图

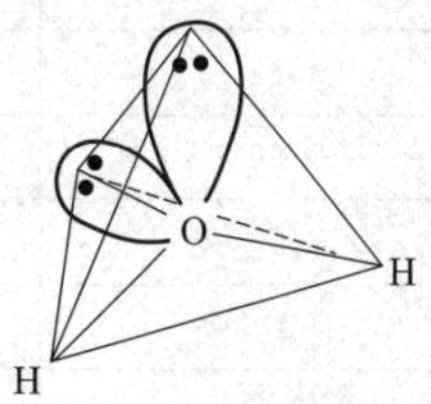

图 5-23　水分子的立体构型示意图

在碳的 4 个 sp^3 杂化轨道中，每一个都是 s 轨道成分占 1/4，p 轨道占 3/4，这种杂化叫做**等性杂化**（**equivalent hybridization**）。而在氮、氧的杂化轨道中，孤对电子所占据的轨道含 s 轨道的成分较多，含 p 轨道的成分较少，而成键电子对所占据的轨道则正好相反，含 p 轨道的成分较多。这样，各个杂化轨道就不完全等同，并使键角小于等性杂化轨道间的夹角。这种各个杂化轨道所含 s 轨道的成分不同的杂化叫做**不等性杂化**（**nonequivalent hybridization**）。

5.3.2　分子的极性

5.3.2.1　共价键的参数

表征共价键特性的物理量称为共价键参数，例如键长、键角和键能等。

(1) 键长　分子中成键原子的两核间的距离叫做键长。键长与键能有关，一般来说，单键的键长若较小，则单键乃至所形成分子较稳定。

(2) 键角　分子中相邻两键间的夹角叫做键角。分子的空间构型与键长和键角有关。

(3) 键能　共价键的强弱可以用键能数值的大小来衡量。一般规定，在 298.15K 和 101.325kPa 下断开气态物质（如分子）中单位物质的量的化学键而生成气态原子时所吸收的能量叫做键解离能。

对双原子分子来说，键解离能可以认为就是该气态分子中共价键的键能；对于两种元素组成的多原子分子来说，可取键解离能的平均值作为键能。

5.3.2.2 分子的极性和偶极矩

在分子中，由于原子核所带正电荷的电量和电子所带负电荷的电量是相等的，所以就分子的总体来说，是电中性的。但从分子内部这两种电荷的分布情况来看，可把分子分成极性分子和非极性分子两类。

在非极性分子中，正、负电荷重心相重合。

在极性分子中，正、负电荷重心不重合而形成偶极，偶极间的距离叫做偶极长度 l（图 5-24）。

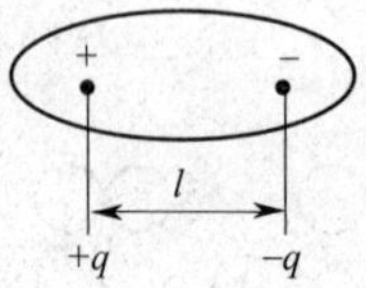

图 5-24 偶极示意图

分子的偶极矩是偶极长度和极上电荷的乘积：

$$\mu = le \tag{5-8}$$

对于极性分子来说，l 和 e 这两个量是不能分别求得的，但是这两个量的乘积即偶极矩可以用实验测出。表 5-2 列出一些物质的偶极矩。

表 5-2 一些物质的偶极矩

物质	电偶极矩 $\mu/10^{-30}$C·m	分子空间构型	物质	电偶极矩 $\mu/10^{-30}$C·m	分子空间构型
H_2	0	直线形	H_2S	3.07	V 字形
CO	0.33	直线形	H_2O	6.24	V 字形
HF	6.40	直线形	SO_2	5.34	V 字形
HCl	3.62	直线形	NH_3	4.34	三角锥形
HBr	2.60	直线形	BCl_3	0	平面三角形
HI	1.27	直线形	CH_4	0	正四面体形
CO_2	0	直线形	CCl_4	0	正四面体形
CS_2	0	直线形	$CHCl_3$	3.37	四面体形
HCN	9.94	直线形	BF_3	0	平面三角形

由表 5-2 可以看出，由同种原子组成的双原子分子（如氢分子）是非极性分子，所以它的偶极矩为零。像卤化氢这类双原子分子的极性强弱与分子中共价键极性强弱是一致的。对多原子分子来说，分子的极性除取决于键的极性外，还与分子的空间构型（特别是对称性）有关。尽管 C 与 S、C 与 O、B 与 Cl、C 与 H 以及 C 与 Cl 之间的键是极性键，但 CS_2、CO_2、BCl_3、CH_4 以及 CCl_4 都是非极性分子。

5.3.3 分子间相互作用力

5.3.3.1 分子间力

物质的熔点、沸点不同，这说明了分子间力有大有小。分子间力越大，物质就越容易液化或固化，则其熔点、沸点越高。在一系列由同族元素所组成的同类型的单质分子中，分子量越大，分子间力也越大，其熔、沸点越高。这种分子间力究竟是怎样产生的？

当非极性分子相靠近时［如图 5-25(a)］，由于每个分子中电子和原子核不断运动，经常发生电子云和原子核之间瞬时的相对位移，使分子的正、负电荷重心不重合，产生瞬时偶极，这就使分子发生了变形。分子中原子数越多、原子半径越大或分子中电子数越多，分子的变形就越显著。一个分子产生的瞬时偶极会诱导邻近的分子产生类似的偶极，而且两个瞬时偶极总是采取异极相邻的状态［图 5-25(b)和(c)］，这种瞬时偶极之间所产生的吸引力叫做**色散力**（**dispersion force**）。虽然瞬时偶极存在的时间极短，但是异极相邻的状态实际上是在不断地重复着，因此分子之间始终有色散力在起着作用。

当极性分子和非极性分子靠近时［图 5-26(a)］，除了色散力的作用外，还存在诱导力。非极性分子受极性分子的影响而产生诱导偶极［图 5-26(b)］，在诱导偶极和极性分子的固有偶极之间所产生的吸引力叫做**诱导力**（**induction force**）；同时诱导偶极又作用于极性分子，使其偶极长度增加，从而进一步增强了它们之间的吸引。

当极性分子相互靠近时，色散力和诱导力也起着作用。此外，它们的固有偶极使分子在空间运动循着一定的方向，成为异极相邻的状态（图 5-27）。由于固有偶极的取向而引起的分子间的一种作用力叫做**取向力**（**orientation force**）。由于取向力的存在，使极性分子更加靠近。在两个相邻分子的固有偶极的作用下，使每个分子的正、负电荷重心更加分开，产生了诱导偶极。因此它们之间还有诱导力的作用。

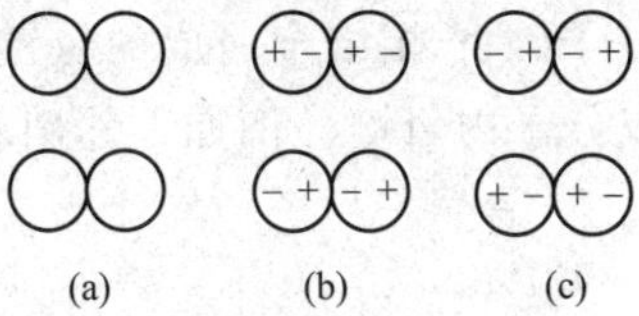

图 5-25　非极性分子相互作用的情况

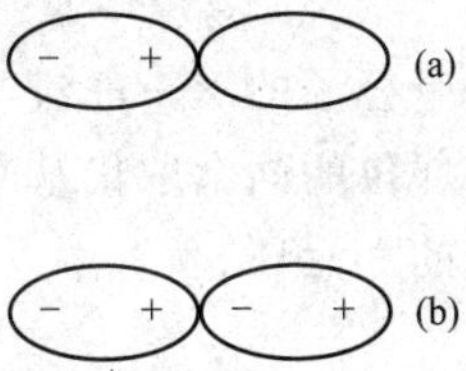

图 5-26　极性分子和非极性分子相互作用的情况

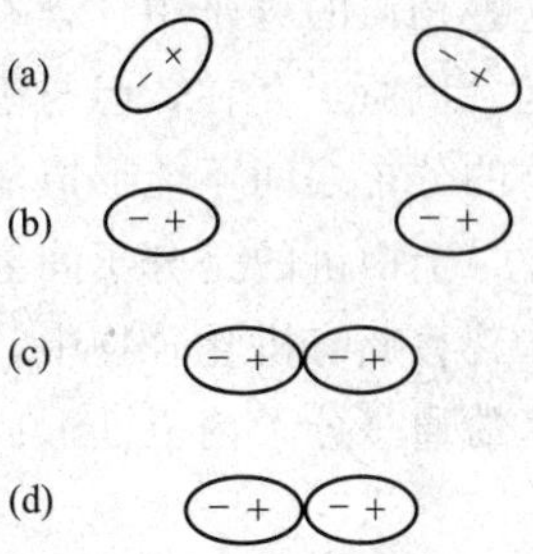

图 5-27　极性分子相互作用的情况

总之，在非极性分子之间只有色散力的作用；在极性分子和非极性分子之间有色散力和诱导力的作用；在极性分子之间有色散力、诱导力和取向力的作用。分子间作用力很小（一般为 0.2～50kJ/mol），与共价键的键能（一般为 100～450kJ/mol）相比可以差 1～2 个数量级。分子间力没有方向性和饱和性。分子间力的作用范围很小，它随分子之间距离的增大而迅速减弱。所以气体在压力较低的情况下，因分子间距离较大，可以忽略分子间力的影响。

从表 5-3 可以看出，色散力存在于各种分子之间，一般也是最重要的一种分子间力。只有极性很强的分子例如水，才以取向力为主。

表 5-3　一些分子的分子间力的分配

分子	取向力/(kJ/mol)	诱导力/(kJ/mol)	色散力/(kJ/mol)	总能量/(kJ/mol)
H_2	0.000	0.000	0.170	0.170
Ar	0.000	0.000	8.490	8.490
Xe	0.000	0.000	17.41	17.41
CO	0.003	0.008	8.740	8.750
HCl	3.300	1.100	16.82	21.12
HBr	1.090	0.710	28.45	30.25
HI	0.590	0.310	60.54	61.44
NH_3	13.30	1.550	14.73	29.58
H_2O	36.36	1.920	9.000	47.28

我们已经知道，HCl、HBr、HI 的熔点和沸点随着分子量的增大而升高。但 HF 的熔、

沸点“反常”，它的熔点比 HBr 的还高，沸点比 HI 的还高。这是由于形成氢键使 HF 分子缔合的缘故。

5.3.3.2 氢键

除上述三种分子间力之外，在某些化合物的分子之间或分子内还存在着与分子间力大小接近的另一种作用力——氢键。氢键是指氢原子与电负性较大的 X 原子（如 F、O、N 原子）以极性共价键相结合时，还能吸引另一个电负性较大，而半径又较小的 Y 原子（X 原子也可与 Y 原子相同，也可不同）的孤对电子所形成的分子间或分子内的键。可简单示意如下：

X—Y···Y

能形成氢键的物质相当广泛，例如，HF、H_2O、NH_3、无机含氧酸和有机羧酸、醇、胺、蛋白质以及某些合成高分子化合物等物质的分子（或分子链）之间都存在着氢键。因为这些物质的分子中，含有 F—H 键、O—H 键、N—H 键。而醛、酮等有机物的分子中虽有氢、氧原子存在，但与氢原子直接相连接的是电负性较小的碳原子，所以通常这些同种化合物的分子之间不能形成氢键。

上面讲的是分子间氢键，即一个分子的 X—H 键与另一个分子的 Y 相结合而成的氢键。在芳香族有机化合物中，在苯环上邻位的两个取代基有可能形成分子内氢键。例如，邻硝基苯酚通过分子内氢键形成一个闭合的六元环。

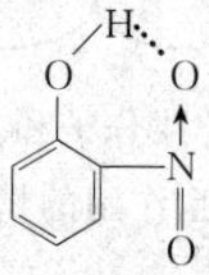

由于这种分子内氢键的形成，使邻硝基苯酚的沸点比对位或间位的硝基苯酚低，在水中的溶解度也较小。

氢键有以下特点：①氢键的键能比化学键的键能弱得多，与分子间力有相同的数量级。②具有方向性和饱和性：形成氢键的 3 个原子中 X 与 Y 尽量远离，其键角常在 120°～180°，H 的配位数为 2。

思考与练习题

5-5 试写出下列各化合物分子的空间构型，成键时中心原子的杂化轨道类型。

（1）SiH_4；（2）H_2S；（3）BCl_3；（4）$BeCl_2$；（5）PH_3。

5-6 下列各物质的分子之间，分别存在何种类型的作用力？（不能仅用分子间力表示）

（1）H_2；（2）CCl_4；（3）CH_3COOH；（4）HCHO。

科学家的贡献和科学发现的启示

量子假说——1900 年普朗克提出了崭新的量子假说新概念，并据之得出了公式，把辐射能量与辐射光谱统一了起来，解决了黑体辐射问题。普朗克的量子假说认为，辐射是由一份份的能量组成的，就像物质是由一个个原子组成的一样。辐射中的一份能量即是一个量子。量子的能量大小取决于辐射的波长。波长越短，能量越大；波长越长，能量越小。所谓量子，来自拉丁文“分立的部分”或“数量”一词。光正是一个个量子的连续发射，但由于人的眼睛有视觉暂留现象，所以看不到一个个分离的量子，而看到的是一道道光线。普朗克的量子假说为新物理学的产生奠定了第一块基石。

然而普朗克的僵化思想限制了他进一步超越经典物理学理论的界限把量子假说深入研究下去，相反，他对经典物理学理论有着极其深厚的感情，他开始了使量子假说纳入经典物理学理论的研究。他在 1901～1915 年的 15 年间，两次修改了原来的理论，使之纳入经典物理学理论。在这 15 年中，普朗克在量子理论的知识宝库中，再也没有加进任何值得称道的东西。好在人们没有忘记普朗克在创立量子力学中的功绩，瑞典科学院为此把 1918 年的诺贝尔物理学奖发给了他。

就在普朗克修正他的量子假说之时，德国物理学家爱因斯坦大胆革命，证实了量子的存在，成功地解释了“光电效应”规律。1916 年，爱因斯坦的光电效应理论被美国物理学家用实验证实，从而第一次引起了物理学家对量子理论的重视，他自己也为此获得了 1921 年诺贝尔物理学奖。然而，爱因斯坦却从 1925 年开始走向了自己的反面，成了量子力学的顽固反对者。这一年，德国物理学家海深堡在继爱因斯坦之后众多科学家探索量子力学成就的基础上，找到了反映量子波粒二象性事实的“测不准原理”。这一原理就是对于微观粒子来说，要想精确地测定其位置，就无法精确地测定其速度；反过来，要想精确地测定其速度，就无法精确地测定其位置。可是爱因斯坦对这一原理却给予了否定，说量子力学没有理论做依据，只是偶然的假说，他不仅口头上这样对量子理论进行批驳，而且在行动上也停止了对量子理论的研究，把精力完全转移到了相对论研究上，结果使他从此再也没有获得量子力学研究成果。在今天的信息时代，科技高速发展，如果科研工作者思想僵化，重大的科研成果也会从眼皮底下溜走，而且还会成为新理论的绊脚石，阻碍科学的发展。

玻尔——1885 年 10 月 7 日尼尔斯·玻尔（Niels H. D. Bohr）生于哥本哈根的一个知识分子家庭，父亲（Christian）是哥本哈根大学生理学教授，母亲（Ellen Aldler）是一位贤惠端庄的妇人。书香门第给玻尔的童年提供了良好的教育条件，环境的熏陶，使他从小养成爱好学习和体育锻炼的习惯。

1906 年玻尔以优异的成绩考入哥本哈根大学。他富有观察力，喜欢钻研，善于应用最新理论，洞察事物。在大学阶段就因严密地观察有规律的振动射流，并用精确方法测定水的表面张力而崭露头角。1916 年他又写出《金属电子理论的研究》论文，以精辟的见解，论述金属中电子运动的情况，获颁哲学博士。此外，玻尔还是大学中出色的足球队员，经常在重大比赛中取得优异成绩。

1911 年冬天玻尔在父母亲的鼓励和支持下，到了英国剑桥大学卡文迪许实验室，这里设备优良，名家汇集，实验室负责人正是赫赫有名的汤姆逊（J. J. Thomson）教授，按理，如此肥沃的科学土壤，玻尔应是能更好发挥才能的。但是，一开始就事与愿违了。此时此刻的汤姆逊教授，奖章和荣誉使他变成十分固执且近于顽固。他坚守经典物理学领域，与主张用普朗克量子说浇灌物理学的玻尔格格不入。在这样一位权威的影响下，剑桥大学的许多人也随声应和，攻击玻尔不知天高地厚、异想天开。剑桥学会甚至无端指责玻尔所写的论文太长，价值不高。

但是，面对这样不公平的现实，玻尔坚信自己的理论是正确的。为了寻求知音——新理论的支持，玻尔毅然离开剑桥，来到了曼彻斯特实验室。

起初，由于剑桥吹来的“冷风”，曾使曼彻斯特实验室负责人卢瑟福教授对玻尔也抱怀疑态度，但是，一经交谈，两个人就很投缘。当时卢瑟福已提出了行星式的原子模型——原子核在原子中心像太阳，电子像行星围绕原子核旋转。这个模型，曾受到古典物理学家的冷落，以为如果是这样的话，电子就会很快落在原子核内了。然而，玻尔则表示坚决支持卢瑟福理论，并愿为这一模型提供更多论证。

在卢瑟福的支持下，玻尔在曼彻斯特实验室经过一番刻苦钻研，提出了有划时代意义的新理论——玻尔理论。他果断地全盘吸收普朗克量子学说的观点，并用它来作为描述原子内部运动的基础。同时，还支持卢瑟福的行星原子模型。1913 年，一篇题为《原子和分子结构》的论文诞生了，年方 28 岁的玻尔谱写了一曲优美的科学赞歌。

玻尔的成就，与其良师益友卢瑟福分不开，这使他后来仍念念不忘这位导师兼知音，他常告诫自己的学生说：假使一个人不能与自己最接近的同事之间有完美、深刻的了解，就简直不能工作。这句话，充分体现科学事业的完成，需要有一个团结合作的团体。

在荣誉面前玻尔从不自满，正是他的这种品格起的作用，他的著作发明层出不穷。他总是态度和蔼，虚心待人，从不以权威自居。在他主持下的哥本哈根原子结构研究所，在短短几年内不仅成绩卓著，而且还培养出像鲍林、海森堡等优秀科学家。1922 年，瑞典科学院为表彰他在原子结构理论上的出色贡献，授予他诺贝尔物理学奖。

莱纳斯·卡尔·鲍林（Linus C. Pauling，1901—1994）——美国著名的化学家。他极富个性和创新精神，不断开拓边缘学科，在化学的许多领域卓有建树，是 20 世纪伟大的化学家。1954 年，他因研究化学键的本质以及用化学键理论阐明复杂物质的结构而获诺贝尔化学奖；1962 年，他又因唤起公众对大气层核试验释放的放射线危害的注意，荣获诺贝尔和平奖。

在 60 多年的科学研究中，他在化学、生物学、医学等领域中，发表了 400 多篇科学论文，出版了 10 多本专著，其中《化学键的本质》被称为 20 世纪最有影响的科学著作之一。他除了两度荣获诺贝尔奖外，还是 40 多项荣誉和奖章的获得者，全世界几十所大学授予他荣誉博士学位。

鲍林一生对科学的最大贡献就是创立了近代化学键理论，这些理论对化学、生物学、物理学的发展都产生了深远的影响。

鲍林深受学生的爱戴，大多数学生把他视为精神领袖。鲍林曾指导我国著名化学家唐有祺、卢嘉锡等工作。他曾两次访问我国，关心我国的化学事业。然而，在思想观点和行为方式上他又是颇有争议的人物。在获诺贝尔和平奖以后，他更加坚持己见，猛烈抨击美国政府的政策，明显地与公众舆论脱节。他既被视为具有敏感直觉、不敬权贵、富有魅力的科学家，同时又被看成是自命不凡、一贯正确和桀骜不驯的怪人。美国主流媒体对他的政治观点颇有微词，甚至认为他“荒诞不经”，对他获诺贝尔和平奖不以为然。

从 20 世纪 50 年代开始，加州理工学院院长和化学系教授们已经对鲍林有些不满，抱怨他“竭力发展个人所迷恋的化学生物学，远离了该系在物理化学方面的根基”。1964 年他悻然离开加州理工学院，去圣巴巴拉的民主制度研究中心。1967 年，加州大学圣地亚哥分校接受他担任研究教授，两年后他去了斯坦福大学，成为“学术界的流浪汉、漂泊谋生者”，至 1973 年创立自己的研究所。

1968 年，鲍林与精神科医生霍金斯（D. Hawkins）的著作《正分子精神病学（orthomolecular psychiatry）：一种治疗方法》问世。其假说是：人的大脑是一种分子—电子能激发的场所，通过复杂的生化机制发送信号，这个机制的必需营养由代谢物提供。而精神疾病是由于体内化学分子失衡引起的，所以，应用正常存在于人体的营养素以“最适分子和最适剂量”可以矫正分子平衡，为大脑提供最适宜的分子环境，达到治疗目的。因此，他提倡应用大剂量维生素或无机盐治疗精神分裂症等精神病和躯体疾病，包括过敏性疾病、关节炎、高血压、癫痫、代谢病和皮肤病，称这些为正分子疗法或正分子医学（orthomolecular medicine）。

然而，他的假说不仅缺乏科学证据，而且也不愿意认真进行临床试验，因而遭到医学家和营养学家的一致反对。1973年，美国精神病学会专题研究报告指出：大剂量维生素治疗缺乏理论基础，诊断和治疗反应评价以及心理测试的方法既不可靠也缺乏特异性。鲍林晚年致力于“营养保健”的研究，鼓吹正分子医学、大剂量维生素疗法和其他旁道医疗，支持庸医骗术，由于他的科学家声誉致使谬论流传，在社会上产生不良的影响，遭到美国医学界的一致批评。

其实，卓越的科学家在晚年误入歧途，鼓吹与科学格格不入的东西，科学史上并不罕见。当前我国的伪科学和骗术盛行，庸医假药泛滥成灾，其中就有不少科学家的参与。因此，对鲍林的晚年失误加以讨论，有其现实意义。

习　题

1. 选择题（将所有正确答案的标号填入空格内）

(1) 已知某元素+2价离子的电子分布式为 $1s^2 2s^2 2p^6 3s^2 3p^6 3d^{10}$，该元素在周期表中所属的分区为______。

(A) s区　(B) p区　(C) ds区　(D) f区

(2) 下列分子中，中心原子在成键时以 sp^3 不等性杂化的是______。

(A) $BeCl_2$　(B) NH_3　(C) H_2O　(D) $SiCl_4$

(3) 下列各物质的分子间只存在色散力的是________。

(A) CO_2　(B) NH_3　(C) HBr　(D) $CHCl_3$

(E) H_2S　(F) SiF_4　(G) CH_3OCH_3

(4) 下列各种含氢的化合物中含有氢键的是_______。

(A) HCl　(B) HF　(C) CH_4　(D) HCOOH　(E) H_3BO_3

2. 符合下列电子结构的元素，分别是哪一区的哪些（或哪一种）元素？

(1) 外层具有两个s电子和两个p电子的元素。

(2) 外层具有6个3d电子和2个4s电子的元素。

(3) 3d轨道全充满，4s轨道只有1个电子的元素。

3. 将合理的量子数填入下表空缺处：

	n	l	m	m_s
1		2	0	$+\frac{1}{2}$
2	2		+1	$-\frac{1}{2}$
3	4	2	0	
4	2	0		$+\frac{1}{2}$

4. 试排列出下列各套量子数的电子状态的能量高低的顺序：

(1) 3，2，2，$\frac{1}{2}$；(2) 2，1，1，$-\frac{1}{2}$；

(3) 2, 0, 0, $\frac{1}{2}$; (4) 3, 1, −1, $-\frac{1}{2}$;

(5) 3, 0, 0, $\frac{1}{2}$; (6) 1, 0, 0, $\frac{1}{2}$。

5. 填充下表。

原子序数	原子的外层电子构型	未成对电子数	周期	族	所属区
16					
19					
42					

6. 若元素最外层仅有一个电子，该电子的量子数为 $n=4$，$l=0$，$m=0$，$m_s=+\frac{1}{2}$。请问：

(1) 符合上述条件的元素可以有几个？原子序数各为多少？

(2) 写出相应元素原子的电子结构，并指出在周期表中所处的区域和位置。

7. 下列各种元素原子的电子分布式各自违背了什么原理？请加以改正。

(1) 硼 $(1s)^2(2s)^3$；(2) 氮 $(1s)^2(2s)^2(2p_x)^2(2p_y)^1$；(3) 铍 $(1s)^2(2p_y)^2$。

8. 判断下列说法是否正确，并说明理由。

(1) 非极性分子中的化学键，一定是非极性的共价键。

(2) p 轨道是“8”字形的，所以电子沿着“8”字轨道运动。

(3) Fe 原子的外层电子分布式是 $4s^2$。

(4) 主族元素和副族元素的金属性和非金属性递变规律是相同的。

(5) 核外电子运动状态需要用 4 个量子数决定。

(6) ψ^2 反映电子在空间某位置上单位体积内出现的概率大小。

(7) 多电子原子中，电子的能量只取决于主量子数 n。

(8) 3 个 p 轨道的能量、形状、大小都相同，不同的是在空间的取向。

(9) 一个 s 轨道和 3 个 p 轨道，形成一个 sp^3 杂化轨道。

(10) 电子云的黑点表示电子可能出现的位置，疏密程度表示电子出现在该范围的机会大小。

(11) 电子具有波粒二象性，就是说它一会是粒子，一会是波动。

(12) 色散作用只存在于非极性分子之间，而取向作用只存在于极性分子之间。

9. 预测下列各组物质熔、沸点的高低，并说明理由。

(1) 乙醇和二甲醚；(2) 乙醇和丙三醇；(3) HCl 和 HF。

第 6 章　工程化学实验

实验 1　水质检验及自来水硬度的测定

一、实验目的

1. 练习滴定操作，学习电导率仪的使用。
2. 学习配位滴定法测定自来水硬度的原理及方法。
3. 了解钙指示剂、铬黑 T 等金属指示剂的特点。

二、实验原理

1. 水质检验

水是最常用溶剂，自来水是将天然水经过初步处理得到的，它虽然较纯净，但仍然含有较多的可溶性杂质如 Ca^{2+}、Mg^{2+}、SO_4^{2-}、Cl^-、Fe^{3+}、Zn^{2+} 等。经进一步处理后即可获得实验室常用纯水（蒸馏水或去离子水）。在实验室自来水常作为冷却和加热介质或用来粗洗实验仪器。水的质量可通过测定水的电导率或电阻率等物理方法及采用无机杂质离子化学检验方法进行检验。水的纯度越高，电导率越低。使用电导率仪可以方便地测定水的电导率。不同水样的电导率可参照表 1。

表 1　不同水样的电导率

水样	自来水	去离子水Ⅱ	去离子水Ⅰ	超纯水
电极	铂黑	铂黑	铂黑	铂亮
电导率/(S/cm)	0.4	1×10^{-2}	1×10^{-3}	1×10^{-5}

水中无机杂质离子 Cl^- 和 SO_4^{2-} 的存在可分别以 $AgNO_3$ 溶液和 $BaCl_2$ 溶液来检验。而以钙指示剂、镁试剂来检验水样中 Ca^{2+}、Mg^{2+} 的存在。游离钙指示剂呈蓝色，在 pH＞12 的碱性溶液中，它与 Ca^{2+} 作用呈酒红色。镁试剂在碱性溶液中呈红紫色，被 $Mg(OH)_2$ 吸附后呈蓝色。

2. 自来水总硬度的测定

水硬度的表示方法有多种，各国习惯有所不同，本实验以 $CaCO_3$ 的质量浓度 ρ_{CaCO_3}（mg/L）表示水的硬度。我国规定，总硬度以 $CaCO_3$ 计，生活饮用水硬度不得超过 450mg/L。

自来水总硬度可采用配位滴定法测定，即测定自来水中 Ca^{2+}、Mg^{2+} 的总含量。本实验以 NH_3-NH_4Cl 缓冲溶液控制溶液酸度（pH≈10），用铬黑 T 为指示剂，用三乙醇胺掩蔽 Fe^{3+}、Al^{3+} 等干扰离子，用 EDTA 标准溶液进行滴定。在化学计量点前 Ca^{2+}、Mg^{2+} 与铬黑 T 生成酒红色配合物，当 EDTA 溶液滴定至化学计量点时，指示剂游离出来，使溶液呈现纯蓝色。根据所测数据经过一定的换算可获得相应的硬度，即为所测定的自来水的总硬度。

$$\rho_{CaCO_3}=10^3 c_{EDTA}V_{EDTA}M_{CaCO_3}/V_{水}$$

式中 c_{EDTA}——EDTA 标准溶液的浓度，mol/L；

V_{EDTA}——测定总硬度时消耗 EDTA 标准溶液的体积，mL；

M_{CaCO_3}——$CaCO_3$ 的摩尔质量，g/mol；

$V_{水}$——所取自来水样的体积，mL。

三、仪器与试剂

仪器：电导率仪、酸式滴定管、移液管、锥形瓶、量筒、烧杯。

试剂：HNO_3(2mol/L)、NaOH(6mol/L)、$AgNO_3$(0.1mol/L)、$BaCl_2$(1mol/L)、钙指示剂、镁试剂、铬黑 T 指示剂、三乙醇胺、EDTA 标准溶液（0.01mol/L)、NH_3-NH_4Cl 缓冲溶液（pH≈10)。

EDTA 标准溶液（0.01mol/L)：称取 2g$Na_2H_2Y\cdot 2H_2O$(乙二胺四乙酸二钠盐)，用水溶解后稀释至 500mL。

NH_3-NH_4Cl 缓冲溶液（pH≈10)：称取 20gNH_4Cl(s) 溶解于水中，加 100mL 浓氨水，用水稀释至 1L。

四、实验步骤

1. 自来水和蒸馏水的水质检验

取两支试管，分别加入 10 滴自来水、蒸馏水。

检验 Ca^{2+}：加入 2 滴 6mol/LNaOH 溶液和少许钙指示剂，观察溶液是否变红。

检验 Mg^{2+}：加入 2 滴 6mol/LNaOH 溶液和 2 滴镁试剂溶液，观察是否有蓝色沉淀产生。

检验 Cl^-：加入 2 滴 2mol/L HNO_3 使之酸化，然后加入 2 滴 0.1mol/L$AgNO_3$ 观察是否出现白色浑浊。

检验 SO_4^{2-}：加入 2 滴 1mol/L $BaCl_2$ 溶液，观察是否出现白色浑浊。

2. 自来水和蒸馏水电导率的测定

用待测水样冲洗小烧杯，取水样 25mL 于烧杯中，用电导率仪依次测出它们的电导率。电导率仪的使用方法见使用说明。

3. 自来水总硬度的测定

用洁净的烧杯盛接澄清的水样，用移液管移取水样 50mL 于 250mL 洁净的锥形瓶中，用量筒量取 3mL 三乙醇胺及 5mL 氨性缓冲溶液加入，再加入 2～3 滴铬黑 T 指示剂，摇匀，立即用 EDTA 标准溶液滴定至溶液由酒红色变为纯蓝色即为终点。

平行滴定两次，根据数据计算自来水的总硬度，以 $CaCO_3$ 表示。

五、实验记录及计算

1. 水质检验

水样		检验离子				电导率/(μS/cm)
		Ca^{2+}	Mg^{2+}	Cl^-	SO_4^{2-}	
自来水	现象					
	结论					
蒸馏水	现象					
	结论					

2. 自来水硬度的测定

序号	Ⅰ	Ⅱ
自来水体积 $V_{水}$/mL		
EDTA 溶液浓度 c_{EDTA}/(mol/L)		
V_{EDTA} 末读数 V_{EDTA} 初读数 EDTA 溶液的体积 V_{EDTA}/mL		
ρ_{CaCO_3}/(mg/L) $\rho_{CaCO_3}=10^3 c_{EDTA}V_{EDTA}M_{CaCO_3}/V_{水}$		
$\bar{\rho}_{CaCO_3}$/(mg/L)		

思考题

1. 实验中所用锥形瓶必须干燥吗？能否有自来水残留？

2. 在本实验条件下测定自来水的硬度，测定的是自来水中 Ca^{2+} 的含量？Mg^{2+} 的含量？Ca^{2+}、Mg^{2+} 的总量？还是 Ca^{2+}、Mg^{2+}、Cl^- 和 SO_4^{2-} 的总量？

3. 在配位滴定中加入 NH_3-NH_4Cl 缓冲溶液的目的是什么？

电导率仪及其使用方法

电导率仪是实验室测量水溶液电导率必备的仪器，它测量范围广，精度高且操作简便，被广泛地应用于石油化工、生物医药、污水处理、环境检测、矿山冶炼等行业及大专院校和科研单位。若配用适当常数的电导电极，还可用于测量电子半导体、核能工业和电厂纯水或超纯水的电导率。

各种型号的电导率结构虽有不同，但测量原理基本相同。下面介绍 DDS－307 型电导率仪的外部结构（图 1）及使用方法。

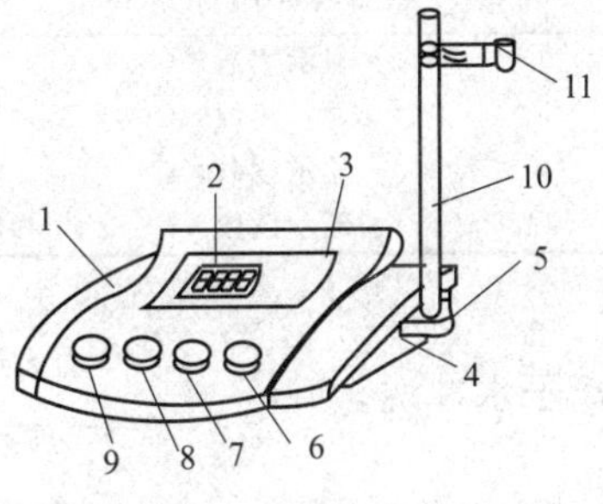

图 1　DDS－307 型电导率仪外部结构
1—机箱盖；2—显示屏；3—仪器面板；4—机箱底；5—电极梗插座；6—温度补偿调节钮；7—校准调节钮；8—常数补偿调节钮；9—量程选择钮；10—电极梗；11—电极夹

电导率仪的使用方法

1. 开机

接通电源，按电源开关，指示灯亮，预热 20min 左右。

2. 仪器的校准

置量程选择旋钮于检查挡，常数补偿调节旋钮于“1”刻度线，温度补偿调节旋钮于“25”度线，调节校准调节旋钮，使仪器表盘显示 100.0μS/cm，即完成校准。

3. 电导率的测量

(1) 电极常数的选择

在电导率测量过程中，正确选择电导电极常数（表 2），对获得较高的测量精度是非常重要的。目前存在配用常数为 0.01、0.1、1.0、10 四种不同类型的电导电极（每种类型电极具体的电极常数值，制造厂均粘贴在每支电导电极上）。

表 2　电导电极常数

测量范围/(μS/cm)	电导电极常数	测量范围/(μS/cm)	电导电极常数
0～2	0.01,0.1	2000～20000	1.0,10
0～200	0.1,1.0	20000～200000	10
200～2000	1.0		

对常数为 1.0、10 类型的电导电极有“光亮”和“铂黑”两种形式，镀铂电极习惯称作铂黑电极，光亮电极其测量范围为 0～300μS/cm 为宜。

（2）电导电极常数的设置

置量程选择旋钮于检查挡，温度补偿调节旋钮于“25”度线，调节校准调节旋钮，使仪器表盘显示 100.0μS/cm。

置常数补偿调节旋钮于所选电导电极上所示常数相应的位置。若电导电极常数为 0.01025（0.1025、1.025 或 10.25），则调节常数补偿调节旋钮，使仪器表盘显示值为 102.5。电导率测量值＝显示读数值×相应电导电极常数 C（0.01，0.1，1.0 或 10）。

（3）温度补偿的设置

调节温度补偿调节旋钮，使其指向待测溶液的实际温度值，此时，测量得到的电导率将是待测溶液经过温度补偿后折算为 25℃时的电导率。

（4）将量程选择旋钮按表 3 置于合适位置。将电极插入待测溶液中，仪器表盘立即显示数值。若测量过程中，仪器表盘显示熄灭，说明此时测量值已超出允许测量范围，此时应将量程选择旋钮切换至下一档量程。

表 3　电导率量程选择钮位置与量程关系

序号	量程选择钮位置	量程范围/(μS/cm)	被测电导率/(μS/cm)
1	Ⅰ	0～20.0	显示读数×C
2	Ⅱ	20.0～200.0	显示读数×C
3	Ⅲ	200.0～2000	显示读数×C
4	Ⅳ	2000～200000	显示读数×C

注：C 为电导电极常数。

（5）测量完毕，移走溶液，切断电源。取下电极并用去离子水冲洗。

注意：

① 为确保测量精度，电导电极使用前应用小于 0.5μS/cm 蒸馏水（或去离子水）冲洗二次，然后用被测试样冲洗三次方可测量。

② 测量纯水时应迅速，否则电导率会不断升高。

③ 因温度补偿采用固定的 2％的温度系数补偿，故对高纯水测量应尽量采用不补偿方式进行测量后查表。

④ 电导电极应定期进行常数标定。

实验 2　混合碱液中组分含量的测定（双指示剂法）

一、实验目的

1. 了解酚酞和甲基橙指示剂变色范围，学会正确判断滴定终点。
2. 学习双指示剂法测定混合碱液组分含量的原理和方法。

二、实验原理

本实验选用 NaOH 与 Na_2CO_3 组成的混合碱液，以双指示剂法测定其中两组分的含量。即在同一份碱液中分步滴加两种不同的指示剂，以指示相应滴定终点的一种测定方法。

本实验采用以酚酞和甲基橙作指示剂，首先以酚酞作指示剂，用 HCl 标准溶液滴定至终点，耗用 HCl 体积 V_1（mL），此时碱液中的 NaOH 已被完全中和，而 Na_2CO_3 则被滴定成 $NaHCO_3$。然后滴加甲基橙指示剂，用同浓度的 HCl 标准溶液滴定至终点，耗用 HCl 体积 V_2（mL），此时 $NaHCO_3$ 被滴定成 H_2CO_3。

滴定过程中发生的化学反应为：

$$NaOH + HCl = NaCl + H_2O$$

$$Na_2CO_3 + HCl = NaCl + NaHCO_3$$

$$NaHCO_3 + HCl = NaCl + H_2CO_3$$

设混合碱液中 NaOH 与 Na_2CO_3 的含量分别为 X_{NaOH}、$X_{Na_2CO_3}$，计算式如下：

$$X_{NaOH} = \frac{c_{HCl} \times (V_1 - V_2) \times M_{NaOH}}{V_{试}}$$

$$X_{Na_2CO_3} = \frac{c_{HCl} \times V_2 \times M_{Na_2CO_3}}{V_{试}}$$

式中　X_{NaOH}、$X_{Na_2CO_3}$——分别为碱液中 NaOH 和 Na_2CO_3 含量，g/L；

c_{HCl}——HCl 标准溶液浓度，mol/L；

V_1、V_2——分别为在滴定中消耗 HCl 标准溶液的体积，mL；

M——物质的摩尔质量，g/mol；

$V_{试}$——混合碱液的体积，mL。

三、仪器及试剂

仪器：酸式滴定管、移液管、锥形瓶、小烧杯。

试剂：HCl 标准溶液（0.2mol/L）、混合碱液、酚酞指示剂、甲基橙指示剂。

四、实验步骤

用 25mL 移液管准确移取混合碱液于 250mL 锥形瓶中，加入 1 滴酚酞指示剂，此时溶液呈现粉红色，用 HCl 标准溶液滴定，滴定中要不断摇动锥形瓶，滴定至溶液褪为无色，即为滴定终点，记录耗用 HCl 标准溶液体积 V_1(mL)。

再在此溶液中滴加 1～2 滴甲基橙指示剂，此时溶液呈现亮黄色，用同样浓度的标准溶液滴定，滴定中要不断摇荡锥形瓶，滴定至溶液颜色变为橙色，即为滴定终点，记录耗用 HCl 标准溶液的体积 V_2(mL)。

将实验平行测定两次。计算混合碱溶液中组分含量的平均值（以 g/L 表示）。

五、实验记录及计算

序号	Ⅰ	Ⅱ
HCl 标准溶液浓度 c_{HCl}/(mol/L)		
混合碱液的体积 $V_{试}$/mL		

续表

序号		Ⅰ	Ⅱ
酚酞指示剂	V_{HCl} 末读数 V_{HCl} 初读数 HCl 标准溶液的体积 V_1/mL		
	$c_{HCl}(V_1-V_2)M_{NaOH}=X_{NaOH}V_{试}$ X_{NaOH}/(g/L)		
	$\overline{X}_{NaOH}$/(g/L)		
甲基橙指示剂	V_{HCl} 末读数 V_{HCl} 初读数 HCl 标准溶液的体积 V_2/mL		
	$c_{HCl}V_2M_{Na_2CO_3}=X_{Na_2CO_3}V_{试}$ $X_{Na_2CO_3}$/(g/L)		
	$\overline{X}_{Na_2CO_3}$/(g/L)		

思考题

1. 在滴定前，要用操作液润洗的玻璃仪器是滴定管、移液管还是锥形瓶？
2. 在滴定过程中，需要用少量蒸馏水冲洗锥形瓶内壁，这样操作对实验结果是否有影响？
3. 试剂中给出的 HCl 标准溶液浓度为 0.2mol/L 是否是它的准确浓度？
4. 试判断消耗的 HCl 标准溶液体积 V_1 与 V_2 的关系？

实验 3　氧化还原反应与电化学

一、实验目的

1. 了解某些化合物的氧化还原性；
2. 了解铝的阳极氧化和电解着色的原理和方法。

二、实验原理

1. 化合物的氧化还原性

含氧酸盐的氧化还原性与介质有关。一般说来，介质的性质不同，氧化还原产物不同，氧化还原反应的速率也不尽相同。例如，介质的酸碱性对高锰酸钾的氧化性影响很大，而且还对氧化还原反应的速率有一定的影响。

$KMnO_4$ 在酸性介质中被还原为 Mn^{2+}（无色或浅红色）：

$$MnO_4^- + 8H^+ + 5e^- \rightleftharpoons Mn^{2+} + 4H_2O \quad \varphi^{\ominus}(MnO_4^-/Mn^{2+}) = 1.507V$$

在中性或弱碱性介质中被还原为棕色（或褐色）的 MnO_2 沉淀：

$$MnO_4^- + 2H_2O + 3e^- \rightleftharpoons MnO_2 + 4OH^- \quad \varphi^{\ominus}(MnO_4^-/MnO_2) = 0.588V$$

在强碱性介质中被还原为绿色的 MnO_4^{2-} 离子：

$$MnO_4^- + e^- \rightleftharpoons MnO_4^{2-} \quad \varphi^{\ominus}(MnO_4^-/MnO_4^{2-}) = 0.565V$$

由此可以看出，$KMnO_4$ 在不同介质中还原产物不同，并且其氧化性随介质酸性的减小而减弱。

当某种元素有几种化合物时，一般这种元素的高价态化合物具有氧化性，低价态化合物具有还原性，中间态化合物既有氧化性又有还原性。其所显示出的氧化还原性要由具体条件来决定。

2. 铝的阳极氧化与电解着色

铝在空气中形成的天然氧化膜很薄，不能有效地防止腐蚀。

用电化学方法在铝表面生成较致密的氧化膜的过程，称为铝的阳极氧化。阳极氧化所形成的氧化膜具有较高的硬度和抗蚀性能，它即可作为电的绝缘层，又可用作油漆的底层。新鲜的氧化膜能吸附多种有机染料和无机染料从而形成彩色膜，它既防腐又美观，常作为防护-装饰层。

在硫酸电解液中，铝为阳极，铅为阴极，铝在外加电流作用下失电子，成为铝离子，经水解形成 $Al(OH)_3$，其反应式为：

$$Al \rightleftharpoons Al^{3+} + 3e^-$$

$$Al^{3+} + 3H_2O \rightleftharpoons Al(OH)_3 + 3H^+$$

随着电解的进行，$Al(OH)_3$ 在阳极附近很快达到饱和，并在阳极表面形成致密的 $Al(OH)_3$ 薄膜。由于电解液对膜的溶解，致使膜具有较多的孔隙。$Al(OH)_3$ 膜本身是介电质，电流只能经孔隙通过，并伴随有大量的热量放出，导致 $Al(OH)_3$ 脱水，形成 Al_2O_3 薄膜。

阳极氧化法形成的 Al_2O_3 膜有较高的吸附性，当腐蚀介质进入孔隙时，将会引起孔隙腐蚀。因此，在实际生产中，氧化后不论染色与否，通常都要对氧化膜进行封闭处理。经封闭处理后氧化膜的抗蚀能力可提高 15～20 倍。本实验采用沸水封闭法，它是利用 Al_2O_3 的水化作用，即：

$$Al_2O_3 + H_2O = Al_2O_3 \cdot H_2O$$

Al_2O_3 氧化膜水化为 $Al_2O_3 \cdot H_2O$ 时，其体积增加 33%，水化为 $Al_2O_3 \cdot 3H_2O$ 时，体积几乎增加 100%，因此，经封闭处理后氧化膜的小孔得到封闭，其抗蚀性有了明显的提高。

阳极氧化铝电解着色是 20 世纪 60 年代后期开始发展起来的技术。阳极氧化铝电解着色的原理，是用阳极氧化的方法使铝表面生成一层 8～10μm 的氧化膜，然后在金属盐溶液中，通过交流电处理，使金属微粒以胶态形式沉积在氧化膜孔隙底部的阻挡层之上，在光照下从孔底金属沉积物上反射出来的光与在膜表面上反射的光发生光的干涉作用，从而产生颜色。氧化膜的色调取决于溶液中的金属品种，如金属银、铁、钴、镍、锌、铋和铝在阳极氧化铝上电解着色呈青铜色，铜盐电解液得到粉红色－栗色－黑色范围的颜色等。

三、仪器及试剂

仪器：交直流稳压电源、铅电极、铅片、不锈钢片、电解槽、铝片、电炉、试管、试管架、导线、温度计、烧杯（150mL，4 个）。

试剂：$NaBiO_3(s)$、H_2SO_4(2mol/L)、$MnSO_4$(0.5mol/L)、$KMnO_4$(0.1mol/L)、蒸馏水（洗瓶装）、NaOH(2mol/L)、KBr(0.1mol/L)、HAc(6mol/L)、HNO_3(2mol/L)、H_2SO_4(150～200g/L)、电解着色液、Na_2SO_3(0.1mol/L)、$Pb(NO_3)_2$(0.1mol/L)、Na_2S

(0.1mol/L)、H_2O_2(3%)。

四、实验内容和步骤

1. 化合物的氧化还原性

(1) 二价锰化合物的还原性　取一支试管，加入芝麻粒大小（不能多）的固体 $NaBiO_3$，再加入 2mol/L H_2SO_4 10 滴，并加入 1 滴 0.5mol/L $MnSO_4$（不可多加），摇动，静止。观察溶液颜色变化，写出反应方程式。

(2) 七价锰化合物的氧化性及介质对其氧化性的影响　往 3 支试管中各滴入 3 滴 0.1mol/L $KMnO_4$ 溶液，然后往第一支试管中加入 10 滴 2mol/L H_2SO_4 使溶液酸化，往第二支试管中加入 10 滴水，往第三支试管中加入 10 滴 2mol/L NaOH 使溶液碱化，然后再分别向三支试管中加入 5 滴 0.1mol/L Na_2SO_3 溶液，振荡试管并观察其中的现象，写出有关反应方程式并予以解释。

向 2 支试管中各加入 0.1mol/L KBr 溶液 0.5mL，在一支试管中加入 2mol/L H_2SO_4 约 0.5mL，另一支试管中加入约 0.5mL 6mol/L HAc，然后再各加入 1 滴 0.1mol/L $KMnO_4$ 溶液，观察并比较两支试管中紫色消退的快慢，并加以说明。将暂不褪色的试管放置一段时间，并记录变色所用的时间。

通过以上实验，总结不同价态锰化合物的氧化还原性规律和介质酸碱性及酸度对 $KMnO_4$ 氧化性的影响。

(3) 中间态化合物的氧化还原性

① 过氧化氢的氧化性　往试管中加入 2 滴 0.1mol/L $Pb(NO_3)_2$ 和 2 滴 0.1mol/L Na_2S 溶液，观察现象。再加入数滴 3%H_2O_2 溶液，摇荡试管，观察有何变化，写出有关反应方程式。

② 过氧化氢的还原性　往试管中加入 1 滴 0.1mol/L $KMnO_4$ 溶液，并加入数滴 2mol/L H_2SO_4 使之酸化，然后滴加 3%H_2O_2 溶液，观察现象。写出有关反应方程式。

2. 铝的阳极氧化与电解着色

(1) 氧化前的表面处理　碱洗：将铝片投入温度为 60～70℃的 2mol/L NaOH 溶液中浸 1min，取出用自来水冲洗，以除去铝片表面的油污。

(2) 氧化处理　将铅电极挂在阴极，铝片挂在阳极，浸入装 H_2SO_4 的氧化杯中（注：勿将与铝片与铅电极连接的铜丝浸入 H_2SO_4 中）。调节电压，使电流密度在 0.8～10A/dm^2 之间（开始时用较小电流密度，1min 后将电流密度调节至工艺要求）。30min 后切断电源，取出铝片，用自来水冲洗。

(3) 氧化膜电解着色　将氧化后用水洗净的铝片，立即放入装有电解着色液的槽中，对极采用不锈钢片作电极，通过交流电进行电解着色，电压控制在 6～10V 之间，通电 1min 后取出铝片，用自来水洗净。

(4) 氧化膜的封闭

将电解着色并洗净的铝片放入沸腾的热水中，封闭处理 10min 后，晾干。

思考题

1. 试以 $KMnO_4$ 和 Na_2SO_3 反应为例说明介质对氧化还原反应的影响。写出反应式。

2. 过氧化氢为什么既具有氧化性又有还原性？在反应中自身化合价怎样变化？写出实验中的有关反应式。

3. 何谓铝的阳极氧化？试写出铝的电解着色流程。电解着色过程中铝片的对极材料是什么？

实验 4　乙酰水杨酸（阿司匹林）的制备

一、实验目的

1. 学习以酚类化合物作原料制备酯的原理和实验方法；

2. 巩固重结晶操作技术。

二、实验原理

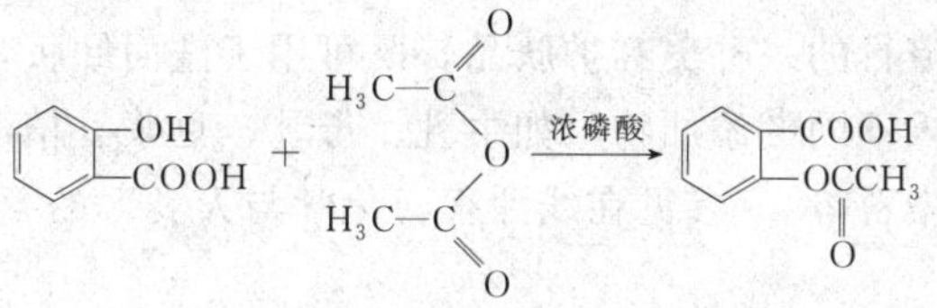

乙酰水杨酸俗称阿司匹林，具有镇痛、退热及抗风湿等功效。早在 18 世纪，人们就从柳树皮中提取到这种化合物。1897 年德国拜耳公司成功地合成出阿司匹林，这是世界上首次人工合成出来的具有药用价值的有机化合物。阿司匹林最初是作为消炎药使用，尤其适用于风湿病人，但很快成了一种广受欢迎的通用镇痛药。近年来，随着医学研究的不断深入，人们对于阿司匹林又有了新的认识。

本实验中乙酰水杨酸是通过水杨酸和乙酸酐反应得到的。由于水杨酸本身具有两个不相同的官能团，反应中可形成少量的高分子聚合物，造成产物不纯。为了除去这部分杂质，可使乙酰水杨酸变成钠盐，利用高聚物不溶于水的特点将它们分开，达到分离的目的。至于反应进行得完全与否，则可以通过三氯化铁进行检测。由于酚羟基可与三氯化铁水溶液反应形成深紫色的溶液，所以未反应的水杨酸与稀的三氯化铁溶液反应显紫色，而纯净的阿司匹林不会产生紫色。

三、仪器与试剂

仪器：恒温水浴、锥形瓶（100mL）、烧杯（100mL）、玻璃棒、抽滤装置、酒精灯。

试剂：水杨酸、乙酸酐、浓磷酸、碳酸氢钠（10%）、盐酸（20%）、乙醇、三氯化铁溶液（1%）。

四、实验步骤

在 100mL 锥形瓶中依次加入 1.38g 水杨酸、4mL 乙酸酐和 5 滴浓磷酸（或浓硫酸），摇匀，使水杨酸溶解。将锥形瓶置于 60～70℃的热水浴中，并不断地振摇。加热 10min 后，取出，待反应混合物冷却至室温后，缓缓加入 15mL 水，边加水边振摇。将锥形瓶放在冷水中冷却，有晶体析出。抽滤，并用少量冷水洗涤，抽干，得乙酰水杨酸粗产品。

将粗产品转移到 100mL 烧杯中，加入 10%的碳酸氢钠溶液，边加边搅拌，直到不再有 CO_2 产生为止。抽滤，除去不溶性聚合物。再将滤液倒入 100mL 烧杯中，缓缓加入

10mL20%的盐酸溶液，边加边搅拌，这时会有晶体逐渐析出。将反应混合物置于冰水浴中，使晶体尽量析出。抽滤，用少量冷水洗涤 2～3 次，然后抽滤至干。

取少量乙酰水杨酸，溶入几滴乙醇中，并滴加 1～2 滴 1%的三氯化铁溶液进行检验。

乙酰水杨酸为白色针状晶体，熔点为 132～135℃。

思考题

1. 添加少量浓硫酸或浓磷酸起什么作用？
2. 在反应过程中，少量水杨酸自身会发生聚合反应，形成一种聚合物，怎样分离此聚合物？

实验 5 手工皂的制备

手工皂是时下非常流行的一种美容护肤品，既可用于洗面卸妆，又可用作沐浴。手工皂可依据个人的喜好，加入不同的添加物，如牛乳、母乳、豆浆、精油、香精、花草、中药药材、竹炭粉、防腐剂及染料等。（参见在线课程《化学与人类》的第 2 章化学与日用品）

一、实验目的

1. 了解制皂的化学原理。
2. 掌握制皂的各种方法。

二、实验原理

皂化反应通常指的是碱和酯反应生产醇和羧酸盐，也就是植物油加碱生成脂肪酸钠和甘油，脂肪酸钠就是皂。

$$\begin{array}{l} CH_2OCOR \\ | \\ CHOCOR \end{array} + 3NaOH \longrightarrow 3(RCOONa) + \begin{array}{l} CH_2OH \\ | \\ CHOH \end{array}$$
$$\begin{array}{l} | \\ CH_2OCOR \end{array} \qquad\qquad\qquad\qquad \begin{array}{l} | \\ CH_2OH \end{array}$$

三、仪器与试剂

仪器：水浴锅、量筒、小烧杯、玻璃棒、模具、刮刀。

试剂：椰子油、棕榈油、菜籽油、橄榄油、氢氧化钠、皂基、香精、色素、花瓣、牛奶。

四、实验步骤

1. 由天然油脂制备手工皂

(1) 在 100 mL 烧杯中加入水 7 mL，加入氢氧化钠 4.3g，配制成溶液。

(2) 在 100 mL 烧杯中依次加入椰子油 10 g，棕榈油 10 g，菜籽油 10g，在 50℃热水浴混溶。快速将步骤 (1) 烧杯中物料加入到步骤 (2) 烧杯中，匀速搅拌 1.5h，完成皂化反应（取少许样品溶解在蒸馏水中呈清晰状），停止加热。

(3) 倒入模具中，冷却后脱模得手工皂。

2. 由皂基制备手工皂

(1) 称取皂基（透明和白色任选一种）100 g 放入烧杯中，隔水加热，慢慢搅拌，至融化为液体。

（2）将牛奶 15 mL 倒入（1）中烧杯中，用玻璃棒慢慢搅拌均匀。

（3）将装有融化好的皂基液烧杯取出，稍稍冷却半分钟，加入基础油（橄榄油）2～4滴，颜色、花瓣和香氛可以根据个人喜好添加。

（4）最后倒入模具冷却凝固，倒入后，最好颠一下模具让里面的小气泡浮到表面，表面不平整时用刮刀把表面刮平整，去掉泡沫。

（5）常温放置一段时间后，手工皂凝固，脱模。

思考题

1. 可以用来制备手工皂的油脂有哪些？
2. 皂基是采用什么方法制备的？
3. 由皂基制备手工皂时为什么要慢慢搅拌？

第 7 章 化学与人类

中国大学 MOOC 平台

https://www.icourse163.org/spoc/course/YSU-1206871801

学银在线

http://www.xueyinonline.com/searchapi/sarchresult? searchword=化学与人类

附　　录

附录 1　国际单位制

法文：Système international d'unités（SI）；英文 International System of Units。

国际单位制是国际计量委员会创立一种简单而科学的、供所有米制公约组织成员国均能使用的实用计量单位制，1960 年第十一届国际计量大会将其命名为“国际单位制”，并规定其符号为“SI”。

国际单位制也是我国法定计量单位的基础，一切属于国际单位制的单位都是我国国家标准指定的单位。

表 1　国际单位制的基本单位

量的名称	单位名称	单位符号	量的名称	单位名称	单位符号
长度	米	m	热力学温度	开[尔文]	K
质量	千克(公斤)	kg	物质的量	摩[尔]	mol
时间	秒	s	发光强度	坎[德拉]	cd
电流	安[培]	A			

表 2　国际单位制中具有专门名称的导出单位（摘录）

量的名称	单位名称	单位符号	其他表示示例
频率	赫[兹]	Hz	s^{-1}
力、重力	牛[顿]	N	$kg\cdot m/s^2$
压力	帕[斯卡]	Pa	N/m^2
能量、功、热	焦[耳]	J	N・m
电荷量	库[仑]	C	A・s
电位、电压、电动势	伏[特]	V	W/A
摄氏温度	摄氏度	℃	

表 3　国际选定的非国际单位制单位（摘录）

量的名称	单位名称	单位符号	换算关系及说明
时间	分	min	1min=60s
	[小]时	h	1h=60min=3600s
	天(日)	d	1d=24h=86400s
质量	吨	t	$1t=10^3kg$
	原子质量单位	u	$1u\approx1.6605655\times10^{-27}kg$
能	电子伏	eV	$1eV\approx1.6021892\times10^{-19}J$
体积	升	L(l)	$1L=1dm^3=10^{-3}m^3$

表 4 本书中所用的 SI 词冠

倍数与分数	符号	示例	倍数与分数	符号	示例
10^3	千 k	千焦 $kJ=10^3J$	10^{-9}	纳 n	纳米 $nm=10^{-9}m$
10^{-3}	毫 m	毫米 $mm=10^{-3}m$	10^{-12}	皮 p	皮米 $pm=10^{-12}m$
10^{-6}	微 μ	微米 $\mu m=10^{-6}m$			

注：1. 周、月、年为一般常用时间单位。

2. [ ] 内的字，是在不致引起混淆的情况下，可以省略。去掉括号中的字，即为其名称的简称。

3. ( ) 内的名称及符号为前者的同义语。

附录 2 常见物质的标准摩尔生成焓、标准摩尔生成吉布斯函数、标准摩尔熵的数据

物质	$\Delta_f H_m^{\ominus}/(kJ/mol)$	$\Delta_f G_m^{\ominus}/(kJ/mol)$	$S_m^{\ominus}/[J/(K\cdot mol)]$
Ag(s)	0.0	0.0	42.6
AgCl(s)	−127.0	−109.8	96.3
AgI(s)	−61.8	−66.2	115.5
Al(s)	0.0	0.0	28.3
$AlCl_3$(s)	−704.2	−628.8	110.7
Al_2O_3(s,刚玉)	−1675.7	−1582.3	50.9
Br_2(l)	0.0	0.0	152.2
Br_2(g)	30.9	3.1	245.5
C(s,金刚石)	1.9	2.9	2.4
C(s,石墨)	0.0	0.0	5.74
CO(g)	−110.5	−137.2	197.7
CO_2(g)	−393.5	−394.4	213.8
* $CaCO_3$(s,方解石)	−1207.72	−1129.6	92.95
CaO(s)	−634.9	−603.3	38.1
$Ca(OH)_2$(s)	−985.2	−897.5	83.4
Cl_2(g)	0.0	0.0	223.1
Co(s)	0.0	0.0	30.0
* $CoCl_2$(s)	−312.75	−270.05	109.23
Cr(s)	0.0	0.0	23.8
Cr_2O_3(s)	−1139.7	−1058.1	81.2
Cu(s)	0.0	0.0	33.2
CuO(s)	−157.30	−129.7	42.6
Cu_2O(s)	−168.6	−146.0	93.1
F_2(g)	0.0	0.0	202.8
Fe(s)	0.0	0.0	27.3
FeO(s)	−272.0	−244	59.4
Fe_2O_3(s,赤铁矿)	−824.2	−742.2	87.4

续表

物　质	$\Delta_f H_m^{\ominus}$/(kJ/mol)	$\Delta_f G_m^{\ominus}$/(kJ/mol)	$S_m^{\ominus}$/[J/(K·mol)]
Fe_3O_4(s,磁铁矿)	−1118.4	−1015.4	146.4
H_2(g)	0.0	0.0	130.7
HCl(g)	−92.30	−95.3	186.9
HF(g)	−273.3	−275.4	173.8
H_2O(g)	−241.8	−228.6	188.8
H_2O(l)	−285.9	−237.1	69.96
H_2S(g)	−20.6	−33.4	205.8
Hg(g)	61.4	31.8	175.0
Hg(l)	0.0	0.0	75.9
HgO(s,红)	−90.8	−58.5	70.3
I_2(g)	62.4	19.3	260.7
I_2(s)	0.0	0.0	116.1
K(s)	0.0	0.0	64.7
KCl(s)	−436.5	−408.5	82.6
Mg(s)	0.0	0.0	32.7
* $MgCl_2$(s)	−642.05	−592.52	89.68
MgO(s)	−601.6	−569.3	27.0
Mn(s)	0.0	0.0	32.0
MnO(s)	−385.2	−362.9	59.7
N_2(g)	0.0	0.0	191.6
NH_3(g)	−45.9	−16.4	192.8
* NH_4Cl(s)	−314.64	−203.10	94.62
NO(g)	91.277	87.590	210.745
NO_2(g)	33.2	51.3	240.1
Na(s)	0.0	0.0	51.3
NaCl(s)	−411.39	−384.31	72.18
Na_2O(s)	−414.2	−375.5	75.1
Ni(s)	0.0	0.0	29.9
NiO(s)	−239.9	−211.85	38.02
O_2(g)	0.0	0.0	205.2
O_3(g)	142.7	163.2	238.9
Zn(s)	0.0	0.0	41.6
ZnO(s)	−350.5	−320.5	43.7
P(s,白)	0.0	0.0	41.1
Pb(s)	0.0	0.0	64.8
* $PbCl_2$(s)	−359.65	−314.39	136.07
* PbO(s,黄)	−218.22	−188.78	68.75

续表

物质	$\Delta_f H_m^{\ominus}$/(kJ/mol)	$\Delta_f G_m^{\ominus}$/(kJ/mol)	$S_m^{\ominus}$/[J/(K·mol)]
S(s,斜方)	0.0	0.0	32.1
SO_2(g)	−296.8	−300.1	248.2
SO_3(g)	−395.7	−371.1	256.8
Si(s)	0.0	0.0	18.8
SiO_2(s,石英)	−910.7	−856.3	41.5
Ti(s)	0.0	0.0	30.7
TiO_2(s,金红石)	−944.0	−888.8	50.6
CH_4(g)	−74.4	−50.3	186.3
C_2H_2(g)	228.2	210.7	200.9
C_2H_4(g)	52.5	68.4	219.6
C_2H_6(g)	−83.8	−31.9	229.6
C_6H_6(g)	82.6	120.66	269.2
C_6H_6(l)	49.0	124.14	173.26
C_2H_5OH(l)	−277.7	−174.8	160.7
* $C_{12}H_{22}O_{11}$(s)	−2226.96	−1545.68	360.48

注：1. 本表数据主要摘自 David, R. Lide. Ph. D, CRC Handbook of Chemistry and Physics, 74th., 1993～1994, 5-4～71 (10^5Pa, 298.15K)。

2. 数据中标有"＊"摘自 J. A 迪安，兰氏化学手册，13 th ed.，科学出版社，1991，9-2～102，(标准压力，T＝298.15K，由 1cal＝4.1868J 换算而得)。

附录 3 水溶液中某些水合物质的标准摩尔生成焓、标准摩尔生成吉布斯函数、标准摩尔熵的数据

在水溶液中的水合物质	$\Delta_f H_m^{\ominus}$ /(kJ/mol)	$\Delta_f G_m^{\ominus}$ /(kJ/mol)	$S_m^{\ominus}$ /[J/(K·mol)]	在水溶液中的水合物质	$\Delta_f H_m^{\ominus}$ /(kJ/mol)	$\Delta_f G_m^{\ominus}$ /(kJ/mol)	$S_m^{\ominus}$ /[J/(K·mol)]
H^+	0.0	0.0	0.0	HCO_3^-	−692.45	−587.24	91.27
* H_3O^+	−285.85	−237.2	69.96	CO_3^{2-}	−677.59	−528.25	−56.94
OH^-	−230.15	−157.38	−10.76	CH_3COOH	−488.60	−396.82	178.78
Li^+	−278.67	−293.49	13.40	CH_3COO^-	−486.34	−369.65	86.67
Na^+	−240.28	−262.05	59.03	NH_3	−80.34	−26.59	111.37
K^+	−252.55	−283.45	102.58	NH_4^+	−132.60	−79.42	113.46
Be^{2+}	−383.09	−379.95	129.79	HNO_3	−207.50	−111.41	146.54
Mg^{2+}	−467.16	−455.11	−138.16	NO_3^-	−207.50	−111.41	146.54
Ca^{2+}	−543.20	−553.91	−53.17	H_3PO_4	−1289.20	−1143.42	158.26
H_3BO_3	−1073.03	−969.50	162.45	$H_2PO_4^-$	−1297.15	−1131.15	90.43
$H_2BO_3^-$	−1053.5	−910.44	30.5	HPO_4^{2-}	−1293.01	−1089.99	−33.49
CO_2	−414.07	−386.27	117.65	PO_4^{3-}	−1278.23	−1019.49	−221.90
H_2CO_3	−700.12	−623.58	187.57	H_2S	−39.77	−27.88	121.42

续表

在水溶液中的水合物质	$\Delta_f H_m^\ominus$ /(kJ/mol)	$\Delta_f G_m^\ominus$ /(kJ/mol)	$S_m^\ominus$ /[J/(K·mol)]	在水溶液中的水合物质	$\Delta_f H_m^\ominus$ /(kJ/mol)	$\Delta_f G_m^\ominus$ /(kJ/mol)	$S_m^\ominus$ /[J/(K·mol)]
HS^-	−17.58	12.06	62.80	Cu^{2+}	64.81	65.57	−99.65
S^{2-}	33.08	85.83	−14.65	$[Cu(NH_3)_4]^{2+}$	−348.76	−111.37	273.82
H_2SO_4	−909.88	−745.12	20.10	Zn^{2+}	−152.42	−147.19	−106.48
HSO_4^-	−885.75	−752.86	126.85	Pb^{2+}	1.63	−24.31	21.3
SO_4^{2-}	−909.88	−745.12	20.10	Ag^+	105.65	77.18	72.72
F^-	−329.11	−276.8	−9.6	$[Ag(NH_3)_2]^+$	−111.37	−17.25	245.35
HCl	−167.27	−131.34	56.5	Ni^{2+}	−54.01	−45.64	−128.95
Cl^-	−167.26	−131.34	56.52	$[Ni(NH_3)_6]^{2+}$	−630.1	−256	395
ClO^-	−107.18	−36.84	41.87	$[Ni(CN)_4]^{2-}$	368.02	472.27	217.71
ClO_2^-	−66.57	17.17	101.32	Mn^{2+}	−220.90	−228.18	−73.69
ClO_3^-	−104.04	−8.04	162.45	MnO_4^-	−541.77	−447.57	191.34
ClO_4^-	−129.41	−8.62	182.13	MnO_4^{2-}	−653.14	−501.16	58.62
Br^-	−121.63	−104.04	82.48	Cr^{2+}	−143.61	−176.1	
I_2	22.61	16.41	137.33	* Cr^{3+}		−215.5	−307.5
I^-	−55.22	−51.62	111.37	$Cr_2O_7^{2-}$	−1491.34	−1302.09	262.09
I_3^-	−51.50	−51.50	239.48	CrO_4^{2-}	−881.74	−728.34	50.24
Cu^+	71.72	50.03	40.61	$CoCl_2$	−392.72	−316.94	0
$[Cu(CN)_2]^-$		257.91		Co^{2+}	−58.20	−54.43	−113.04

注：本表数据主要摘自兰氏化学手册，J. A 迪安，13thed.，科学出版社，1991，9-2～102，（标准压力，$T=298.15K$，由 1cal=4.1868J 换算而得）。数据中标有“*”摘自其他手册。

附录 4　常见弱电解质在水溶液中的解离常数（298K）

弱电解质		解离常数 K	pK
H_3AsO_4	砷酸	$6.03\times10^{-3}(K_{a_1})$	2.22
		$1.05\times10^{-7}(K_{a_2})$	6.98
		$3.16\times10^{-12}(K_{a_3})$	11.50
H_3BO_3	硼酸	5.75×10^{-10}	9.24
H_2CO_3	碳酸	$4.36\times10^{-7}(K_{a_1})$	6.36
		$4.68\times10^{-11}(K_{a_2})$	10.33
HCN	氢氰酸	6.17×10^{-10}	9.21
H_2S	氢硫酸	$1.07\times10^{-7}(K_{a_1})$	6.97
		$1.26\times10^{-13}(K_{a_2})$	12.90
$H_2C_2O_4$	草酸	$5.90\times10^{-2}(K_{a_1})$	1.23
		$6.4\times10^{-5}(K_{a_1})$	4.19
HCOOH	甲酸	1.77×10^{-4}	3.75

续表

弱电解质		解离常数 K	pK
$CH_3COOH(HAc)$	乙酸	1.75×10^{-5}	4.76
H_3PO_4	磷酸	$7.08\times10^{-3}(K_{a_1})$	2.15
		$6.30\times10^{-8}(K_{a_2})$	7.20
		$4.17\times10^{-13}(K_{a_3})$	12.38
H_2SO_3	亚硫酸	$1.29\times10^{-2}(K_{a_1})$	1.89
		$6.10\times10^{-8}(K_{a_2})$	7.21
HF	氢氟酸	6.61×10^{-4}	3.18
H_2SiO_3	偏硅酸	$1.70\times10^{-10}(K_{a_1})$	9.77
		$1.58\times10^{-12}(K_{a_1})$	11.80
HNO_2	亚硝酸	7.24×10^{-4}	3.14
	邻苯二甲酸	$1.12\times10^{-3}(K_{a_1})$	2.35
		$3.89\times10^{-6}(K_{a_1})$	5.41
$NH_3\cdot H_2O$	氨水	$1.74\times10^{-5}(K_b)$	4.76

附录5 常见难溶电解质的溶度积常数（298K）

化合物	$K_{sp}^{\ominus}$	化合物	$K_{sp}^{\ominus}$
AgCl	1.77×10^{-10}	CuS	6.00×10^{-37}
AgBr	5.35×10^{-13}	$Fe(OH)_2$	4.87×10^{-17}
AgI	8.51×10^{-17}	$Fe(OH)_3$	2.64×10^{-39}
AgOH	2.0×10^{-8}	FeS	1.59×10^{-19}
Ag_2CrO_4	1.12×10^{-12}	HgS(黑)	2.00×10^{-53}
Ag_2S(α型)	6.69×10^{-50}	HgS(红)	4.00×10^{-54}
$BaCO_3$	2.58×10^{-9}	$MgCO_3$	6.82×10^{-6}
$BaCrO_4$	1.17×10^{-10}	$Mg(OH)_2$	5.61×10^{-12}
$BaSO_4$	1.07×10^{-10}	$Mn(OH)_2$	2.06×10^{-13}
$CaCO_3$	4.96×10^{-9}	MnS	3.00×10^{-14}
$CaSO_4$	7.10×10^{-5}	$Ni(OH)_2$	5.47×10^{-16}
$Ca_3(PO_4)_2$	2.07×10^{-33}	$PbCO_3$	1.46×10^{-13}
$CdCO_3$	1.0×10^{-12}	$PbCrO_4$	2.8×10^{-13}
$Cd(OH)_2$	2.5×10^{-14}	PbI_2	8.49×10^{-9}
CdS	8.00×10^{-28}	PbS	3.00×10^{-28}
$Co(OH)_2$	1.09×10^{-15}	$PbSO_4$	1.82×10^{-8}
CoS(α型)	4.0×10^{-21}	$ZnCO_3$	1.19×10^{-10}
CoS(β型)	2.0×10^{-25}	$Zn(OH)_2$(β型)	7.71×10^{-17}
$Cr(OH)_3$	6.3×10^{-31}	ZnS(α型)	1.6×10^{-24}
$Cu(OH)_2$	2.2×10^{-20}	ZnS(β型)	2.5×10^{-22}

注：本表数据主要摘自 David，R. Lide，Ph. D，CRC Handbook of Chemistry and Physics，74th ed.，1993-1994，8-49

附录 6　常见配离子在标准状态的稳定常数（298K）

配离子	$K_{稳}$	配离子	$K_{稳}$
$[AgCl_2]^-$	1.10×10^5	$[Cu(P_2O_7)_2]^{6-}$	1.0×10^9
$[AgBr_2]^-$	2.14×10^7	$[FeF_6]^{3-}$	2.04×10^{14}
$[AgI_2]^-$	5.5×10^{11}	$[Fe(CN)_6]^{3-}$	1.0×10^{42}
$[Ag(CN)_2]^-$	1.26×10^{21}	$[HgCl_4]^{2-}$	1.17×10^{15}
$[Ag(NH_3)_2]^+$	1.12×10^7	$[HgBr_4]^{2-}$	1.0×10^{21}
$[Ag(S_2O_3)_2]^{3-}$	2.89×10^{13}	$[HgI_4]^{2-}$	6.76×10^{29}
$[Ag(py)_2]^+$	2.24×10^4	$[Hg(CN)_4]^{2-}$	2.51×10^{41}
$[AlF_6]^{3-}$	6.9×10^{19}	$[Mg(EDTA)]^{2-}$	1.0×10^9
$[Ca(EDTA)]^{2-}$	1.0×10^{11}	$[Ni(CN)_4]^{2-}$	2.0×10^{31}
$[Co(NH_3)_6]^{2+}$	1.29×10^5	$[Ni(en)_3]^{2+}$	2.14×10^{18}
$[Cu(CN)_2]^-$	1.0×10^{24}	$[Ni(NH_3)_6]^{2+}$	5.50×10^8
$[Cu(SCN)_2]^-$	1.51×10^5	$[Zn(CN)_4]^{2-}$	5.01×10^{16}
$[Cu(NH_3)_2]^+$	7.24×10^{10}	$[Zn(NH_3)_4]^{2+}$	2.87×10^9
$[Cu(NH_3)_4]^{2+}$	2.09×10^{13}	$[Zn(en)_2]^{2+}$	6.76×10^{10}

注：本表数据主要摘自 J. A. Dean，Lange′s Handbook of Chemistry，13th ed.，Mc Graw-Hill book Company，1985（温度一般为 20～25℃）。

附录 7　常见氧化还原电对的标准电极电势（298K）

电对(氧化态/还原态)	电极反应(氧化态$+ne^-\rightleftharpoons$还原态)	电极电势/V
Li^+/Li	$Li^++e^-\rightleftharpoons Li$	−3.0401
K^+/K	$K^++e^-\rightleftharpoons K$	−2.931
Ca^{2+}/Ca	$Ca^{2+}+2e^-\rightleftharpoons Ca$	−2.868
Na^+/Na	$Na^++e^-\rightleftharpoons Na$	−2.71
Mg^{2+}/Mg	$Mg^{2+}+2e^-\rightleftharpoons Mg$	−2.372
Al^{3+}/Al	$Al^{3+}+3e^-\rightleftharpoons Al$(0.1mol/L NaOH)	−1.662
Mn^{2+}/Mn	$Mn^{2+}+2e^-\rightleftharpoons Mn$	−1.185
H_2O/H_2	$2H_2O+2e^-\rightleftharpoons H_2+2OH^-$	−0.8277
Zn^{2+}/Zn	$Zn^{2+}+2e^-\rightleftharpoons Zn$	−0.7618
Fe^{2+}/Fe	$Fe^{2+}+2e^-\rightleftharpoons Fe$	−0.447
Cd^{2+}/Cd	$Cd^{2+}+2e^-\rightleftharpoons Cd$	−0.4030
Co^{2+}/Co	$Co^{2+}+2e^-\rightleftharpoons Co$	−0.28
Ni^{2+}/Ni	$Ni^{2+}+2e^-\rightleftharpoons Ni$	−0.257
Sn^{2+}/Sn	$Sn^{2+}+2e^-\rightleftharpoons Sn$	−0.1375
Pb^{2+}/Pb	$Pb^{2+}+2e^-\rightleftharpoons Pb$	−0.1262
H^+/H_2	$2H^++2e^-\rightleftharpoons H_2$	0.0000
$S_4O_6^{3-}/S_2O_3^{2-}$	$S_4O_6^{3-}+2e^-\rightleftharpoons 2S_2O_3^{2-}$	+0.08
S/H_2S	$S+2H^++2e^-\rightleftharpoons H_2S$(水溶液)	+0.142

续表

电对(氧化态/还原态)	电极反应(氧化态$+ne^-\rightleftharpoons$还原态)	电极电势/V
Sn^{4+}/Sn^{2+}	$Sn^{4+}+2e^-\rightleftharpoons Sn^{2+}$	+0.151
SO_4^{2-}/H_2SO_3	$SO_4^{2-}+4H^++2e^-\rightleftharpoons H_2SO_3+H_2O$	+0.172
Hg_2Cl_2/Hg	$Hg_2Cl_2+2e^-\rightleftharpoons 2Hg+2Cl^-$	+0.2681
Cu^{2+}/Cu	$Cu^{2+}+2e^-\rightleftharpoons Cu$	+0.3419
O_2/OH^-	$\frac{1}{2}O_2+H_2O+2e^-\rightleftharpoons 2OH^-$	+0.401
Cu^+/Cu	$Cu^++e^-\rightleftharpoons Cu$	+0.521
I_2/I^-	$I_2+2e^-\rightleftharpoons 2I^-$	+0.5355
O_2/H_2O_2	$O_2+2H^++2e^-\rightleftharpoons H_2O_2$	+0.695
Fe^{3+}/Fe^{2+}	$Fe^{3+}+e^-\rightleftharpoons Fe^{2+}$	0.771
Hg_2^{2+}/Hg	$\frac{1}{2}Hg_2^{2+}+e^-\rightleftharpoons Hg$	0.7973
Ag^+/Ag	$Ag^++e^-\rightleftharpoons Ag$	+0.7996
Hg^{2+}/Hg	$Hg^{2+}+2e^-\rightleftharpoons Hg$	+0.851
NO_3^-/NO	$NO_3^-+4H^++3e^-\rightleftharpoons NO+2H_2O$	+0.957
HNO_2/NO	$HNO_2+H^++e^-\rightleftharpoons NO+H_2O$	+0.983
Br_2/Br^-	$Br_2+2e^-\rightleftharpoons 2Br^-$	+1.066
MnO_2/Mn^{2+}	$MnO_2+4H^++2e^-\rightleftharpoons Mn^{2+}+2H_2O$	+1.224
O_2/H_2O	$O_2+4H^++4e^-\rightleftharpoons 2H_2O$	+1.229
$Cr_2O_7^{2-}/Cr^{3+}$	$Cr_2O_7^{2-}+14H^++6e^-\rightleftharpoons 2Cr^{3+}+7H_2O$	+1.232
Cl_2/Cl^-	$Cl_2+2e^-\rightleftharpoons 2Cl^-$	+1.358
MnO_4^-/Mn^{2+}	$MnO_4^-+8H^++5e^-\rightleftharpoons Mn^{2+}+4H_2O$	+1.507
H_2O_2/H_2O	$H_2O_2+2H^++2e^-\rightleftharpoons 2H_2O$	+1.776
$S_2O_3^{2-}/SO_4^{2-}$	$S_2O_8^{2-}+2e^-\rightleftharpoons 2SO_4^{2-}$	+2.010
F_2/F^-	$F_2+2e^-\rightleftharpoons 2F^-$	+2.866

注：摘自 D. R. Lide，CRC Handbook of Chemistry and Physics，71st ed.，CRC Press，Inc. 1990～1991

附录 8　常用化学试剂的等级标准

化学试剂种类很多，世界各国对化学试剂的分类和分级的标准不尽一致。我国生产的化学试剂一般分为下列级别：

试剂级别	中文名称	英文名称	代号(英文缩写)	瓶签标志	适用范围
一级品	优级纯(保证试剂)	Guaranteed Reagent	GR	绿色	纯度高,基准物质,主要用于精密的科研分析鉴定工作
二级品	分析纯(分析试剂)	Analytical Reagent	AR	红色	纯度仅次于 GR 级,主要用于一般的科研和分析工作
三级品	化学纯(化学试剂)	Chemical Pure	CP	蓝色	用于要求较高的化学实验,也常用于要求较低的分析实验
四级品	实验试剂	Laboratory Reagent	LR	棕色或其他色	纯度较低,主要用于普通的化学实验,有时也用于要求较高的工业生产
工业品		Technical Grade	TECH		用于工业生产

注：在工作中选用试剂并非级别越高越好，若选用级别过高的试剂，将造成试剂的浪费；若选用试剂级别过低，实验结果不够准确，因此选用试剂要和所选择的实验方法、实验用水及操作器皿等级别相应。

附录 9-1　常用酸碱指示剂

指示剂	pH 变化范围	颜色		pK	常用溶液
		酸色	碱色		
百里酚蓝(第一次变色)	1.2～2.8	红	黄	1.7	0.1%的 20%乙醇溶液
甲基黄	2.9～4.0	红	黄	3.2	0.1%的 90%乙醇溶液
甲基橙	3.1～4.4	红	黄	3.4	0.05%的水溶液
溴酚蓝	3.0～4.6	黄	紫	4.1	0.1%的 20%乙醇溶液或其钠盐水溶液
溴甲酚绿	4.0～5.6	黄	蓝	4.9	0.1%的 20%乙醇溶液或其钠盐水溶液
甲基红	4.4～6.2	红	黄	5.0	0.1%的 60%乙醇溶液或其钠盐的水溶液
溴百里酚蓝	6.2～7.6	黄	蓝	7.3	0.1%的 20%乙醇溶液或其钠盐水溶液
中性红	6.8～8.0	红	橙黄	7.4	0.1%的 60%乙醇溶液
苯酚红	6.8～8.4	黄	红	8.0	0.1%的 60%乙醇溶液或其钠盐水溶液
百里酚蓝(第二次变色)	8.0～9.6	黄	蓝	8.9	0.1%的 20%乙醇溶液
酚酞	8.0～10.0	无色	红	9.1	0.5%的 90%乙醇溶液
百里酚酞	9.4～10.6	无色	蓝	10.0	0.1%的 90%乙醇溶液

附录 9-2　常用金属指示剂

指示剂	使用适宜的 pH 范围	颜色		配制方法	注意事项
		游离态 In	化合物 MIn		
铬黑 T (简称 EBT)	8～10	蓝	酒红	(1)0.2g 铬黑 T 溶于 15mL 三乙醇胺及 5mL 乙醇中 (2)1g 铬黑 T 与 100gNaCl 研细	用三乙醇胺消除 Al^{3+},Fe^{3+} 对其封闭;用 KCN 消除 Cu^{2+},Ni^{2+} 对其封闭
钙指示剂 (简称 NN)	8～13	蓝	酒红	1g 钙指示剂与 100gNaCl 研细	同上
二甲酚橙 (简称 XO)	<6	亮黄	红	0.5g 二甲酚橙溶于 100mL 水中	用 NH_4F 消除 Al^{3+} 对其封闭;用抗坏血酸消除 Fe^{3+} 对其封闭;用邻二氮菲消除 Ni^{2+} 对其封闭
PAN	2～12	黄	紫红	0.1%的乙醇溶液	MIn 不易溶于水,常需加热
磺基水杨酸	1.5～2.5	无色	紫红	5g 磺基水杨酸溶于 100mL 水中	(用于滴定 Fe^{3})本身无色,FeY 黄色

附录 10　元素的原子序数、元素符号及中英文名称

原子序数	元素符号	中文名称	汉语拼音	英文名称 (拉丁名)
1	H	氢	qīng	Hydrogen
2	He	氦	hài	Helium
3	Li	锂	lǐ	Lithium
4	Be	铍	pí	Beryllium

续表

原子序数	元素符号	中文名称	汉语拼音	英文名称（拉丁名）
5	B	硼	péng	Boron
6	C	碳	tàn	Carbon
7	N	氮	dàn	Nitrogen
8	O	氧	yǎng	Oxygen
9	F	氟	fú	Fluorine
10	Ne	氖	nǎi	Neon
11	Na	钠	nà	Sodium(Natrium)
12	Mg	镁	měi	Magnesium
13	Al	铝	lǚ	Aluminium
14	Si	硅	guī	Silicon
15	P	磷	lín	Phosphorus
16	S	硫	liú	Sulfur,Sulphur
17	Cl	氯	lǜ	Chlorine
18	Ar	氩	yà	Argon
19	K	钾	jiǎ	Potassium(Kalium)
20	Ca	钙	gài	Calcium
21	Sc	钪	kàng	Scandium
22	Ti	钛	tài	Titanium
23	V	钒	fán	Vanadium
24	Cr	铬	gè	Chromium
25	Mn	锰	měng	Manganese
26	Fe	铁	tiě	Iron(Ferrum)
27	Co	钴	gǔ	Cobalt
28	Ni	镍	niè	Nickel
29	Cu	铜	tóng	Copper(Cuprum)
30	Zn	锌	xīn	Zinc
31	Gd	镓	jiā	Gallium
32	Ge	锗	zhě	Germanium
33	As	砷	shēn	Arsenic
34	Se	硒	xī	Selenium
35	Br	溴	xiù	Bromine
36	Kr	氪	ké	Krypton
37	Rb	铷	rú	Rubidium
38	Sr	锶	sī	Strontium
39	Y	钇	yǐ	Yttrium
40	Zr	锆	gào	Zirconium
41	Nb	铌	ní	Niobium

续表

原子序数	元素符号	中文名称	汉语拼音	英文名称（拉丁名）
42	Mo	钼	mù	Molybdenum
43	Tc	锝	dé	Technetium
44	Ru	钌	liǎo	Ruthenium
45	Rh	铑	lǎo	Rhodium
46	Pd	钯	bǎ	Palladium
47	Ag	银	yín	Silver(Argentum)
48	Cd	镉	gé	Cadmium
49	In	铟	yīn	Indium
50	Sn	锡	xī	Tin
51	Sb	锑	tī	Antimony(Stibium)
52	Te	碲	dì	Tellurium
53	I	碘	diǎn	Iodine
54	Xe	氙	xiān	Xenon
55	Cs	铯	sè	Caesium
56	Ba	钡	bèi	Barium
57	La	镧	lán	Lanthanum
58	Ce	铈	shì	Cerium
59	Pr	镨	pǔ	Praseodymium
60	Nd	钕	nǚ	Neodymium
61	Pm	钷	pǒ	Promethium
62	Sm	钐	shān	Samarium
63	Eu	铕	yǒu	Europium
64	Gd	钆	gá	Gadolinium
65	Tb	铽	tè	Terbium
66	Dy	镝	dì	Dysprosium
67	Ho	钬	huǒ	Holmium
68	Er	铒	ěr	Erbium
69	Tm	铥	diū	Thulium
70	Yb	镱	yì	Ytterbium
71	Lu	镥	lǔ	Lutetium
72	Hf	铪	hā	Hafnium
73	Ta	钽	tǎn	Tantalum
74	W	钨	wū	Tungsten(Wolfram)
75	Re	铼	lái	Rhenium
76	Os	锇	é	Osmium
77	Ir	铱	yī	Iridium
78	Pt	铂	bó	Platinum

续表

原子序数	元素符号	中文名称	汉语拼音	英文名称（拉丁名）
79	Au	金	jīn	Gold(Aurum)
80	Hg	汞	gǒng	Mercury(Hydrargyrum)
81	Tl	铊	tā	Thallium
82	Pb	铅	qiān	Lead(Plumbum)
83	Bi	铋	bì	Bismuth
84	Po	钋	pō	Polonium
85	At	砹	ài	Astatine
86	Rn	氡	dōng	Radon
87	Fr	钫	fāng	Francium
88	Ra	镭	léi	Radium
89	Ac	锕	ā	Actinium
90	Th	钍	tǔ	Thorium
91	Pa	镤	pú	Protactinium
92	U	铀	yóu	Uranium
93	Np	镎	ná	Neptunium
94	Pu	钚	bù	Plutonium
95	Am	镅	méi	Americium
96	Cm	锔	jú	Curium
97	Bk	锫	péi	Berkelium
98	Cf	锎	kāi	Californium
99	Es	锿	āi	Einsteinium
100	Fm	镄	fèi	Fermium
101	Md	钔	mén	Mendelevium
102	No	锘	nuò	Nobelium
103	Lr	铹	láo	Lawrencium
104	Rf	铲	lú	Rutherfordium
105	Db	钍	dù	Dubnium
106	Sg	𨭎	xǐ	Seaborgium
107	Bh	𨨏	bō	Bohrium
108	Hs	𨭆	hēi	Hassium
109	Mt	鿏	mài	Meitnerium
110	Ds	鐽	dá	Darmstadtium
111	Rg	轮	lún	Roentgenium
112	Cn	鿔	gē	Copernicium
113	Nh	鿭	nǐ	Nihonium
114	FI	𫓧	fū	Flerovium
115	Mc	镆	mò	Moscovium
116	Lv	𫟷	lì	Livermorium
117	Ts	鿬	tián	Tennessine
118	Og	鿫	ào	Oganesson

附录11　1901～2019年诺贝尔化学奖获奖情况表

获奖年份	获奖者	国籍	生卒年	获 奖 成 就
1901	J. H. van't Hoff（范托夫）	荷兰	1852—1911	溶剂中化学动力学定律和渗透压定律
1902	H. E. Fischer（埃米尔·费歇尔）	德国	1852—1919	糖类和嘌啉化合物的合成
1903	S. A. Arrhenius（阿仑尼乌斯）	瑞典	1859—1927	电离理论
1904	W. Ramsay（拉姆齐）	英国	1852—1916	惰性气体的发展及其在元素周期表中位置的确定
1905	A. von Baeyer（冯·拜尔）	德国	1835—1917	有机染料和氢化芳香化合物的研究
1906	H. Moissan（穆瓦桑）	法国	1852—1907	单质氟的制备，高温反射电炉的发明
1907	E. Buchner（布赫纳）	德国	1860—1917	发酵的生物化学研究
1908	E. Rutherford（卢瑟福）	英国	1871—1937	元素嬗变和放射性物质的研究
1909	W. Ostwald（奥斯特瓦尔德）	德国	1853—1932	催化、电化学和反应动力学
1910	O. Wallach（瓦拉赫）	德国	1847—1931	脂环族化合物的开创性研究
1911	M. Curie（玛丽·居里）	波兰	1867—1934	放射性元素钋和镭的发现
1912	F. A. V. Grignard（格利雅）	法国	1871—1935	Grignard 试剂
1912	P. Sabatier（萨巴蒂埃）	法国	1854—1941	研究有机脱氢催化反应
1913	A. Werner（维尔纳）	瑞士	1866—1919	金属配合物的配位理论
1914	Th. W. Richards（理查兹）	美国	1868—1928	精密测定了许多元素的原子量
1915	R. M. Willstatter（维尔斯泰特）	德国	1872—1942	叶绿素和植物色素的研究
1918	F. Haber（哈伯）	德国	1868—1934	氨的合成
1920	W. H. Nernst（能斯特）	德国	1864—1941	热力学第三定律，化学热力学
1921	F. Soddy（索迪）	英国	1877—1956	放射性化学物质的研究及同位素起源和性质的研究
1922	F. W. Aston（阿斯顿）	英国	1877—1945	质谱仪的发明，许多非放射性同位素及原子量的整数规则的发现
1923	F. Pregl（普雷格尔）	奥地利	1869—1930	有机微量分析方法的创立
1925	R. A. Zsigmondy（席格蒙迪）	德国	1865—1929	胶体化学的研究
1926	T. Svedberg（斯维德贝里）	瑞士	1884—1971	发明超速离心机并用于高分散胶体物质研究

续表

获奖年份	获奖者	国籍	生卒年	获奖成就
1927	H. O. Wieland（维兰德）	德国	1877—1957	胆酸的发现及其结构的测定
1928	A. O. R. Windaus（温道斯）	德国	1876—1959	甾醇结构测定，维生素 D_3 的合成
1929	A. Harden B.（哈登） H. von Euler-Chelpin （冯·奥伊勒—切尔平）	英国 瑞典	1865—1940 1873—1964	糖的发酵以及酶在发酵中作用的研究
1930	H. Fischer（汉斯·费歇尔）	德国	1881—1945	血红素、叶绿素的结构研究，高铁血红素的合成
1931	C. Bosch（博施） F. Begius（贝吉乌斯）	德国 德国	1874—1940 1884—1949	化学高压法
1932	I. Langmuir（朗缪尔）	美国	1881—1957	表面化学研究
1934	H. C. Urey（尤里）	美国	1893—1981	重水和重氢同位素的发现
1935	F. Joliot-Curie I. Joliot-Curie	法国 法国	1900—1958 1897—1956	合成新放射性元素 Si、N、P、Fe、At
1936	P. J. W. Debey（德拜）	荷兰	1884—1966	提出极性分子理论，确定了分子偶极矩的测定方法
1937	W. N. Haworth（霍沃斯） P. Karrer（卡勒）	英国 瑞士	1883—1950 1889—1971	糖类环状结构的发现，维生素 A、维生素 C 和维生素 B_{12} 胡萝卜素及核黄素的合成
1938	R. Kuhn（库恩）	德国	1900—1967	维生素和类胡萝卜素研究
1939	A. F. J. Butenandt（布特南特） L. Ruzicka（鲁日奇卡）	德国 瑞士	1903—1995 1887—1976	性激素研究 聚亚甲基多碳原子大环和多萜烯研究
1943	G. Hevesy（德·赫维西）	匈牙利	1885—1966	利用同位素示踪研究化学反应
1944	O. Hahn（哈恩）	德国	1879—1968	重核裂变的发现
1945	A. I. Virtanen（维尔塔宁）	芬兰	1895—1973	发明了饲料贮存保鲜方法，对农业化学和营养化学作出贡献
1946	J. B. Sumner J. H. Northrop W. M. Stanley	美国 美国 美国	1887—1955 1891—1987 1904—1971	发现酶的类结晶法 分离得到纯的酶和病毒蛋白
1947	R. Bobinson（罗宾森）	英国	1886—1975	生物碱等生物活性植物成分研究
1948	A. W. K. Tiselius（蒂塞利乌斯）	瑞典	1902—1971	电泳和吸附分析的研究，血清蛋白的发现
1949	W. F. Giauque（吉奥克）	美国	1895—1982	化学热力学特别是超低温下物质性质的研究
1950	O. P. H. Diels（狄尔斯） K. Alder（阿尔德）	德国 德国	1876—1954 1902—1958	发现了双烯合成反应，即 Diels-Alder 反应

续表

获奖年份	获奖者	国籍	生卒年	获奖成就
1951	E. M. Mcmillan	美国	1907—1991	超铀元素的发现
	G. T. Seaborg	美国	1912—1999	
1952	A. J. P. Martin（马丁）	美国	1910—2002	分配色谱分析法
	R. L. M. Synge（辛格）	英国	1914—1994	
1953	H. Staudinger（施陶丁格）	德国	1881—1965	高分子化学方面的杰出贡献
1954	L. C. Pauling（鲍林）	美国	1901—1994	化学键本质和复杂物质结构的研究
1955	V. du. Vigneaud（迪维尼奥）	美国	1901—1978	生物化学中重要含硫化合物的研究，多肽激素结构的合成
1956	C. N. Hinshelwood（欣谢尔伍德）	英国	1897—1967	化学反应机理和链式反应的研究
	H. H. Семёнов（谢苗诺夫）	苏联	1896—1986	
1957	L. A. R. Todd（托德）	英国	1907—1997	核苷酸及核苷酸辅酶的研究
1958	F. Sanger（桑格）	英国	1918—2013	蛋白质结构特别是胰岛素结构的测定
1959	J. Heyrovsky（海洛夫斯基）	捷克	1890—1967	极谱分析法的发明
1960	W. F. Libby（利比）	美国	1908—1980	^{14}C 测定地质年代方法的发明
1961	M. Calvin（卡尔文）	美国	1911—1997	光合作用研究
1962	M. F. Perutz（佩鲁茨）	英国	1914—2002	蛋白质结构研究
	J. C. Kendrew（肯德鲁）	英国	1917—1997	
1963	K. Ziegler（齐格勒）	德国	1898—1973	Ziegler-Natta 催化剂的发明，定向有规高聚物的合成
	G. Natta（纳塔）	意大利	1903—1979	
1964	D. C. Hodgkin（霍奇金）	英国	1910—1994	用 X 射线测定重要生化物质的结构
1965	R. B. Woodward（伍德沃德）	美国	1917—1979	人工有机合成技艺上的杰出成就
1966	R. S. Mulliken（马利肯）	美国	1896—1986	用分子轨道法研究化学键和分子结构
1967	M. Eigen（艾根）	德国	1927—	通过极短能量脉冲导致平衡移动来研究极快速的化学反应
	R. G. W. Norrish（诺里什）	英国	1897—1978	
	G. Porter（波特）	英国	1920—2002	
1968	L. Onsager（昂萨格）	美国	1903—1976	创立倒易关系式，是不可逆过程热力学的基础
1969	D. H. R. Barton（巴顿）	英国	1918—1998	发展构象概念并用于化学
	O. Hassel（哈塞尔）	挪威	1897—1981	
1970	L. F. Leloir（莱洛伊尔）	阿根廷	1906—1987	发现糖核苷酸及其在碳水化合物合成中的作用

续表

获奖年份	获奖者	国籍	生卒年	获 奖 成 就
1971	G. Herzberg(赫茨贝格)	加拿大	1904—1999	研究分子光谱，特别是自由基的电子结构
1972	C. B. Anfinsen(安芬森)	美国	1916—1995	研究核糖核酸酶，特别是氨基酸顺序与生物活性构象之间的关系
	S. Moore(穆尔)	美国	1913—1982	对了解核糖核酸酶活性中心的分子化学结构和催化活性之间的关系所作的贡献
	W. H. Stein(斯坦)	美国	1911—1980	
1973	Ernst O. Fischer(恩斯特·费歇尔)	德国	1918—	二茂铁结构研究，发展了金属有机化学和配合物化学
	G. Wilkinson(威尔金森)	英国	1921—1996	
1974	P. J. Flory(弗洛里)	美国	1910—1985	高分子物理化学理论和实验研究
1975	J. W. Cornforth(康福思)	英国	1917—2013	研究酶催化反应的立体化学
1976	V. Prelog(普雷洛格)	瑞士	1906—1998	研究有机分子和反应的立体化学
	W. N. Lipscomb(利普斯科姆)	美国	1919—2011	研究硼烷的结构，阐明了化学键问题
1977	L. Prigogine(普利高津)	比利时	1917—2003	对非平衡态热力学尤其是耗散结构理论的贡献
1978	P. D. Mitchell(米切尔)	英国	1920—1992	利用化学渗透理论的模式研究生物系统中的能量转移过程
1979	H. C. Brown(布朗)	美国	1912—2004	发展了有机硼和有机磷试剂及其在有机合成中的应用
	G. Wittig(维蒂希)	德国	1897—1987	
1980	P. Berg(伯格)	美国	1926—	DNA 重组研究，DNA 测序，开创了现代基因工程学
	W. Gilbert(吉尔伯特)	美国	1932—	
	F. Sanger(桑格)	英国	1918—2013	
1981	Kenich Fukui(福井谦一)	日本	1918—1998	提出前线轨道理论
	R. Hoffmann(霍夫曼)	美国	1937—	提出分子轨道对称守恒原理
1982	A. Klug(克卢格)	英国	1926—	发展晶体电子显微术，测定生物学上重要的核酸—蛋白质复合体的结构
1983	H. Taube(陶布)	美国	1915—2005	关于电子转移反应机理，特别是金属复合物中的研究
1984	B. Merrifield(梅里菲尔德)	美国	1921—2006	固相多肽合成方法的发明
1985	H. A. Hauptman(豪普特曼)	美国	1917—	发明了 X 射线衍射确定晶体结构的直接计算方法
	J. Karle(卡勒)	美国	1918—	
1986	D. R. Herschbach(赫施巴赫)	美国	1932—	发展了交叉分子束技术、红外线化学发光方法，对微观反应动力学研究做出重要贡献
	李远哲	美国	1936—	
	J. C. Polanyi(波拉尼)	加拿大	1929—	

续表

获奖年份	获奖者	国籍	生卒年	获 奖 成 就
1987	D. J. Cram（克拉姆）	美国	1919—2001	开创主-客体化学、超分子化学、冠醚化学等新领域
	J-M. Lehn（莱恩）	法国	1939—	
	C. J. Pedersen（佩德森）	美国	1904—1989	
1988	J. Deisenhofer（戴森霍弗）	德国	1943—	生物体中光能和电子转移研究，光合成反应中心研究
	R. Huber（胡贝尔）	德国	1937—	
	H. Michel（米歇尔）	德国	1948—	
1989	S. Altman（奥尔特曼）	美国	1939—	发现 RNA 的催化性质
	T. Cech（切赫）	美国	1947—	
1990	E. J. Corey（科里）	美国	1928—	有机合成特别是发展了逆合成分析法
1991	R. R. Ernst（恩斯特）	瑞士	1933—	二维核磁共振
1992	R. A. Marcus（马库斯）	美国	1923—	电子转移反应理论
1993	K. B. Mullis（穆利斯）	美国	1944—	聚合酶链反应(PCR)的发明
	M. Smith（史密斯）	加拿大	1932—	建立基于寡核苷酸的定点诱变技术并用于蛋白质研究
1994	G. A. Olah（欧拉）	美国	1927—	碳正离子化学
1995	P. J. Crutzen（克鲁岑）	荷兰	1933—	研究平流层臭氧化学，尤其是臭氧的形成和分解
	M. J. Molina（莫利纳）	墨西哥	1943—	
	F. S. Rowland（罗兰德）	美国	1927—	
1996	R. F. Curl（柯尔）	美国	1933—	发现富勒烯
	H. W. Kroto（克罗托）	英国	1939—	
	R. E. Smalley（斯莫利）	美国	1943—2005	
1997	P. D. Boyer	美国	1918—2018	阐明了构成 ATP 合成基础的酶的机理
	J. E. Walker	英国	1941—	
	J. C. Skou	丹麦	1918—2018	首先发现一种离子转移酶
1998	W. Kohn	美国	1923—	发展密度泛函理论
	J. A. Pople	美国	1925—	发展量子化学的计算方法
1999	A. H. Zewail	美国	1946—	飞秒技术研究超快化学反应过程和过渡态
2000	A. J. Heeger	美国	1936—	发现和发展了导电聚合物
	A. G. MacDiarmid	美国	1927—	
	H. Shirakawa（白川英树）	日本	1936—	
2001	K. B. Sharpless（巴里·夏普莱斯）	美国	1941—	研究手性催化氢化反应和手性催化氧化反应
	W. S. Knowles（威廉·诺尔斯）	美国	1917—2012	
	R. Noyori（野依良治）	日本	1938—	

续表

获奖年份	获奖者	国籍	生卒年	获奖成就
2002	John-B. Fenn (约翰·芬恩) Koichi-Tanaka (田中耕一) Kurt-Wüthrich 库特·乌特里希	美国 日本 瑞士	1917—2010 1959— 1938—	约翰-芬恩和田中耕一的贡献是在生物高分子大规模光谱测定分析中发现了软解吸附作用电离方法;库特-乌特里希的贡献是以核电磁共振光谱法确定了溶剂的生物高分子三维结构
2003	Peter-Agre (阿格里) Roderick. Mackinnon (麦克农)	美国 美国	1949— 1956—	对细胞隔膜的研究有助于理解基本的生命过程
2004	Aaron-Ciechanover (阿龙-西查诺瓦) Avram. Hershko (阿弗拉姆-赫尔什科) Irwin. Rose (伊尔温-罗斯)	以色列 以色列 美国	1947— 1937— 1926—	人类细胞对无用蛋白质的“废物处理”过程
2005	伊夫·肖万 罗伯特·格拉布 理查德·施罗克	法国 美国 美国	1931— 1942— 1945—	烯烃复分解反应研究领域
2006	罗杰·科恩伯格	美国	1947—	真核转录的分子基础
2007	吉哈德-艾尔特	德国	1936—	固体表面化学
2008	下村修 马丁·沙尔菲 钱永健	日本 美国 美国	1928— 1947— 1952—	绿色荧光蛋白方面
2009	万卡特拉曼-莱马克里斯南 托马斯-施泰茨 阿达-尤纳斯	英国 美国 以色列	1952— 1940— 1939—	核糖体的结构和功能
2010	理查德·赫克 根岸英一 铃木章	美国 日本 日本	1931— 1935— 1930—	有机合成领域中钯催化交叉偶联反应,这一成果广泛应用于制药、电子工业和先进材料领域
2011	Danielle. Shechtman (达尼埃尔·谢赫特曼)	以色列	1941—	从原子级别观察准晶体形态
2012	Robert Lefkowitz (罗伯特·莱夫科维茨) Brian K. Kobilka (布莱恩·克比尔卡)	美国	1943— 1955—	G蛋白偶联受体研究
2013	Martin Karplus (马丁·卡普拉斯) Michael Levitt (迈克尔·莱维特) Arieh Warshel (亚利耶·瓦谢尔)	美国 美国和英国双重国籍 美国和以色列双重国籍	1930— 1947— 1940—	给复杂化学体系设计了多尺度模型
2014	Eric Betzig (埃里克·白兹格) Stefan W. Hell (斯特凡·W·赫尔) William Esco Moerner (威廉姆·艾斯科·莫尔纳尔)	美国 德国 美国	1960— 1962— 1953—	超分辨率荧光显微技术领域取得的成就
2015	Tomas Robert Lindahl (托马斯·林达尔) Paul Modrich(保罗·莫德里奇) Aziz Sancar(阿齐兹·桑贾尔)	瑞典 美国 土耳其	1938— 1946— 1946—	DNA修复的细胞机制研究

续表

获奖年份	获奖者	国籍	生卒年	获奖成就
2016	Jean－Pierre Sauvage(让－皮埃尔·索维奇)	法国	1944—	三位科学家在“合成分子机器”方面，发明了“全世界最小的机器”，将分子合成在一起，使其成为极微小的电机和传动装置，这些机器比一根头发丝的1000分之一还要细
	Sir J. Fraser Stoddart(詹姆斯·弗雷泽·斯托达特)	美国	1942—	
	Bernard L. Feringa(伯纳德·L·费林加)	荷兰	1951—	
2017	Jacques Dubochet(雅克·迪波什)	瑞士	1942—	发展了冷冻电子显微镜技术，以很高的分辨率确定了溶液里的生物分子的结构
	Joachim Frank(阿希姆·弗兰克)	美国	1940—	
	Richard Henderson(理查德·亨德森)	英国	1945—	
2018	Frances H. Arnold(弗朗西斯·阿诺德)	美国	1956—	对进化进行控制，使其服务于人类的最大福祉。通过定向进化产生的酶被应用于各种领域，从生物燃料到制药产业。通过噬菌体展示技术产生的抗体能够对抗自身免疫疾病，甚至在某些情况下可以治愈转移性肿瘤
	George P. Smith(乔治·史密斯)	美国	1941—	
	Gregory P. Winter(格雷戈里·温特)	英国	1951—	
2019	John B. Goodenough(约翰古迪纳夫)	美国	1922—	20世纪70年代初，斯坦利·威廷汉在开发首个功能性锂电池时就利用了锂的巨大动力来释放其外部电子。约翰·B.古迪纳夫将锂电池的潜力提高了一倍，为功能更强大、更有用的电池创造了合适的条件。吉野彰成功地从电池中去除了纯锂，取而代之的是基于比纯锂更安全的锂离子
	M. Stanley Whittingham(斯坦利威廷汉)	英国	1941—	
	Akira Yoshino(吉野彰)	日本	1948—	
2020	Emmanuelle Charpentier(埃曼纽尔·卡彭蒂耶)	法国		开发了基因技术中最锐利的工具之一：CRISPR/Cas9“基因剪刀”。利用这些技术，研究人员可以极其精确地改变动物、植物和微生物的DNA
	Jennifer A. Doudna(詹妮弗·杜德纳)	美国		

工程化学综合测试题

试题说明：

第一部分 1～80 为单选题；第二部分 81～90 为多选题；第三部分 91～95 为计算题。

1.2017 年 3 月《生活垃圾分类制度实施方案》颁布，正式开启了生活垃圾________分类时代。

A. 强制　　B. 鼓励

2. 下列函数中，________不属于状态函数。

A. p　　B. q

3. 海水淡化利用的是________原理。

A. 渗透　　B. 反渗透

4. 热力学中规定：在绝对零度时，任何纯净完整晶态物质的熵________零。

A. 等于　　B. 大于

5. 氧化还原反应进行的程度 $\lg K^{\ominus}$ 与该反应所组成原电池的________有关。

A. 标准电动势　　B. 电动势

6. 微观粒子运动状态变化规律服从________。

A. 牛顿第二定律　　B. 薛定谔方程

7. 对于化学反应来说，________寻找到加快反应速率的催化剂。

A. 总能　　B. 不一定能

8. 大气平流层中存在一定浓度的臭氧，分解反应为 $2O_3(g) \rightleftharpoons 3O_2(g)$，分解速率方程为 $v=kc(O_3)$，该反应是________。

A. 基元反应　　B. 复杂反应

9. 实验室制造“火山”的反应式：$(NH_4)_2Cr_2O_7(s) \longrightarrow N_2(g)+4H_2O(g)+Cr_2O_3(s)$，该反应在 298K，只做体积功时，$\Delta_r H_m^{\ominus}$ 与 $\Delta_r U_m^{\ominus}$ 的关系________。

A. 相等　　B. 不相等

10. 在原电池中，正极、负极电势关系________。

A. $\varphi_- > \varphi_+$　　B. $\varphi_- < \varphi_+$　　C. 不确定

11. 在分子中普遍存在的分子间力是________。

A. 色散力　　B. 取向力　　C. 诱导力

12. 经典酸碱电离理论使人们对酸碱的认识发生了本质的飞跃，为此________在 1903 年获得了诺贝尔化学奖。

A. 普朗克　　B. 阿仑尼乌斯　　C. 德布罗依

13. 相同类型的 A、B 两种弱酸，若解离常数 $K_a(A) > K_a(B)$，则酸性________。

A. A>B　　B. A<B　　C. 相同

14. 已知 $FeO(s)+CO(g) \rightleftharpoons Fe(s)+CO_2(g)$ 在 1273K 下的平衡常数 $K=0.5$，若增加 FeO(s)用量，平衡将________移动。

A. 向右　　B. 不　　C. 向左

15. 在相同温度下，$[Ag(CN)_2]^-$ 的稳定常数 $K_{稳}=1.26\times10^{21}$，$[Ag(NH_3)_2]^+$ 的稳定常数 $K_{稳}=1.12\times10^{7}$，则配离子__________更稳定。

A. $[Ag(CN)_2]^-$　　B. $[Ag(NH_3)_2]^+$　　C. 无法确定

16. H_2CO_3 的共轭碱是__________。

A. OH^-　　B. CO_3^{2-}　　C. HCO_3^-　　D. H_2O

17. 在配合物 $[CaY]^{2-}$ 中 Ca^{2+} 的配位数是__________。

A. 1　　B. 4　　C. 6　　D. 8

18. 角量子数 $l=3$ 的轨道最多能容纳的电子数为__________。

A. 2　　B. 8　　C. 10　　D. 14

19. 常用溶度积表示溶解能力大小的物质是__________。

A. $MgCl_2$　　B. $BaCO_3$　　C. HAc　　D. $[Ag(CN)_2]^-$

20. 对于气态物质而言，物质的标准状态为 __________ kPa。

A. 1　　B. 8.314　　C. 100　　D. 96486

21. 中心原子采用等性 sp^3 杂化的分子是 __________。

A. BF_3　　B. CH_3Cl　　C. H_2S　　D. $BeCl_2$

22. 原子中能级相近的一个 ns 轨道和二个 np 轨道可形成 __________个 sp^2 杂化轨道。

A. 1　　B. 2　　C. 3　　D. 不确定

23. 下列晶体沸点最低的是 __________。

A. SiF_4　　B. $SiCl_4$　　C. $SiBr_4$　　D. SiI_4

24. 氢的标准电极电势值 __________。

A. 等于零　　B. 大于零　　C. 小于零　　D. 不确定

25. 下列晶体中熔点最高的是 __________。

A. $BaCl_2$　　B. SiC　　C. $AlCl_3$　　D. CO_2

26. 下列各套量子数描述的电子状态的能量由高至低的顺序是__________。

① $\left(3, 2, 2, -\frac{1}{2}\right)$　　② $\left(2, 1, 1, +\frac{1}{2}\right)$

③ $\left(3, 1, 0, -\frac{1}{2}\right)$　　④ $\left(2, 0, 0, +\frac{1}{2}\right)$

A. ① ② ③ ④　　B. ① ③ ② ④

C. ② ④ ③ ①　　D. ④ ③ ② ①

27. 某元素原子核外外层电子排布式为 $3d^5 4s^2$，该元素在周期表中__________。

A. s 区　　B. p 区　　C. d 区　　D. f 区

28. 下列物质中 $S_m^{\ominus}$ 值最大的是__________。

A. Hg_2Cl_2 (s)　　B. Hg (l)　　C. Hg (g)　　D. HgO (s)

29. 在配合物 $[Cu(NH_3)_3Cl]\ NO_3$ 中，中心离子的电荷及配位数为__________。

A. +2，3　　B. +1，4　　C. +2，4　　D. +1，3

30. 下列各分子中偶极矩为零的是 __________。

A. NF_3　　B. $BeCl_2$　　C. H_2O　　D. HCl

31. EDTA 是一多齿配位体，它与 Ca^{2+} 形成的配合物中配位原子是__________。

A. Y　　B. N　　C. H 与 O　　D. O 与 N

32. 下列各物质分子间只存在色散力的是＿＿＿＿＿。

A. NH_3 B. HCl C. H_2O D. BF_3

33. 炎热的夏季常用喷水来降温，此方法依据＿＿＿＿＿的性质。

A. 水是最好两性溶剂 B. 水的热容大 C. 水的热胀冷缩

34. 25℃时某处空气中水的饱和蒸气压与实际蒸气压分别为 3.167kPa 与 1.001kPa，此时的相对湿度为＿＿＿＿＿%。

A. 31.61 B. 316.4 C. 3.167

35. 人体血液的 pH 总是维持在 7.35～7.45 之间，这是由于＿＿＿＿＿。

A. 血液中含有一定量 Na^+ 离子 B. 人体内含有大量的水

C. 血液中 H_2CO_3～HCO_3^- 起缓冲作用

36. 将 0.2mol/L 60mL HCl 溶液加入到 0.3mol/L 40mL 一元弱碱 NaAc 溶液中，配制成溶液为＿＿＿＿＿溶液。

A. 缓冲 B. 碱性 C. 酸性

37. 微观粒子运动的基本特征是＿＿＿＿＿。

A. 波动性 B. 粒子性 C. 统计性 D. 波粒二象性

38. 石墨属于混合键型晶体，同层粒子间是以＿＿＿＿＿相结合。

A. 分子间力 B. 共价键 C. 离子键 D. 原子键

39. 在实验中铝片阳极氧化后，在银盐电解液中着色，呈现＿＿＿＿＿色。

A. 银白 B. 纯蓝 C. 深黄 D. 紫红

40. 已知：$Fe^{3+}+e^- \rightleftharpoons Fe^{2+}$，$\varphi^\ominus(Fe^{3+}/Fe^{2+})=+0.77V$，则半反应 $2Fe^{2+}-2e^- \rightleftharpoons 2Fe^{3+}$ 的标准电极电势 $\varphi_1^\ominus$＝＿＿＿＿＿。

A. $\varphi^\ominus$ B. $2\varphi^\ominus$ C. $-\varphi^\ominus$ D. $-2\varphi^\ominus$

41. 下列原电池图式中错误的是＿＿＿＿＿。

A. (－) Zn | Zn^{2+} ‖ Cu^{2+} | Cu (＋)

B. (－) Hg | $Hg_2Cl_2(s)$ ‖ Cu^{2+} | Cu (＋)

C. (－) Zn | Zn^{2+} ‖ Fe^{3+}, Fe^{2+} | Pt (＋)

D. (－) Pt | I_2 | I^- ‖ Fe^{3+}, Fe^{2+} | C (＋)

42. 原子轨道之所以要杂化是为了＿＿＿＿＿。

A. 进行电子重排 B. 增加配对的电子数目

C. 增强成键能力 D. 保持共价键的方向性

43. 所谓原子轨道是指＿＿＿＿＿。

A. 一定的电子云 B. 核外电子的概率

C. 一定的波函数 D. 某个径向分布函数

44. 将配合物 $[Pt(NH_3)_4Cl_2](OH)_2$ 命名为＿＿＿＿＿。

A. 氢氧化二氯·四氨合铂（Ⅳ） B. 二氢氧化四氨·二氯合铂（Ⅳ）

C. 羟基·二氯·四氨合铂（Ⅳ） D. 羟基化二氯·四氨合铂（Ⅳ）

45. 在寒冷的冬季，可采用向结冰的人行道上撒盐使冰雪融化得更快，此方法依据＿＿＿＿＿的原理。

A. 水的热容大 B. 稀溶液凝固点下降

C. 稀溶液蒸气压下降 D. 稀溶液凝固点上升

46. $3d^4$ 表示__________。

A. 三个 d 轨道上排布 4 个电子　　B. 第三层上 4 个 d 轨道

C. 第三层 d 轨道上排布 4 个电子　　D. 三个 d^4 轨道

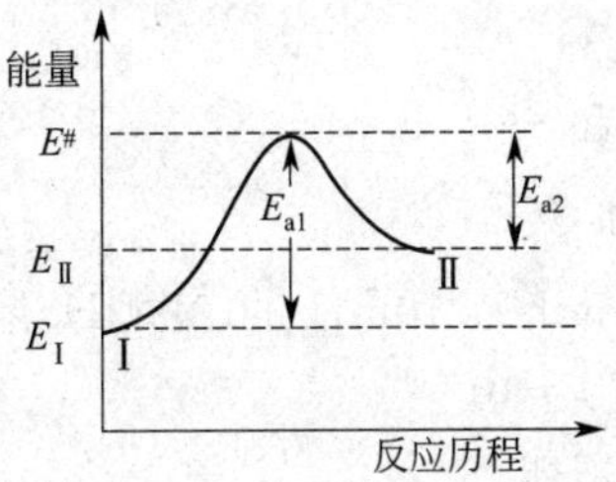

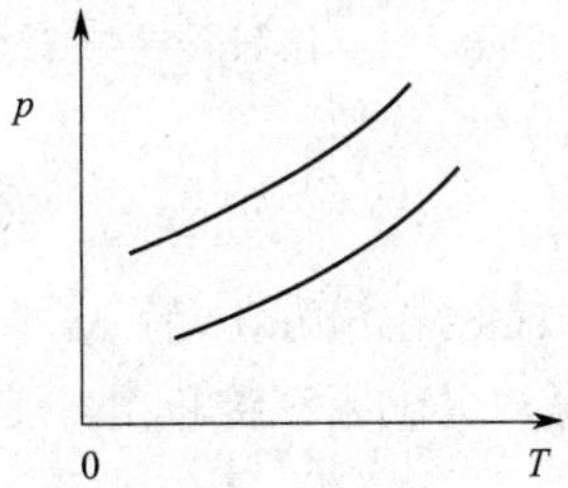

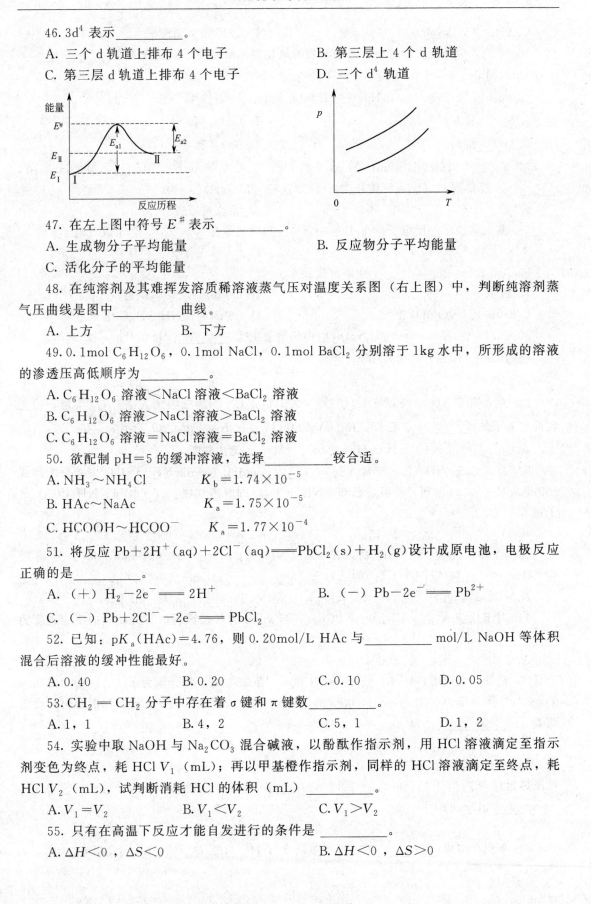

47. 在左上图中符号 $E^{\#}$ 表示__________。

A. 生成物分子平均能量　　B. 反应物分子平均能量

C. 活化分子的平均能量

48. 在纯溶剂及其难挥发溶质稀溶液蒸气压对温度关系图（右上图）中，判断纯溶剂蒸气压曲线是图中__________曲线。

A. 上方　　B. 下方

49. 0.1mol $C_6H_{12}O_6$，0.1mol NaCl，0.1mol $BaCl_2$ 分别溶于 1kg 水中，所形成的溶液的渗透压高低顺序为__________。

A. $C_6H_{12}O_6$ 溶液<NaCl 溶液<$BaCl_2$ 溶液

B. $C_6H_{12}O_6$ 溶液>NaCl 溶液>$BaCl_2$ 溶液

C. $C_6H_{12}O_6$ 溶液=NaCl 溶液=$BaCl_2$ 溶液

50. 欲配制 pH=5 的缓冲溶液，选择__________较合适。

A. $NH_3 \sim NH_4Cl$　　$K_b = 1.74 \times 10^{-5}$

B. HAc～NaAc　　$K_a = 1.75 \times 10^{-5}$

C. $HCOOH \sim HCOO^-$　　$K_a = 1.77 \times 10^{-4}$

51. 将反应 $Pb + 2H^+(aq) + 2Cl^-(aq) \longrightarrow PbCl_2(s) + H_2(g)$ 设计成原电池，电极反应正确的是__________。

A. （+）$H_2 - 2e^- \longrightarrow 2H^+$　　B. （−）$Pb - 2e^- \longrightarrow Pb^{2+}$

C. （−）$Pb + 2Cl^- - 2e^- \longrightarrow PbCl_2$

52. 已知：$pK_a(HAc) = 4.76$，则 0.20mol/L HAc 与__________ mol/L NaOH 等体积混合后溶液的缓冲性能最好。

A. 0.40　　B. 0.20　　C. 0.10　　D. 0.05

53. $CH_2 = CH_2$ 分子中存在着 σ 键和 π 键数__________。

A. 1，1　　B. 4，2　　C. 5，1　　D. 1，2

54. 实验中取 NaOH 与 Na_2CO_3 混合碱液，以酚酞作指示剂，用 HCl 溶液滴定至指示剂变色为终点，耗 HCl V_1（mL）；再以甲基橙作指示剂，同样的 HCl 溶液滴定至终点，耗 HCl V_2（mL），试判断消耗 HCl 的体积（mL）__________。

A. $V_1 = V_2$　　B. $V_1 < V_2$　　C. $V_1 > V_2$

55. 只有在高温下反应才能自发进行的条件是__________。

A. $\Delta H < 0$，$\Delta S < 0$　　B. $\Delta H < 0$，$\Delta S > 0$

C. $\Delta H>0$，$\Delta S<0$ D. $\Delta H>0$，$\Delta S>0$

56. 下列反应按正方向进行，其中最强的氧化剂和最强的还原剂分别是________。

(1) $2MnO_4^- + 5SO_3^{2-} + 8H^+ = 2Mn^{2+} + 5SO_4^{2-} + 4H_2O$

(2) $5BiO_3^- + 2Mn^{2+} + 14H^+ = 2MnO_4^- + 5Bi^{3+} + 7H_2O$

A. SO_4^{2-} 和 Mn^{2+} B. MnO_4^- 和 SO_3^{2-}

C. BiO_3^- 和 Mn^{2+} D. BiO_3^- 和 SO_3^{2-}

57. 向含 0.01mol/L 40mL 的 M^{3+} 溶液中加入 0.05mol/L 10mL 的 NaOH 溶液，________观察到 $M(OH)_3$ 沉淀析出。已知：$K_{sp}(M(OH)_3)=10^{-6}$。

A. 能 B. 不能 C. 无法判断能否

58. 某元素原子外层电子排布式为 $3d^8 4s^2$，则该元素有________个未成对电子。

A. 8 B. 2 C. 1 D. 0

59. AgCl (s) 在________中溶解度最小。

A. 纯水 B. 3.0mol/L $NaNO_3$ 溶液

C. 2.0mol/L $AgNO_3$ 溶液 D. 1.0mol/L $NH_3 \cdot H_2O$ 溶液

60. $CaSO_4$(s)在 0.02mol/L Na_2SO_4 中的溶解度为________mol/L。
已知：$K_{sp}(CaSO_4)=9\times10^{-6}$。

A. 9×10^{-6} B. 4.5×10^{-4} C. 3×10^{-3} D. 0.02

61. 在含有 Cl^-(0.01mol/L)、CrO_4^{2-}(0.01mol/L) 的溶液中加入 $AgNO_3$ 溶液，首先沉淀的离子是________。已知：$K_{sp}(AgCl)=10^{-10}$；$K_{sp}(Ag_2CrO_4)=10^{-12}$。

A. Cl^- B. CrO_4^{2-} C. 无法判断

62. 将 8.025g NH_4Cl (s) 加入到________mol/L 100mL $NH_3 \cdot H_2O$ 中才可配制成 250mL pH=10.26 的缓冲溶液。已知：$NH_3 \cdot H_2O$ 的解离常数 $pK_b=4.74$；NH_4Cl(s) 分子量 $M=53.5$。

A. 25 B. 15 C. 10 D. 2.5

63. 已知：在温度 298K 时，$\Delta_f G_m^\ominus$ (NH_3，g) = −16.4kJ/mol，对于分解反应 $2NH_3(g) = N_2(g) + 3H_2(g)$ 的 $\Delta_r G_{298}^\ominus=$________kJ/mol。

A. −32.8 B. −16.4 C. 16.4 D. 32.8

64. 对于反应 $A(g)+3B(g) = 2C(g)$，当 3mol 的 B 被消耗时，此反应的反应进度为________mol。

A. 0 B. 1 C. −1 D. 3

65. 已知：反应 $I_2(s)+Cl_2(g) = 2ICl(g)$，在 25℃时，将分压为 $p(Cl_2)=0.2187$kPa 的 Cl_2(g) 和分压为 $p(ICl)=81.00$kPa 的 ICl(g) 与 I_2(s) 放入同一容器，则混合时的反应商 Q 为________。

A. 0.0027 B. 0.33 C. 300 D. 370

66. 已知：某三个反应为 $A+B \longrightarrow G+D$，$3G+3D \longrightarrow E+F$，$E+F \longrightarrow 3X$，它们的恒压热效应分别为 160kJ/mol，−80kJ/mol，−70kJ/mol，则反应 $A+B \longrightarrow X$ 的 $\Delta H=$________kJ/mol。

A. 10 B. 110 C. 330 D. −310

67. 下列反应中________的标准摩尔焓变 $\Delta_r H_m^\ominus$ 与 $\Delta_f H_m^\ominus$ (AgBr，s) 相等。

A. $Ag^{+}(aq)+Br^{-}(aq)$ ══ $AgBr(s)$　　B. $2Ag(s)+Br_2(g)$ ══ $2AgBr(s)$

C. $Ag(s)+1/2Br_2(l)$ ══ $AgBr(s)$　　D. $2Ag(s)+Br_2(l)$ ══ $2AgBr(s)$

68. 将氯化钠溶于 1kg 水中，在 100kPa 的压力下测得其沸点为 101.02℃，则估算此氯化钠的物质的量是________mol 。已知：水的沸点升高常数 $K_b=0.51$ 。

A. 2　　B. 2000　　C. 273　　D. 1

69. 下列电对标准电极电势最大的是__________。

A. $\varphi^{\ominus}(Ag^{+}/Ag)$　　B. $\varphi^{\ominus}(AgI/Ag)$

C. $\varphi^{\ominus}(Ag_2S/Ag)$　　D. $\varphi^{\ominus}([Ag(NH_3)_2]^{+}/Ag)$

70. 若将浓度为 c（mol/L）的 $NH_3 \cdot H_2O$ 稀释 1 倍，则 $c_{OH^-}=$__________mol/L。

A. $2c$　　B. $\dfrac{c}{2}$　　C. $\dfrac{1}{2}\sqrt{K_b c}$　　D. $\sqrt{K_b c/2}$

71. 将 30mL 水加入 10mL pH=4 的 HAc 溶液中，此时溶液的 pH=________。

A. 4-lg4　　B. 6.25　　C. 8　　D. 4+lg2

72. 某反应在标准状态下，$\Delta_r G^{\ominus}_{298}=23.6$kJ/mol，$\Delta_r H^{\ominus}_{298}=83.2$kJ/mol，且 $\Delta_r H^{\ominus}$，$\Delta_r S^{\ominus}$不随温度变化，则反应的转向温度为 $T=$__________K。

A. 416　　B. 398　　C. 298　　D. 118

73. 反应 $SnO_2(s)+2CO(g)$ ══ $Sn(s)+2CO_2(g)$的热效应 $Q_p=$__________kJ/mol。

已知：(1) $SnO_2(s)+2H_2(g)$ ══ $Sn(s)+2H_2O(g)$,反应热效应 Q_{p1}(kJ/mol)

(2) $CO(g)+H_2O(g)$ ══ $CO_2(g)+H_2(g)$,反应热效应 Q_{p2}(kJ/mol)

A. $Q_{p1}+Q_{p2}$　　B. $2Q_{p1}\times Q_{p2}$　　C. $Q_{p1}+2Q_{p2}$　　D. $Q_{p1}\times Q_{p2}^2$

74. 某元素最高化合价为+6，最外层只有 1 个电子，原子半径是同族中最小的，符合上述条件的元素为__________。

A. Cu　　B. Cr　　C. Mn　　D. Fe

75. 已知：$\varphi^{\ominus}(H_3AsO_4/H_3AsO_3)=0.594$V，$\varphi^{\ominus}(I_2/I^{-})=0.535$V，若要改变在标准状态下反应方向，最小 pH 应为__________。

A. 1　　B. −1　　C. 2　　D. −2

76. 实验测定某反应 $aA+bB \longrightarrow gG$ 的速率方程 $v=kc^{x}(A)c^{y}(B)$。固定 B 的浓度 $c(B)$，当 $c(A)$ 减少 50%时，v 降低至原来的 1/4；固定 A 的浓度 $c(A)$，当 $c(B)$ 增加到 2 倍，v 也增加到 2 倍，则 x、y 及该反应的总级数为__________。

A. $x=1$，$y=2$；$(a+b)$　　B. $x=2$，$y=1$；3

C. $x=2$，$y=2$；4　　D. $x=2$，$y=1$；$(a+b)$

77. 某元素失去 3 个电子后，恰好角量子数为 2 的轨道内电子为半充满，该元素是同族中原子半径最小的元素，则该元素是__________。

A. Zn　　B. Cr　　C. Fe　　D. Br

78. 某一配合物 $CoCl_m \cdot nNH_3$ 中 Co（III）的配位数是 6，若用 $AgNO_3$ 与 1mol 配合物反应得到 1mol AgCl 沉淀，则配合物为________。

A. $[CoCl_m \cdot (NH_3)_n]Cl$　　B. $[Co(NH_3)_4 \cdot Cl_2]Cl$

C. $[Co(NH_3)_6]Cl_3$　　D. $[CoCl_4 \cdot (NH_3)_2]Cl$

79. 若反应 $Pb(OH)_2(s) \rightleftharpoons Pb^{2+}(s)+2OH^{-}$ 的溶度积常数为 $K^{\ominus}_{sp}$，

反应 $Pb(OH)_2(s)+OH^{-} \rightleftharpoons [Pb(OH)_3]^{-}$ 的标准平衡常数为 $K^{\ominus}_1$，

则反应 $Pb^{2+}+3OH^- \rightleftharpoons [Pb(OH)_3]^-$ 的标准平衡常数 $K_2^{\ominus}$ 为＿＿＿＿＿＿。

A. $K_1^{\ominus}K_{sp}^{\ominus}$　　B. $\frac{K_1^{\ominus}}{K_{sp}^{\ominus}}$　　C. $K_1^{\ominus}-K_{sp}^{\ominus}$　　D. $K_1^{\ominus}$

80. 由两个氢电极 $(Pt)H_2(100kPa)|H^+(c_1)$ 与 $(Pt)H_2(100kPa)|H^+(c_2)$ 组成原电池。若 $(Pt)H_2(100kPa)|H^+(c_2)$ 作为该电池的负极，则 c_1 与 c_2 的关系正确的是＿＿＿＿＿＿。

A. $c_1=c_2$　　B. $c_1<c_2$　　C. $c_1>c_2$　　D. 无法确定

81. 低碳经济是以低＿＿＿＿＿为基础的经济模式。

A. 能耗　　B. 污染　　C. 排放　　D. 收益

82. 直线形分子是＿＿＿＿＿＿。

A. $BeCl_2$　　B. H_2O　　C. $HgCl_2$　　D. CO_2

83. 酸雨对环境造成多方面的危害，形成酸雨的主要污染物是＿＿＿＿＿＿。

A. SO_2　　B. CO_2　　C. CH_4　　D. NO_x

84. 某元素最外层只有 1 个电子，该电子量子数为（4，0，0，$\frac{1}{2}$）。符合条件的元素为＿＿＿＿＿＿。

A. Na　　B. K　　C. Cr　　D. Cu

85. 在标准的 Cu-Zn 原电池中，条件＿＿＿＿＿＿会使原电池电动势减小。

A. 增加 Zn^{2+} 浓度　　B. 在 Cu^{2+} 的溶液中加入大量 Na_2S

C. 在 Zn^{2+} 的溶液中加入过量的 $NH_3 \cdot H_2O$

86. 冰在温度 0℃以上时融化，该过程＿＿＿＿＿＿。

A. 属于吸热过程　　B. 熵变大于零

C. 属于自发过程　　D. 吉布斯函数变大于零

87. $2NH_3(g) \longrightarrow N_2(g)+3H_2(g)$，反应分解速率 $v=kc_{NH_3}^0$，说法正确的是＿＿＿＿＿＿。

A. 该反应是复杂反应　　B. 该反应分解速率与反应物浓度无关

C. 该反应是零级反应　　D. 该反应分解速率方程是实验测定的

88. 在用 EDTA 测定自来水总硬度实验中，以下表述正确的是＿＿＿＿＿＿。

A. 测定自来水总硬度实际测定的是自来水中 Ca^{2+}、Mg^{2+} 的含量

B. 锥形瓶要用自来水、蒸馏水冲洗，无须干燥

C. 滴定管要用自来水、蒸馏水冲洗及操作溶液润洗

D. 若某位同学两次平行实验所消耗 EDTA 的体积分别为 12.97mL 与 14.21mL，平均值接近于真实值，则可认为该实验结果可靠

89. 践行低碳生活方式，从现在、从每个人做起，我们的实际行动有＿＿＿＿＿。

A. 采用公共交通出行　　B. 夏季将空调温度调高一度

C. 减少塑料袋的使用

90. 目前，我国 1436 个城市建成了 3500 多个空气质量监测点，均具备＿＿＿＿＿等指标的自动监测能力，并与国家联网，及时预报预警。

A. PM2.5、PM10　　B. O_3、CO　　C. NO、SO_2

91.（1）O、S 与 Se 为同族元素，写出该族外层电子构型。

（2）在 H_2O、H_2S 与 H_2Se 三种物质中，分子间作用力递增的顺序是怎样的？说明

理由。

92. 将 0.5mol/L 40mL HCl 溶液与 0.5mol/L 60mL NaB 溶液混合。已知：$pK_a(HB)=3.74$。

(1) 所配制溶液有怎样的特性？

(2) 计算溶液的 pH。

(3) 向上述溶液中加入少量的强碱，溶液的 pH 将发生怎样变化？

93.0.06mol/L $MgCl_2$ 溶液、1.8mol/L NH_4Cl 溶液及 $NH_3 \cdot H_2O$ 三者等体积混合，若不产生沉淀，$NH_3 \cdot H_2O$ 的初始浓度最大应为多少？

已知：$NH_3 \cdot H_2O$ 的解离常数 $K_b=1.8\times10^{-5}$；$K_{sp}(Mg(OH)_2)=1.8\times10^{-11}$

94. 已知：$\varphi^{\ominus}(MnO_4^-/Mn^{2+})=1.51V$ 与 $\varphi^{\ominus}(Cl_2/Cl^-)=1.36V$，组成原电池。

(1) 写出正负极发生的半反应。

(2) 计算原电池标准电动势 $E^{\ominus}$

(3) 写出在上述条件下原电池符号。

(4) 若 pH=5.0，而其他条件仍为标准条件下，计算电动势，并写出此时溶液中所发生反应的离子式。

95. 汽车尾气中含有 NO（g）与 CO（g），试问在 298.15K、100kPa 的压力下，能否通过反应去除有害气体？

	2CO(g)	+2NO(g)	══ 2CO₂(g)	+N₂(g)
$\Delta_f H_m^{\ominus}(298.15K)/(kJ/mol)$	−110.5	91.3	−393.5	
$S_m^{\ominus}(298.15K)/J/(mol\cdot K)$	197.7	210.7	213.8	191.6

部分习题参考答案

第 1 章

习题

3. 20℃的相对湿度＝42.8%；10℃的相对湿度＝78.7%

6. (3) 四种晶体均为典型的离子晶体，根据离子间作用力与离子电荷大小成正比、与离子半径成反比，晶体熔点由高到低：MgO，CaO，CaF_2，$CaCl_2$

注：根据表 1-4 离子间作用力对物质的熔点的影响，$r(O^{2-}) \approx r(F^-)$

第 2 章

思考与练习题

2-3 $Q_p=\frac{1}{6}(Q_{p1}\times 3-Q_{p2}-Q_{p3}\times 2)=-16.7\text{kJ/mol}$；

2-8 596K　　2-10 $1321\text{K}<T<2221\text{K}$　　2-11 2.06×10^{-4}

习题

8. 1128K；

9. 298K，$K=5.5\times10^5$；700K，$K=3.18\times10^{-4}$，反应商 $Q=6.53\times10^{-4}$，平衡逆向移动

10. $K_3^{\ominus}=K_1^{\ominus}\times(K_2^{\ominus})^2$　　13. -257.45kJ/mol

第 3 章

思考与练习题

3-2 $H_3PO_4 \sim H_2PO_4^-$，$H_2PO_4^- \sim HPO_4^{2-}$，$HPO_4^{2-} \sim PO_4^{3-}$，$H_3O^+ \sim H_2O$

3-3 溶液均为一元碱，K_b（$K_b=K_w/K_a$）越大，溶液的碱性越强，CN^- 溶液碱性最强

3-6 (1) 主要同离子效应 (2) 主要盐效应 (3) 同离子效应；盐效应逐渐加强

3-8 $K_b=1.74\times10^{-5}$，$K_{sp}=5.61\times10^{-12}$

(1) $c_{Mg^{2+}}\cdot c^2_{OH^-}=0.005\times(0.05\times1.74\times10^{-5})=4.35\times10^{-9}>K_{sp}$，能生成沉淀

(2) $c_{Mg^{2+}}\cdot c^2_{OH^-}=0.004\times(1.74\times10^{-5})^2=1.21\times10^{-12}<K_{sp}$，不能生成沉淀

3-9 Cl^- 先沉淀；沉淀 Cl^- 所需 $c_{Ag^+}=\frac{1.77\times10^{-10}}{0.01}=1.77\times10^{-8}\text{mol/L}$

沉淀 CrO_4^{2-} 所需 $c_{Ag^+}=\sqrt{\frac{1.12\times10^{-12}}{0.01}}=1.06\times10^{-5}\text{mol/L}$

$c_{Cl^-}=\frac{1.77\times10^{-10}}{1.06\times10^{-5}}=1.67\times10^{-5}\text{mol/L}$

习题

2. 组成缓冲溶液为生成 $c(HAc)=0.5\text{mol/L}$～剩余 $c(NaAc)=0.5\text{mol/L}$，pH＝4.76

3. pKa=4.76　　则 $pH=pKa+\lg\frac{0.1}{0.2}=4.46$

4. $pK_b=4.76$　　则 $m=13.9$ (g)

5. $K_{sp}=4S^3=5.62\times10^{-12}$

6. 设氨水溶液的最初总浓度为 x mol/L，近似认为 Ag^+ 全部转化为 $[Ag(NH_3)_2]^+$

$$AgCl+2NH_3 \rightleftharpoons [Ag(NH_3)_2]^+ + Cl^-$$

平衡浓度/ (mol/L)　　$x-2\times0.01$　　0.01　　0.02

$$K=\frac{[Ag(NH_3)_2^+][Cl^-]}{[NH_3]^2}=\frac{[Ag(NH_3)_2^+][Cl^-][Ag^+]}{[NH_3]^2[Ag^+]}=K_{稳}K_{sp}=1.98\times10^{-3}$$

$\frac{0.01\times0.02}{(x-0.02)^2}=1.98\times10^{-3}$　　即：$x=0.336$ mol/L

8. $[Pt(NH_3)_6]Cl_4$，氯化六氨合铂（Ⅳ）

$[Pt(NH_3)_3Cl_3]Cl$，氯化三氯·三氨合铂（Ⅳ）

第 4 章

习题

10. (1) $\varphi^\ominus(Co^{2+}/Co)=\varphi^\ominus(Cl_2/Cl^-)-E^\ominus=-0.28V$

(2) $Cl_2+Co = 2Cl^-+Co^{2+}$　(3) 增大，减小　(4) $E=1.7V$　(5) 增大

12. (1) 0.046V　(2) $K^\ominus=36.25$　(3) -8.9kJ/mol　(4) 逆向

第 5 章

思考与练习题

5-4. 该元素的原子序数为 26，d 轨道上未成对电子有 4 个

5-5. (1) sp^3　(2) 不等性 sp^3　(3) sp^2　(4) sp　(5) 不等性 sp^3

5-6. (1) 色散力　(2) 色散力　(3) 取向力、色散力、诱导力和氢键

(4) 取向力、色散力、诱导力

习题

4. (1) > (4) > (5) > (2) > (3) > (6)

6. 钾、铬、铜

8. F 为错误，T 为正确

1	2	3	4	5	6	7	8	9	10	11	12
F	F	F	F	T	T	F	T	F	T	F	F

综合测试题参考答案

1. A	2. B	3. B	4. A	5. A
6. B	7. B	8. B	9. B	10. B
11. A	12. B	13. A	14. B	15. A
16. C	17. C	18. D	19. B	20. C
21. B	22. C	23. A	24. A	25. B
26. B	27. C	28. C	29. C	30. B
31. D	32. D	33. B	34. A	35. C
36. C	37. D	38. B	39. C	40. A
41. B	42. C	43. C	44. A	45. B
46. C	47. C	48. A	49. A	50. B
51. C	52. C	53. C	54. C	55. D
56. D	57. B	58. B	59. C	60. B
61. A	62. B	63. D	64. B	65. C
66. B	67. C	68. D	69. A	70. D
71. D	72. A	73. C	74. B	75. A
76. B	77. C	78. B	79. B	80. C
81. A B C	82. A C D	83. A D	84. B C D	85. A B
86. A B C	87. A B C D	88. A B C	89. A B C	90. A B C

参考文献

[1] 浙江大学普通化学教研室．普通化学．6版．北京：高等教育出版社，2011.

[2] 陈林根．工程化学基础．2版．北京：高等教育出版社，2005.

[3] 曲保中，朱炳林，周伟红．新大学化学．3版．北京：科学出版社，2012.

[4] 朱裕贞，顾达，黑恩成．现代基础化学．3版．北京：化学工业出版社，2010.

[5] 樊行雪，方国女．大学化学原理及应用．北京：化学工业出版社，2000.

[6] 傅献彩，沈文霞，姚天扬，等．物理化学．5版．北京：高等教育出版社，2011.

[7] 雷永泉，万群，石永康．新能源材料．天津：天津大学出版社，2000.

[8] 王天民．生态环境材料．天津：天津大学出版社，2000.

[9] 王佛松．展望21世纪化学．北京：化学工业出版社，2000.

[10] 三废治理与利用编委会．三废治理与利用．北京：化学工业出版社，1995.

[11] 唐有祺，王夔．化学与社会．北京：高等教育出版社，1997.

[12] 李秋荣，谢丹阳，乔玉卿．简明工科基础化学．北京：化学工业出版社，2011.

元素周期表

IUPAC 2013

图例（以镅为例）：

氧化态	原子序数 / 元素符号 / 元素名称 / 价层电子构型 / 原子量
+2 +3 +4 +5 +6	95 Am 镅▲ $5f^7 7s^2$ 243.06138(2)✦

氧化态(单质的氧化态为0，未列入；常见的为红色)

95 — 原子序数
Am — 元素符号(红色的为放射性元素)
镅▲ — 元素名称(注▲的为人造元素)
$5f^7 7s^2$ — 价层电子构型

以 $^{12}C=12$ 为基准的原子量(注✦的是半衰期最长同位素的原子量)

s区元素　p区元素　d区元素　ds区元素　f区元素　稀有气体

周期＼族	1 ⅠA	2 ⅡA	3 ⅢB	4 ⅣB	5 ⅤB	6 ⅥB	7 ⅦB	8 ⅧB(Ⅷ)	9 ⅧB(Ⅷ)	10 ⅧB(Ⅷ)	11 ⅠB	12 ⅡB	13 ⅢA	14 ⅣA	15 ⅤA	16 ⅥA	17 ⅦA	18 ⅧA(0)	电子层
1	−1 +1 1 H 氢 $1s^1$ 1.008																	2 He 氦 $1s^2$ 4.002602(2)	K
2	+1 3 Li 锂 $2s^1$ 6.94	+2 4 Be 铍 $2s^2$ 9.0121831(5)											+3 5 B 硼 $2s^2 2p^1$ 10.81	−4 +2 +4 6 C 碳 $2s^2 2p^2$ 12.011	−3 −2 −1 +1 +2 +3 +4 +5 7 N 氮 $2s^2 2p^3$ 14.007	−2 −1 8 O 氧 $2s^2 2p^4$ 15.999	−1 9 F 氟 $2s^2 2p^5$ 18.998403163(6)	10 Ne 氖 $2s^2 2p^6$ 20.1797(6)	L K
3	−1 +1 11 Na 钠 $3s^1$ 22.98976928(2)	+2 12 Mg 镁 $3s^2$ 24.305											+3 13 Al 铝 $3s^2 3p^1$ 26.9815385(7)	−4 +2 +4 14 Si 硅 $3s^2 3p^2$ 28.085	−3 −2 +1 +3 +5 15 P 磷 $3s^2 3p^3$ 30.973761998(5)	−2 +2 +4 +6 16 S 硫 $3s^2 3p^4$ 32.06	−1 +1 +3 +5 +7 17 Cl 氯 $3s^2 3p^5$ 35.45	18 Ar 氩 $3s^2 3p^6$ 39.948(1)	M L K
4	−1 +1 19 K 钾 $4s^1$ 39.0983(1)	+2 20 Ca 钙 $4s^2$ 40.078(4)	+3 21 Sc 钪 $3d^1 4s^2$ 44.955908(5)	−1 0 +2 +3 +4 22 Ti 钛 $3d^2 4s^2$ 47.867(1)	0 ±1 +2 +3 +4 +5 23 V 钒 $3d^3 4s^2$ 50.9415(1)	−3 0 ±1 ±2 +3 +4 +5 +6 24 Cr 铬 $3d^5 4s^1$ 51.9961(6)	−2 0 ±1 +2 ±3 +4 +5 +6 +7 25 Mn 锰 $3d^5 4s^2$ 54.938044(3)	−2 0 ±1 +2 +3 +4 +5 +6 26 Fe 铁 $3d^6 4s^2$ 55.845(2)	0 ±1 +2 +3 +4 +5 27 Co 钴 $3d^7 4s^2$ 58.933194(4)	0 ±1 +2 +3 +4 28 Ni 镍 $3d^8 4s^2$ 58.6934(4)	+1 +2 +3 +4 29 Cu 铜 $3d^{10} 4s^1$ 63.546(3)	+1 +2 30 Zn 锌 $3d^{10} 4s^2$ 65.38(2)	+1 +3 31 Ga 镓 $4s^2 4p^1$ 69.723(1)	+2 +4 32 Ge 锗 $4s^2 4p^2$ 72.630(8)	−3 +3 +5 33 As 砷 $4s^2 4p^3$ 74.921595(6)	−2 +2 +4 +6 34 Se 硒 $4s^2 4p^4$ 78.971(8)	−1 +1 +3 +5 +7 35 Br 溴 $4s^2 4p^5$ 79.904	+2 +4 36 Kr 氪 $4s^2 4p^6$ 83.798(2)	N M L K
5	−1 +1 37 Rb 铷 $5s^1$ 85.4678(3)	+2 38 Sr 锶 $5s^2$ 87.62(1)	+3 39 Y 钇 $4d^1 5s^2$ 88.90584(2)	+1 +2 +3 +4 40 Zr 锆 $4d^2 5s^2$ 91.224(2)	0 ±1 +2 +3 +4 +5 41 Nb 铌 $4d^4 5s^1$ 92.90637(2)	0 ±1 ±2 +3 +4 +5 +6 42 Mo 钼 $4d^5 5s^1$ 95.95(1)	0 ±1 +2 +3 +4 +5 +6 +7 43 Tc 锝▲ $4d^5 5s^2$ 97.90721(3)✦	0 +1 ±2 +3 +4 +5 +6 +7 +8 44 Ru 钌 $4d^7 5s^1$ 101.07(2)	0 ±1 +2 +3 +4 +5 +6 45 Rh 铑 $4d^8 5s^1$ 102.90550(2)	0 +1 +2 +3 +4 46 Pd 钯 $4d^{10}$ 106.42(1)	+1 +2 +3 47 Ag 银 $4d^{10} 5s^1$ 107.8682(2)	+1 +2 48 Cd 镉 $4d^{10} 5s^2$ 112.414(4)	+1 +3 49 In 铟 $5s^2 5p^1$ 114.818(1)	+2 +4 50 Sn 锡 $5s^2 5p^2$ 118.710(7)	−3 +3 +5 51 Sb 锑 $5s^2 5p^3$ 121.760(1)	−2 +2 +4 +6 52 Te 碲 $5s^2 5p^4$ 127.60(3)	−1 +1 +3 +5 +7 53 I 碘 $5s^2 5p^5$ 126.90447(3)	+2 +4 +6 +8 54 Xe 氙 $5s^2 5p^6$ 131.293(6)	O N M L K
6	−1 +1 55 Cs 铯 $6s^1$ 132.90545196(6)	+2 56 Ba 钡 $6s^2$ 137.327(7)	57~71 La~Lu 镧系	+1 +2 +3 +4 72 Hf 铪 $5d^2 6s^2$ 178.49(2)	0 ±1 +2 +3 +4 +5 73 Ta 钽 $5d^3 6s^2$ 180.94788(2)	0 ±1 ±2 +3 +4 +5 +6 74 W 钨 $5d^4 6s^2$ 183.84(1)	0 ±1 +2 +3 +4 +5 +6 +7 75 Re 铼 $5d^5 6s^2$ 186.207(1)	0 +1 +2 +3 +4 +5 +6 +7 +8 76 Os 锇 $5d^6 6s^2$ 190.23(3)	0 ±1 +2 +3 +4 +5 +6 77 Ir 铱 $5d^7 6s^2$ 192.217(3)	0 +2 +3 +4 +5 +6 78 Pt 铂 $5d^9 6s^1$ 195.084(9)	+1 +2 +3 +5 79 Au 金 $5d^{10} 6s^1$ 196.966569(5)	+1 +2 +3 80 Hg 汞 $5d^{10} 6s^2$ 200.592(3)	+1 +3 81 Tl 铊 $6s^2 6p^1$ 204.38	+2 +4 82 Pb 铅 $6s^2 6p^2$ 207.2(1)	−3 +3 +5 83 Bi 铋 $6s^2 6p^3$ 208.98040(1)	−2 +2 +3 +4 +6 84 Po 钋 $6s^2 6p^4$ 208.98243(2)✦	±1 +5 +7 85 At 砹 $6s^2 6p^5$ 209.98715(5)✦	+2 86 Rn 氡 $6s^2 6p^6$ 222.01758(2)✦	P O N M L K
7	+1 87 Fr 钫▲ $7s^1$ 223.01974(2)✦	+2 88 Ra 镭 $7s^2$ 226.02541(2)✦	89~103 Ac~Lr 锕系	104 Rf 𬬻▲ $6d^2 7s^2$ 267.122(4)✦	105 Db 𬭊▲ $6d^3 7s^2$ 270.131(4)✦	106 Sg 𬭳▲ $6d^4 7s^2$ 269.129(3)✦	107 Bh 𬭛▲ $6d^5 7s^2$ 270.133(2)✦	108 Hs 𬭶▲ $6d^6 7s^2$ 270.134(2)✦	109 Mt 鿏▲ $6d^7 7s^2$ 278.156(5)✦	110 Ds 𫟼▲ 281.165(4)✦	111 Rg 𬬭▲ 281.166(6)✦	112 Cn 鿔▲ 285.177(4)✦	113 Nh 鿭▲ 286.182(5)✦	114 Fl 𫓧▲ 289.190(4)✦	115 Mc 镆▲ 289.194(6)✦	116 Lv 𫟷▲ 293.204(4)✦	117 Ts 鿬▲ 293.208(6)✦	118 Og 鿫▲ 294.214(5)✦	Q P O N M L K

★ 镧系	+3 57 La★ 镧 $5d^1 6s^2$ 138.90547(7)	+2 +3 +4 58 Ce 铈 $4f^1 5d^1 6s^2$ 140.116(1)	+3 +4 59 Pr 镨 $4f^3 6s^2$ 140.90766(2)	+2 +3 +4 60 Nd 钕 $4f^4 6s^2$ 144.242(3)	+3 61 Pm 钷▲ $4f^5 6s^2$ 144.91276(2)✦	+2 +3 62 Sm 钐 $4f^6 6s^2$ 150.36(2)	+2 +3 63 Eu 铕 $4f^7 6s^2$ 151.964(1)	+3 64 Gd 钆 $4f^7 5d^1 6s^2$ 157.25(3)	+3 +4 65 Tb 铽 $4f^9 6s^2$ 158.92535(2)	+3 +4 66 Dy 镝 $4f^{10} 6s^2$ 162.500(1)	+3 67 Ho 钬 $4f^{11} 6s^2$ 164.93033(2)	+3 68 Er 铒 $4f^{12} 6s^2$ 167.259(3)	+2 +3 69 Tm 铥 $4f^{13} 6s^2$ 168.93422(2)	+2 +3 70 Yb 镱 $4f^{14} 6s^2$ 173.045(10)	+3 71 Lu 镥 $4f^{14} 5d^1 6s^2$ 174.9668(1)
★ 锕系	+3 89 Ac★ 锕 $6d^1 7s^2$ 227.02775(2)✦	+3 +4 90 Th 钍 $6d^2 7s^2$ 232.0377(4)	+3 +4 +5 91 Pa 镤 $5f^2 6d^1 7s^2$ 231.03588(2)	+2 +3 +4 +5 +6 92 U 铀 $5f^3 6d^1 7s^2$ 238.02891(3)	+3 +4 +5 +6 +7 93 Np 镎 $5f^4 6d^1 7s^2$ 237.04817(2)✦	+3 +4 +5 +6 +7 94 Pu 钚 $5f^6 7s^2$ 244.06421(4)✦	+2 +3 +4 +5 +6 95 Am 镅▲ $5f^7 7s^2$ 243.06138(2)✦	+3 +4 96 Cm 锔▲ $5f^7 6d^1 7s^2$ 247.07035(3)✦	+3 +4 97 Bk 锫▲ $5f^9 7s^2$ 247.07031(4)✦	+2 +3 +4 98 Cf 锎▲ $5f^{10} 7s^2$ 251.07959(3)✦	+2 +3 99 Es 锿▲ $5f^{11} 7s^2$ 252.0830(3)✦	+2 +3 100 Fm 镄▲ $5f^{12} 7s^2$ 257.09511(5)✦	+2 +3 101 Md 钔▲ $5f^{13} 7s^2$ 258.09843(3)✦	+2 +3 102 No 锘▲ $5f^{14} 7s^2$ 259.1010(7)✦	+3 103 Lr 铹▲ $5f^{14} 6d^1 7s^2$ 262.110(2)✦